“十二五”职业教育国家规划教材
经全国职业教育教材审定委员会审定
修订版

U0792950

ELECTRONIC AND INFORMATION

# 物联网技术与应用 第2版

主　编 | 梁永生
副主编 | 高　波　卢昱明
参　编 | 李华忠　刘立明　秦志强

机械工业出版社
CHINA MACHINE PRESS

本书紧紧围绕物联网体系结构，按照“感知层”“网络层”“应用层”3层知识和技术架构，详细介绍了物联网的概念、特征与发展，并系统阐述了物联网的体系架构、关键技术和相关标准化工作。

本书的亮点在于：设计了 3 个学习情境——信息全面感知、可靠网络传输和信息智能处理，分别对应于物联网感知层、网络层和应用层，将每个学习情境结合知识体系和实践技能由浅入深地细化为若干个子学习情境，把一个完整的典型智能家居应用系统分解为循序渐进的 6 个实训项目，并根据知识内容，将其放置在对应的学习情境的最后，以达到强化学生技能的目的。

本书内容详尽，可作为高等职业院校物联网及相关专业的专业基础课或选修课教材，也可作为对物联网感兴趣的读者的自学教材，还可供从事物联网相关工作的研究人员、工程技术人员参考。

本书配有微课视频，可扫描二维码观看。另外本书配有电子课件，需要的教师可登录www.cmpedu.com免费注册、审核通过后下载，或联系编辑索取（微信：15910938545，电话：010-88379739）。


## 图书在版编目（CIP）数据

物联网技术与应用 / 梁永生主编．—2 版．—北京：机械工业出版社，2021.5（2025.1 重印）
“十二五”职业教育国家规划教材
ISBN 978-7-111-67326-2

Ⅰ. ①物…　Ⅱ. ①梁…　Ⅲ. ①物联网－高等职业教育－教材
Ⅳ. ①TP393.4 ②TP18

中国版本图书馆 CIP 数据核字（2021）第 014997 号

机械工业出版社（北京市百万庄大街 22 号　邮政编码 100037）
策划编辑：和庆娣　　责任编辑：和庆娣　秦　菲
责任校对：张艳霞　　责任印制：常天培
固安县铭成印刷有限公司印刷
2025 年 1 月第 2 版 • 第 8 次印刷
184mm×260mm • 14.75 印张 • 365 千字
标准书号：ISBN 978-7-111-67326-2
定价：65.00 元

电话服务
客服电话：010-88361066
010-88379833
010-68326294

网络服务
机　工　官　网：www.cmpbook.com
机　工　官　博：weibo.com/cmp1952
金　　书　　网：www.golden-book.com
机工教育服务网：www.cmpedu.com

# 前　言

随着微电子技术的发展，涉及人类生活、生产和管理等方面的各种传感器已经比较成熟，例如无线传感器网络（Wireless Sensor Network，WSN）、射频识别（Radio Frequency Identification，RFID）、电子标签等；并且随着网络接入多样化、IP 宽带化和计算机软件技术的飞跃发展，基于海量信息收集和分类处理的能力大大提高。物联网被称为继计算机、互联网之后世界信息产业发展的第三次浪潮。

物联网就是通过 RFID 装置、红外感应器、全球定位系统和激光扫描器等信息传感设备，按约定的协议，把任何物品与互联网相连接，进行信息交换和通信，以实现智能化识别、定位、跟踪、监控和管理的一种网络。

党的二十大报告指出，努力培养造就更多大师、战略科学家、一流科技领军人才和创新团队、青年科技人才、卓越工程师、大国工匠、高技能人才。高等职业教育的目的是培养适应经济社会发展需求的，在生产、建设、服务和管理第一线的，具有职业理想、职业道德、创新精神与实践能力的高素质技能型人才。人才培养目标要明确，人才培养规格的岗位针对性要强，推行工学结合，创新人才模式，保证学生上手快，用得上，打造就业竞争力；同时要给学生打下较好的基础，提供继续发展的空间，打造职业适应能力。由于社会、行业或职业对人才的需求是动态发展的，所以人才培养规格也要与时俱进。正是基于这样的现实需求，经过数次社会调研、反复研讨，2014 年出版了本书第 1 版。随着物联网技术的快速发展，编者在广泛调研和总结经验的基础上，对第 1 版进行了改版。在第 2 版中，增加了工业互联网、大数据、区块链等新知识，同时更新了一些技术内容。

本书按照物联网的技术体系结构，设计了 3 个学习情境，分别为信息全面感知、可靠网络传输和信息智能处理，对应于物联网感知层、网络层和应用层。每个学习情境又结合知识体系和实践技能细化为若干个子学习情境，由浅入深，循序渐进，把一个完整的典型智能家居应用系统分解为循序渐进的 6 个实训项目，以强化学生的技能。

本书特色主要有以下几点。

1）按照物联网的技术体系结构，设计了 3 个学习情境，又将每个学习情境结合知识体系和实践技能细化为若干个子学习情境，由浅入深，实用性强。

2）充分体现高职高专院校学生的特点，结合学习情境设计和物联网应用实际情况，安排 6 个实训项目，在提高学生应用技能的同时，强化项目驱动，实施“工学结合”，以提高理论教学和实践教学质量。

3）引进实际应用案例和具体实现架构，打造学生就业竞争力的同时，培养学生的职业适应能力，为学生在生产性实训、顶岗实习及未来就业等方面，实现与企业的无缝对接奠定基础。

4）每个学习情境给出相应的描述、学习情境小结和思考题。在学习情境描述中，结合实训项目安排，明确给出项目名称、项目教学性质、工作程序、教学程序、职业竞争力培养要点、教学环境、教学课件、考核方式和学时等。

5）在每个子学习情境的结构安排上，按照子学习情境描述、工作过程、相关知识和相关技术等方面来组织内容。

本书由梁永生担任主编，高波、卢昱明担任副主编，李华忠、刘立明、秦志强参编，其中梁永生组织策划了全书的设计构思，负责导引部分的编写工作和全书的统稿、定稿；高波负责修改、补充部分内容和学习情境 2 的编写工作；卢昱明负责学习情境 3 的编写工作；李华忠负责学习情境 1 的编写工作；深圳大雅新科技有限公司的刘立明、深圳市中科鸥鹏智能科技有限公司的秦志强负责全书的实训项目部分。邓伟鑫和王昌伟对全书的实训项目进行了排版和校对。

本书在编写过程中参考和引用了大量专家学者的论著、图书和网站资料，编者已尽其所能在参考文献中列出，在此表示衷心的感谢，若有疏漏，表示歉意。在实训部分应用了深圳大雅新科技有限公司的物联网实训平台——智能家居实训台，在此一并表示感谢！

由于物联网技术与应用正处于高速发展中，技术更新极快，加之编者水平有限，并且由多人编写，书中难免有疏漏和不妥之处，敬请广大读者和专家学者批评指正。

编者

# 二维码资源清单

| 序号 | 资源名称 | 页码 |
| --- | --- | --- |
| 1 | 物联网 | 1 |
| 2 | 人工智能基础 | 2 |
| 3 | 人工智能应用 | 3 |
| 4 | 智慧农业 | 4 |
| 5 | 仓储物流 | 4 |
| 6 | 灾害预警 | 4 |
| 7 | 矿产监控 | 4 |
| 8 | 远洋导航 | 4 |
| 9 | ETC | 6 |
| 10 | 气象预测 | 6 |
| 11 | 传感器 | 12 |
| 12 | 一维条形码 | 15 |
| 13 | 二维码基础 | 15 |
| 14 | 二维码应用 | 15 |
| 15 | RFID | 17 |
| 16 | 5G | 82 |
| 17 | 工业互联网 | 113 |
| 18 | 工业 4.0——家电个性化 | 119 |
| 19 | 工业 4.0——时装定制 | 120 |
| 20 | 大数据基础 | 162 |
| 21 | 大数据应用 | 162 |
| 22 | 区块链基础 | 164 |
| 23 | 区块链应用 | 164 |

# 目　录

# 导　引

## 0.1　物联网概念

物联网的概念是在 1999 年提出的，其英文名称为“The Internet of Things”，简称为 IoT。物联网就是“物物相连的互联网”，有两层意思：第一，物联网的核心和基础仍然是互联网，是在互联网基础之上延伸和扩展的一种网络；第二，其用户端延伸和扩展到了各种物品与物品之间，进行信息交换和通信。简言之，就是从互联网的“Everybody over IP”延展到物联网的“Everything over IP”。从网络组成的角度来看，互联网与物联网的关系如图 0-1 所示。

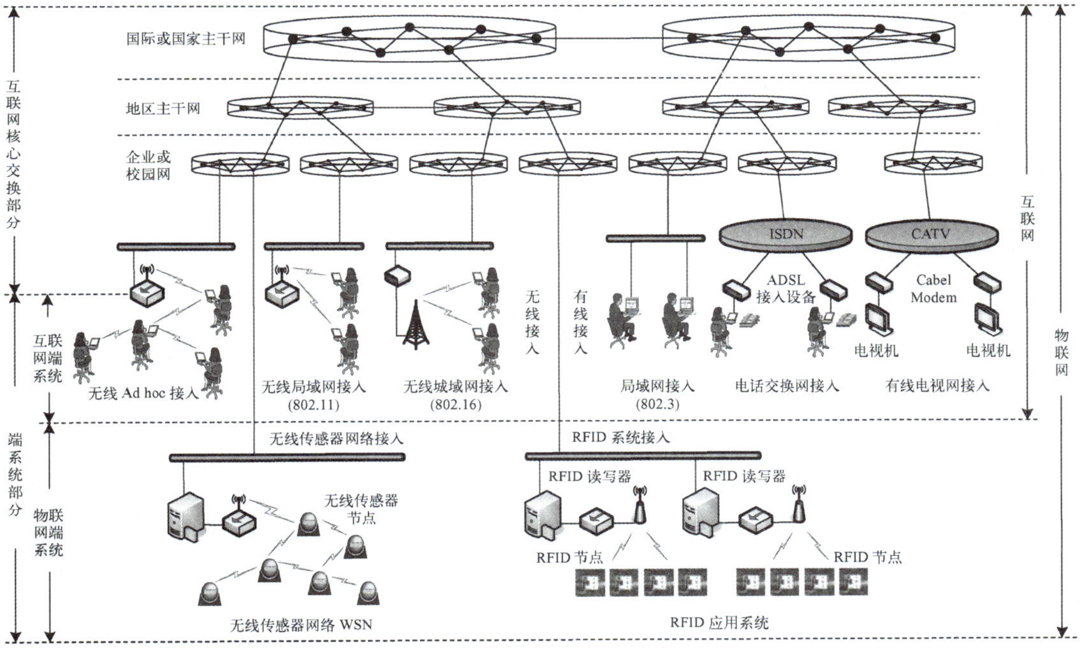


图 0-1　互联网与物联网的关系

业界通常在技术层面和应用层面上来理解物联网。在技术层面，物联网是指物体通过智能感应装置，经过传输网络，到达指定的信息处理中心，最终实现物与物、人与物之间的自动化信息交互与处理的智能网络。在应用层面，物联网是指把世界上所有的物体都连接到一个网络中，形成“物联网”，然后又与现有的互联网结合，实现人类社会与物理系统的整合，达到更加精细和动态的方式管理生产和生活。

物联网

综上所述，物联网就是通过射频识别（Radio Frequency Identification，RFID）装置、红外

感应器、全球定位系统和激光扫描器等信息传感设备，按照约定的协议，把任何物品与互联网相连接，进行信息交换和通信，以实现智能化识别、定位、跟踪、监控和管理的一种网络。

## 0.2 物联网的特征与发展

### 0.2.1 物联网的特征

物联网具有 3 个特征，即全面感知、可靠传递和智能处理。

1）全面感知，即利用 RFID、传感器和二维码等随时随地获取物体的信息。物联网是各种感知技术的广泛应用，在其上部署了大量的多种类型的传感器，每个传感器都是一个信息源，不同类型的传感器收集的信息内容和信息格式也不同。传感器获得的数据信息具有实时性，按照一定的频率周期性地采集相关信息，并且不断更新数据信息。

2）可靠传递，即通过各种通信网络与互联网的融合，将物体的信息实时准确地传递出去。物联网是一种建立在互联网基础上的泛在网络。物联网技术的重要基础和核心仍旧是互联网，它通过各种有线和无线网络与互联网融合，将物体的信息实时准确地传递出去。物联网上部署的传感器定时采集的海量数据信息通过网络进行传输，在数据传输过程中，为了保障数据的正确性和及时性，所采集的数据信息必须能够适应各种异构网络和网络协议。

3）智能处理，即利用云计算、模糊识别等各种智能计算技术，对海量的数据信息进行分析和处理，对物体实施智能化的控制。物联网不仅提供了传感器的连接，其本身也具有智能处理的能力，能够对物体实施智能控制。物联网将传感器和智能处理相结合，利用云计算、模式识别等各种智能技术，对获得的海量信息进行分析、加工和处理，获取有意义的数据，以适应不同用户的不同需求，开拓新的应用领域和应用模式。

### 0.2.2 物联网的发展

#### 1. 国际物联网的发展

1988 年，美国施乐公司 Palo Alto 研究中心（PARC）的 Mark Weiser 博士开创性地提出普适计算（Ubiquitous Computing）的思想，认为普适计算的发展将使技术融入人们的日常生活中。Mark Weiser 提出“计算机在我们没有意识到它存在的时候，已经融入了我们的生活中”，而他认为这样的时代即将到来。此时的“物联网”更多的是作为一种思想出现，在这种思想中，人类拥有无所不在的计算能力。

人工智能基础

1999 年，在美国统一代码委员会（Uniform Code Council，UCC）的支持下，麻省理工学院自动标识中心（MIT Auto-ID Center）的研究人员创造性地提出将 Internet 与 RFID 技术有机地结合，将电子产品代码（Electronic Product Code， EPC）作为物品标识，实现物品与 Internet 的连接，即可在任何时间、任何地点，实现对任何物品的识别与管理。这就是早期“物联网”的概念。此后，他们联合大学、企业，对基于 EPC 的物联网相关研究进行分工，系统地开展研究，提出最初的由射频识别（RFID）标签、阅读器、Savant 软件、对象名称解析服务（Object Name Service，ONS）和物品标记语言服务器（PML-Server）5 部分组成的 EPC 系统雏形。此时的“物联网”，已经从理论走向实践，主要是指利用 EPC 体系对物流系统进行数字化管理。

2005 年 11 月，在突尼斯举行的信息社会世界峰会（World Summit on the Information

Society，WSIS）上，国际电信联盟（ITU）发布了《ITU 互联网报告 2005：物联网》，该报告指出，“无所不在的‘物联网’通信时代即将来临，世界上所有的物体从轮胎到牙刷、从房屋到纸巾都可以通过互联网主动进行数据交换。通过在各种日常使用的设备中嵌入移动无线电收发器，实现了人与物之间以及物与物之间的通信。信息通信技术（Information Communication Technology，ICT）世界呈现出新模式，即任何时间、任何地点、来自任何人的连接，都是物与物的连接。这种连接将创造网络中新的动态网络——物联网。”此时的“物联网”，不仅将人之间，而且将物之间的无所不在的通信同等地考虑在内，描绘出 ICT 广泛应用后的新模式。

2008 年 11 月，IBM 提出“智慧地球”概念，即“互联网+物联网=智慧地球”。智慧地球的核心是以一种更智慧的方法通过利用新一代信息技术来改变政府、公司和人们相互交互的方式，以便提高交互的明确性、效率、灵活性和响应速度。智慧方法具体来说包括 3 个方面的特征，即更透彻的感知、更广泛的互联互通、更深入的智能化。此时的“物联网”，不仅重视人与物的网络社会建设和信息的处理，更重要的是从深度信息化的角度出发，通过在各领域广泛利用新的信息技术来建设智慧的社会。

2009 年 6 月，欧盟委员会提出针对物联网行动方案。方案明确表示在技术层面将给予大量资金支持，在政府管理层面将提出与现有法规相适应的网络监管方案。

人工智能应用

**2．我国物联网的发展**

2009 年 11 月，前总理温家宝同志在人民大会堂向首都科技界发表了题为《让科技引领中国可持续发展》的讲话，指出科学技术的创新是推动经济结构调整、提高竞争力水平、引领国家经济增长的重要力量，再次强调科学选择新兴战略性产业的重要性，并指出要着力突破传感网、物联网关键技术。国务院、发展和改革委员会（简称为发改委）、工业和信息化部（简称为工信部）和科学技术部（简称为科技部）等部门也都相继出台相关产业扶持政策，以加快中国物联网产业的发展。研究显示，“政策先行，技术主导，需求推动”将成为中国物联网产业发展的主要模式。

2010 年 3 月，物联网正式列为国家七大新兴战略性产业之一，并写入“政府工作报告”。报告指出，“大力培育战略性新兴产业。国际金融危机正在催生新的科技革命和产业革命。发展战略性新兴产业，抢占经济科技制高点，决定国家的未来，必须抓住机遇，明确重点，有所作为。要大力发展新能源、新材料、节能环保、生物医药、信息网络和高端制造产业。积极推进新能源汽车，‘三网’融合取得实质性进展，加快物联网的研发应用，加大对战略性新兴产业的投入和政策支持”。

2010 年 10 月，物联网被列入国家“十二五”重点专项规划，预示着物联网建设将在我国全面开启。“十二五”规划明确提出，要大力发展宽带融合安全的下一代国家基础设施，推进物联网的应用。物联网将会在智能电网、智能交通、智能物流、智能家居、环境与安全检测、工业与自动化控制、医疗健康、精细农牧业、金融与服务业和国防军事这十大领域重点部署。

2010 年 6 月，中国物联网标准联合工作组在北京成立，以推进物联网技术的研究和标准的制定。

物联网已列入《国家中长期科学技术发展规划（2006-2020 年）》和 2050 年国家产业路线图，力争通过技术攻关，突破一系列关键技术，培养人才队伍，建立我国自己的技术创新体系，取得核心技术的知识产权；争取形成掌握自主知识产权的产业链，实现自主研制产品占市场主要份额；组织团队研究制定国家标准，形成我国的物联网标准体系。

我国的物联网产业发展迅猛，将应用在众多领域，如图 0-2 所示。未来的发展将经历 3 个阶段，即先导应用阶段、应用推广产业阶段和有显著经济外部性的阶段。首先是重点领域物联网的先导应用，重点在经济运行、民生服务等领域应用，这些领域应用的示范效应突出、技术产业带动作用强。其次是围绕高端传感器、新型 RFID、智能仪表、软件和智能信息处理等瓶颈环节，培育自主可控物联网感知产业和应用服务产业，建立网络通信技术产业优势，发展核心芯片、智能空气管理系统、微能源和新材料等基础产业。与此同时，要全面推进物联网安全保障体系建设。加强物联网网络信息安全系统顶层设计，加强物联网隐私保护技术的研发和立法建设，构建有效的管理机制。

智慧农业　　仓储物流　　灾害预警

图 0-2　物联网应用领域

矿产监控　　远洋导航

## 0.3 物联网体系架构

人类感知物理世界的过程包括感知、传输和计算 3 部分，如图 0-3 所示。

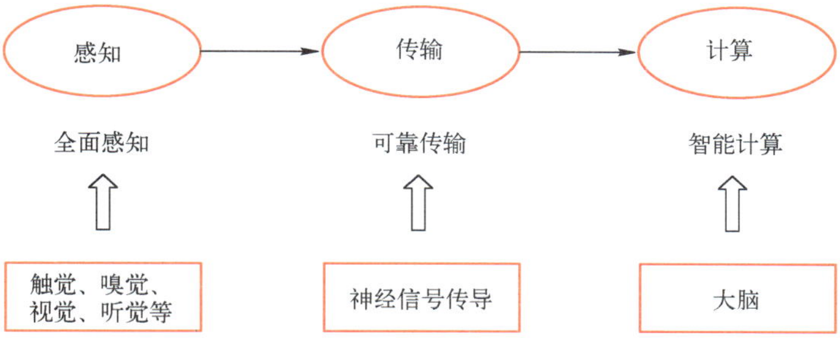

图 0-3　人类感知物理世界的过程

与人类感知物理世界的过程相似，物联网的体系结构可以分为 3 个层次，即泛在化末端感知网络、融合化网络通信基础设施与普适化应用服务支撑体系，如图 0-4 所示，分别对应于物联网的感知层、网络层和应用层。

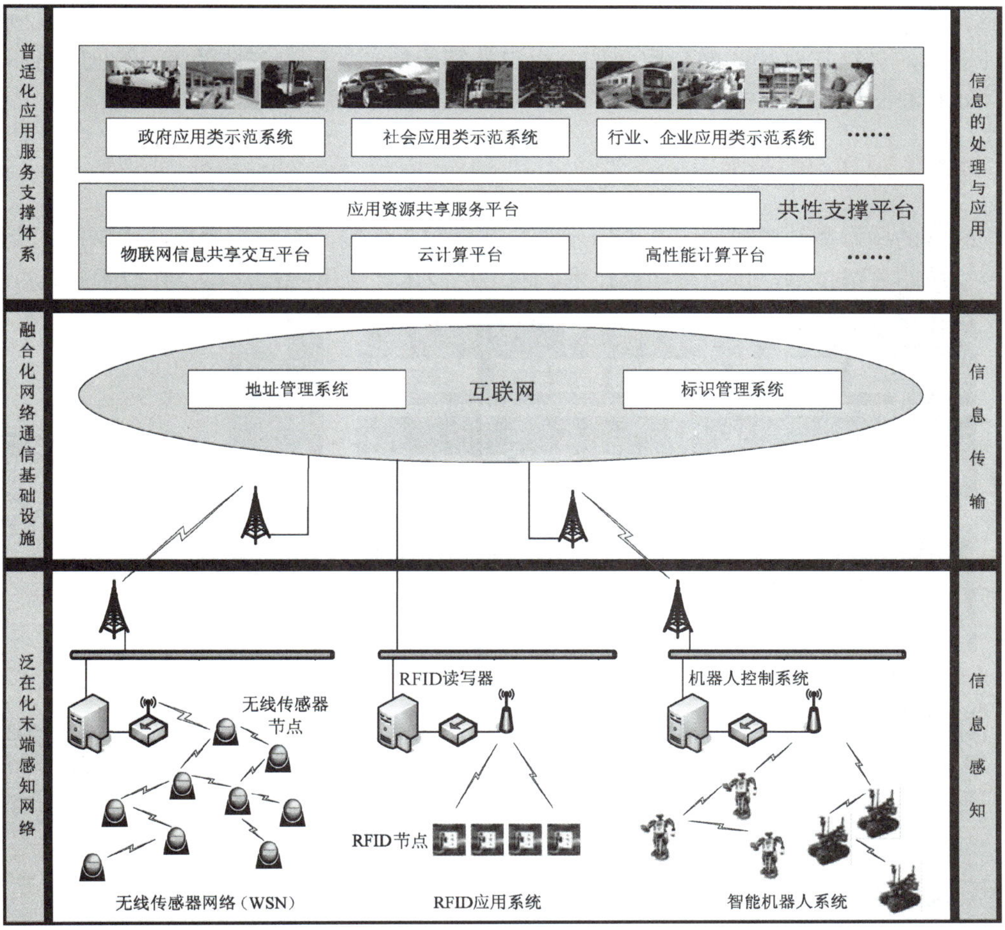

图 0-4　物联网的体系结构图

### 0.3.1 感知层

物联网的感知层主要完成信息的采集、转换和收集。感知层包含两部分，即传感器（或控制器）和短距离传输网络。传感器（或控制器）采集数据及实施控制；短距离传输网络将传感器收集的数据发送到网关，或将应用平台的控制指令发送到控制器。

### 0.3.2 网络层

物联网的网络层主要完成信息传递和处理。网络层包括两部分，即接入单元和接入网络。接入单元是连接感知层的网桥，它汇聚从感知层获得的数据，并将数据发送到接入网络。接入网络即现有的通信网络，包括移动通信网、有线电话网和有线宽带网等。通过接入网络，人们将数据最终传入互联网。

### 0.3.3 应用层

物联网的应用层主要完成数据的管理和数据的处理，并将这些数据与各行业应用相结合。应用层也包括两部分，即物联网中间件和物联网应用。物联网中间件是一种独立的系统软件或服务程序。中间件将许多可以公用的程序进行统一封装，提供给物联网应用。统一封装的能力包括通信的管理能力、设备的控制能力和定位能力等。物联网应用是用户直接使用的各种应用，包括家庭物联网应用（如家用电器智能控制、家庭安防等）、企业应用和行业应用（如石油监控应用、电力抄表、车载应用和远程医疗等）。

## 0.4 物联网关键技术

物联网的技术体系框架如图 0-5 所示，在其感知、传输、应用 3 个层次中涉及了众多学科和跨领域的关键技术，包括感知层技术、网络层技术、应用层技术和公共技术问题。

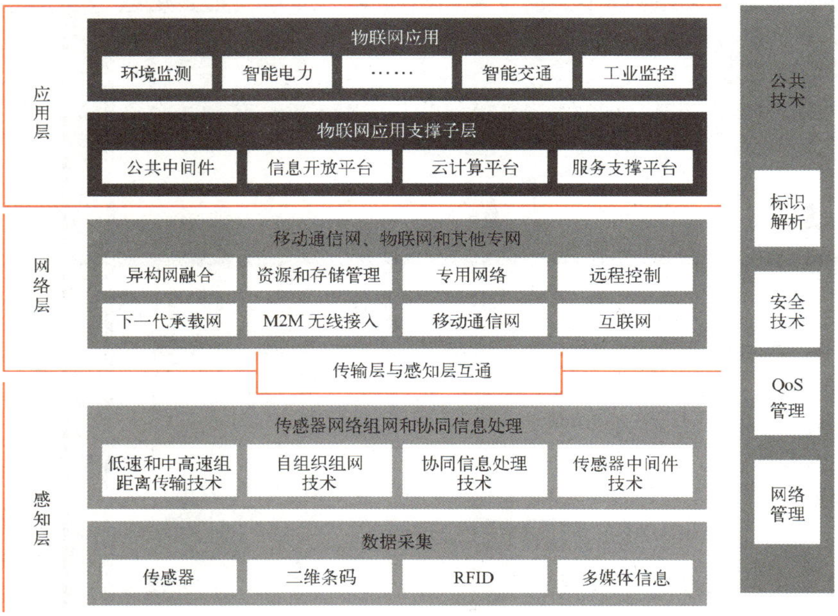


图 0-5 物联网的技术体系框架

ETC

气象预测

### 0.4.1 感知层技术

感知层是物联网发展和应用的基础，感知层技术包括传感器技术、射频识别技术、微机电系统、全球定位系统（GPS）技术、二维码技术、无线传感器网络技术、蓝牙技术和无线通信技术等。感知层的关键技术主要为传感器技术和短距离传输网络技术，例如，RFID 标签与用来识别 RFID 信息的扫描仪、视频采集的摄像头和各种传感器中的传感与控制技术、短距离无线通信技术（包括由短距离传输技术组成的无线传感网技术）。在实现这些技术的过程中，又涉及芯片研发、通信协议研究、RFID 材料研究和智能节点供电等细分领域。

### 0.4.2 网络层技术

网络层一般建立在现有的移动通信网或互联网的基础之上，实现更加广泛的互联功能，能够把感知到的信息无障碍、高可靠性和高安全性进行传送。感知数据管理与处理技术包括传感网数据的存储、分析、理解、挖掘及感知数据库的决策和行为的理论与技术。目前，高速发展的云计算平台将会成为物联网发展的一大助力，云计算平台作为海量感知数据的存储、分析平台，将是物联网网络层的重要组成部分，也是应用层众多应用的基础。网络层的感知数据管理与处理技术是实现以数据为中心的物联网的核心技术，需要传感器网络与移动通信技术、互联网技术相融合。经过十余年的快速发展，移动通信、互联网等技术已比较成熟，基本能够满足物联网数据传输的需要。

网络层的关键技术既包含了现有的通信技术，如移动通信技术、有线宽带技术、公共交换电话网（Public Switched Telephone Network，PSTN）技术、无线联网（Wi-Fi）通信技术等；又包含了终端技术，如实现传感网与通信网结合的网桥设备、为各种行业终端提供通信能力的通信模块等。

### 0.4.3 应用层技术

应用层主要包含应用支撑平台子层和应用服务子层，其中应用支撑平台子层用于支撑跨行业、跨应用、跨系统之间的信息协同、共享和互通的功能；应用服务子层包括智能交通、智能医疗、智能家居、智能物流和智能电力等行业应用。应用层主要是根据行业特点，借助互联网技术手段，开发各种行业应用解决方案，将物联网的优势与行业的生产经营、信息化管理、组织调度结合起来，形成各种物联网解决方案，构建智能化的行业应用，如交通行业，涉及的是智能交通技术，电力行业采用的是智能电网技术，物流行业采用的智慧物流技术等。行业的应用还要更多地涉及系统集成技术、资源打包技术等各项技术。

应用层主要基于软件技术和计算机技术实现，其关键技术主要是基于软件的各种数据处理技术。此外，云计算技术作为海量数据的存储、分析平台，也将是物联网应用层的重要组成部分。应用是物联网发展的目的，各种行业和家庭应用的开发是物联网普及的源动力，将给整个物联网产业链带来巨大利润。

### 0.4.4 公共技术问题

公共技术问题包括推动物联网发展的共性技术问题，主要包括技术标准问题、安全与隐私问题、协议问题、IP 地址问题和终端问题。

在技术标准问题上，中国信息技术标准化技术委员会于 2006 年成立了无线传感器网络标准项目组。2009 年 9 月，传感器网络标准工作组正式成立了国际标准化（PG1）、标准体系与系统架构（PG2）、通信与信息交互（PG3）、协同信息处理（PG4）、标识（PG5）、安全（PG6）、接口（PG7）和电力行业应用调研（PG8）8 个专项组，开展具体的国家标准制定工作，以尽快制定国际认可的相关技术标准，抢占先机。

在安全与隐私问题上，由于信息采集频繁，因此其数据安全也必须重点考虑。

在协议问题上，物联网在接入层面需要一个统一的协议栈。

在网络之间互联的协议（IP）地址问题上，每个物品都需要在物联网中被寻址，都需要一个地址，因此需要 IPv6 来支撑。

在终端问题上，终端产品的多样化需求，对运营商来说是一大挑战。

## 0.5 物联网标准化

### 0.5.1 国际物联网标准化现状

物联网覆盖的技术领域广泛，其应用离不开标准体系的建立。目前介入物联网领域主要的国际标准组织有美国电气及电子工程师学会（IEEE）、国际标准化组织（ISO）、欧洲电信标准化协会（ETSI）、国际电信联盟（ITU-T）、3GPP、3GPP2 等。

针对泛在网总体框架方面进行系统研究的国际标准组织比较有代表性的是国际电信联盟（ITU-T）和欧洲电信标准化协会（ETSI）机器对机器（Machine to Machine，M2M）通信技术委员会。ITU-T 从泛在网角度研究总体架构，ETSI 从 M2M 的角度研究总体架构。

感知技术（主要是对无线传感网的研究）方面进行研究的国际标准组织比较有代表性的是 ISO、IEEE。通信网络技术方面进行研究的国际标准组织主要有 3GPP 和 3GPP2。这两个组织主要从 M2M 业务对移动网络的需求方面进行研究，只限定在移动网络层面。

在应用技术方面，各标准组织都有一些研究，主要是针对特定的应用制定标准。

总体来说，国际上物联网标准工作还处于起步阶段，目前各标准组织自成体系，标准内容涉及架构、传感、编码、数据处理和应用等，不尽相同。各标准组织都比较重视应用方面的标准制定。在智能测量、电子健康（E-Health）、城市自动化、汽车应用、消费电子应用等领域均有相当数量的标准正在制定中，这与传统的计算机和通信领域的标准体系有很大不同，传统的计算机和通信领域标准体系一般不涉及具体的应用标准，这也说明了物联网由应用主导的观点在国际上已成为共识。

对于物联网标准，ITU-T 早在 2005 年就开始进行泛在网的研究，可以说是最早进行物联网研究的标准组织。ITU-T 的研究内容主要集中在泛在网总体框架、标识及应用 3 个方面。ITU-T 在泛在网研究方面已经从需求阶段逐渐进入到框架研究阶段，目前研究的框架模型还处在高层面。ITU-T 在标识研究方面和 ISO 通力合作，主推基于对象标识（Object Identity，OID）的解析体系；ITU-T 在泛在网应用方面已经逐步展开了对健康和车载方面的研究。此外，ITU-T 还在智能家居、车辆管理等应用方面开展了一些研究工作。

ETSI 采用 M2M 的概念进行总体架构方面的研究，相关工作的进展非常迅速，它是在物联网总体架构方面研究得比较深入和系统的标准组织，也是目前在总体架构方面最有影响力的标准组织。

3GPP 和 3GPP2 组织也采用 M2M 的概念进行研究。作为移动网络技术的主要标准组织，3GPP 和 3GPP2 关注的重点在于增强物联网的网络能力方面，是在网络层方面开展研究的主要标准组织。

在物联网的感知层研究领域，IEEE 的重要地位显然是毫无争议的。目前无线传感网领域用得比较多的 ZigBee 技术就基于 IEEE 802.15.4 标准。IEEE 802 系列标准是 IEEE 802 LAN / MAN 标准委员会制定的局域网、城域网技术标准。1998 年，IEEE 802.15 工作组成立，专门从事无线个人局域网（WPAN）标准化工作。

### 0.5.2 我国物联网标准化现状

总的来说，我国物联网标准的制定工作发展迅速。目前我国涉及物联网总体架构、无线传感网和物联网应用层面的众多标准正在制定中，并且有相当一部分的标准项目已在相关国际标准组织立项。我国研究物联网的标准组织主要有传感器网络标准工作组（WGSN）和中国通信标准化协会（CCSA）。

WGSN 是由中国国家标准化管理委员会批准筹建，中国信息技术标准化技术委员会批准成立并领导，从事传感器网络标准化工作的全国性技术组织。WGSN 于 2009 年 9 月正式成立，由中国科学院上海微系统与信息技术研究所任组长单位，中国电子技术标准化研究所任秘书处单位，成员单位包括中国 3 大运营商、主要科研院校和主流设备厂商等。目前 WGSN 已有一些标准正在制订中，并代表中国积极参加 ISO、IEEE 等国际标准组织的标准制定工作。

CCSA 于 2002 年 12 月 18 日在北京正式成立。CCSA 的主要任务是为了更好地开展通信标准的研究工作，把通信运营企业、制造企业、研究单位和大学等关心标准的企事业单位组织起来，按照公平、公正和公开的原则制定标准，进行标准的协调、把关，把高技术、高水平和高质量的标准推荐给政府，把具有我国自主知识产权的标准推向世界，支撑我国的通信产业，为世界通信做出贡献。2009 年 11 月，CCSA 新成立了泛在网技术工作委员会（即 TC1O），专门从事物联网相关的研究工作。

与物联网相关的，还有 2009 年 4 月成立的 RFID 标准工作组。RFID 工作组在信息产业部科技司领导下开展工作，专门致力于我国 RFID 领域的技术研究和标准制定，目前已有一定的工作成果。

上述标准组织各自独立开展工作，工作各有侧重。WGSN 偏重传感器网络层面，CCSAF TC1O 偏重通信网络和应用层面，RFID 标准工作组则关注 RFID 相关的领域。同时，在各标准组的工作中也有不少重复的部分，如 WGSN 也会涉及传感器网络以上的通信部分和应用部分的内容，而 CCSA 也涉及了一些传感网层面的工作内容。对于这些重复的部分，各标准组之间目前还没有一个很好的横向沟通和协调机制，因此，近期国家层面正在筹备成立“物联网标准联合工作组”，旨在整合中国物联网相关标准化资源，联合产业各方共同开展物联网技术的研究，积极推进物联网的标准化工作，加快制定符合中国发展需求的物联网技术标准，为政府部门的物联网产业发展决策提供全面的技术和标准化服务支撑。

## 0.6 全书结构

本书介绍了物联网的概念、物联网的特征与发展、物联网体系架构、物联网关键技术和物联网标准化。对于物联网体系架构，从感知层、网络层、应用层分别进行介绍；对于物联网关键技术，从感知层技术、网络层技术、应用层技术和公共技术问题方面分别进行介绍。

本书按照物联网的技术体系结构，设计了 3 个学习情境，分别为信息全面感知、可靠网络传输和信息智能处理，分别对应于物联网感知层、网络层和应用层。又将每个学习情境结合知识体系和实践技能细化为若干个子学习情境，由浅入深，循序渐进。把一个完整的典型智能家居应用系统分解为循序渐进的 6 个实训项目，以期强化学生技能。

# ※学习情境 1　信息全面感知

## ▲学习情境 1　描述

信息全面感知学习情境描述如表 1-1 所示。

表 1-1　信息全面感知学习情境描述

| 学 习 情 境 | 信息全面感知（24 学时） |
| --- | --- |
| 实训项目 | 物联网实训中的信息感知实训：<br>1）智能门禁<br>2）环境监测<br>3）温湿传感器感知实训 |
| 学生学习内容 | 1）了解 ISO15693、ISO14443、ZigBee 协议<br>2）理解射频识别、指纹识别、传感器和传感网（WSN）技术<br>3）掌握射频识别、指纹识别和常用传感器的原理<br>4）阅读项目实施方案<br>5）进行 MUC_IDE、IAR 软件安装、设置和调试<br>6）进行信息全面感知测试<br>7）提交文档，演示并讲解项目流程 |
| 教学环境 | 校内物联网实训基地 |
| 教师传授知识 | 1）结合非接触式 IC 卡标准，讲述 ISO15693、ISO14443 协议基本原理<br>2）结合 IEEE 制定的 802 标准，讲述 ZigBee 协议基本原理<br>3）结合信息全面感知方式，讲述射频识别、指纹识别技术<br>4）结合信息全面感知方式，讲述传感器、传感网技术<br>5）结合项目实施方案，讲述信息全面感知实训项目实际操作中的注意事项 |
| 教学法选择 | 项目教学法 |
| 教（学）件 | 1）多媒体课件<br>2）MUC_IDE、IAR 软件<br>3）项目实施方案 |
| 学生提交 | 1）项目实训报告<br>2）信息全面感知测试报告 |
| 考核方式 | 考核包括两部分：<br>1）项目绩效考核，即整个项目小组的项目评分，由教师及同组学生根据需求分析对项目功能的完整性和正确性进行评价，教师同时结合项目完成进度综合考核<br>2）个人绩效考核：根据个人在项目完成过程的表现及项目演示阶段的总结汇报，进行个人评分 |

## 1.1　子学习情境 1　数据采集技术

### 子学习情境 1 描述

通过对实际物联网信息感知典型案例（例如智能家居）的分析，引出条形码、射频识别、指纹识别和传感器技术概念并理解其在信息采集中的重要性，主要内容涉及数据采集、处理、传输、终端网络的部署和协同技术。通过完成本子学习情境任务，学生可以了解条形码的基础知识、ISO15693、ISO14443 协议，理解射频识别、指纹识别等传感器的基本技术要领，具备能够实施典型物联网（如智能家居）中 RFID 读/写和基本信息采集的能力。

相关知识

## 1.1.1 信息感知概述

感知技术能够将物理世界的信息转变为电气信号，并进一步转化为数字信息，通过物联网的信息标识，将这些物理信息变成在整个物联网中唯一识别的数据。物联网的感知主要以传感器技术与 RFID 技术为基础。

随着新技术革命的到来，世界开始进入信息时代。在利用信息的过程中，首先要解决的就是要获取准确可靠的信息，而传感器是获取自然和生产领域中信息的主要途径与手段。在现代工业生产尤其是自动化生产过程中，要用各种传感器来监视和控制生产过程中的各个参数，使设备工作在正常状态或最佳状态，并使产品达到最好的质量。因此可以说，没有众多优良的传感器，现代化生产也就失去了基础。

在基础学科研究中，传感器更具有突出的地位。现代科学技术的发展，进入了许多新领域。例如，在宏观上要观察上千光年的茫茫宇宙，微观上要观察小到飞米（$10^{-15}$m）的粒子世界，纵向上要观察长达数十万年的天体演化，短到秒级的瞬间反应。此外，还出现了对深化物质认识、开拓新能源和新材料等具有重要作用的各种极端技术研究，如超高温、超低温、超高压、超高真空、超强磁场和超弱磁场等。显然，要获取大量人类感官无法直接获取的信息，没有相适应的传感器是不可能的。许多基础科学研究的障碍，首先就在于对象信息的获取存在困难，而一些新机理和高灵敏度的检测传感器的出现，往往会导致该领域内的突破。一些传感器的发展，往往是一些边缘学科开发的先驱。

传感器早已渗透到诸如工业生产、宇宙开发、海洋探测、环境保护、资源调查、医学诊断、生物工程甚至文物保护等极其广泛的领域。可以毫不夸张地说，从茫茫的太空到浩瀚的海洋，以至各种复杂的工程系统，几乎每一个现代化项目，都离不开各种各样的传感器。

由此可见，传感器技术在发展经济、推动社会进步方面的重要作用是十分明显的。世界各国都十分重视这一领域的发展。相信不久的将来，传感器技术将会出现一个飞跃，达到与其重要地位相称的新水平。

传感器

## 1.1.2 传感器

### 1. 传感器定义

传感器是物联网感知的核心内容之一。该层次的主要难点是研发高精度、低成本、低功耗、稳定可靠的智能数字传感器以及物联网规模化发展所需的物体标识和通信标识系统，进一步融合及适当兼容现有国内外各种传感器的标识方法，构建物联网的标准化传感器、智能感知、物体标识、通信标识和应用标识。

传感器（Transducer/Sensor）也可叫作探测器。它是一种检测装置，能感受到被测量的信息，并能将检测感受到的信息，按一定规律转换成为电信号或其他所需形式的信息输出，以满足信息的传输、处理、存储、显示、记录和控制等方面的要求。它是实现自动检测和自动控制的首要环节。

国家标准（GB/T 7665-2005）对传感器的定义是，能感受被测量并按一定的规律转换成可用输出信号的器件或装置，通常由敏感元件和转换元件组成。因此，传感器的定义包含三层含义：第一，传感器是测量器件或装置，能完成一定的检测任务；第二，传感器的输入量是某一被测量，可能是物理量、化学量或生物量；第三，传感器的输出量是某种便于传输和处理的物理量，且输出与输入信号有确定的对应关系。

传感器一般由敏感元器件、传感元器件、测量电路和辅助电源 4 部分组成，其框图如图 1-1 所示。

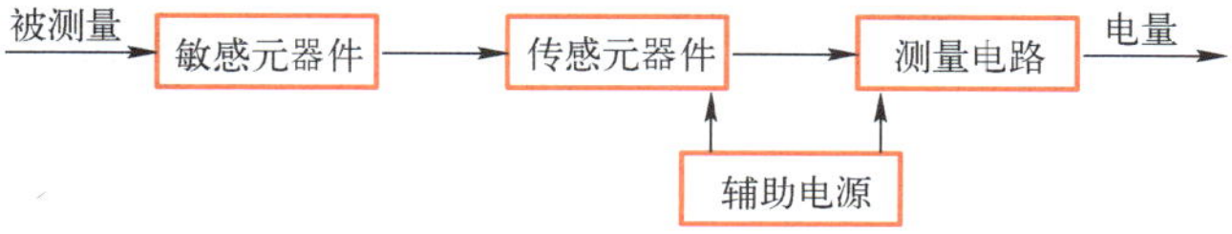


图 1-1 传感器组成框图

敏感元器件是指传感器中能直接感受被测非电量信号，并将非电量信号按一定对应关系转换成易于转换为电信号的另一种非电量信号的元器件。如应变式压力传感器中的弹性膜片就是敏感元器件，它的作用是将压力转换为弹性膜片的变形。

传感元器件是能将敏感元器件输出的非电信号或直接将被测非电信号转换成电信号输出的元器件。传感元器件又叫作转换元器件或变换器，如应变式压力传感器中的应变片就是传感元器件，它的作用是将弹性膜片的形变转换为电阻值的变化输出。

测量电路又称为信号调节与转换电路，或称为转换电路。它能将传感元器件输出的电信号转换为便于显示、记录、处理和控制的有用电信号的电路。其作用是对信号进行调节与转换，或将电阻、电容、电感等参量转换为电流、电压或频率输出，或将小信号调节为大信号输出。

辅助电源的作用是为传感元器件和测量电路提供能量。

组成传感器的这 4 个部分的相互关系是：敏感元器件为触须，直接感受被测非电量；传感元器件是核心，负责将非电量信号转换为电信号；测量电路负责把传感元器件输出的电信号转换为有用信号；辅助电源补充能量。

敏感元器件和传感元器件是传感器的主要组成部分。随着半导体集成技术的发展，可以将传感器的信号调节和转换电路与敏感元器件一起集成在一块芯片上。当然，并非所有的传感器都有测量电路和辅助电源。

### 2. 传感器分类

传感器的种类繁多，一种被测量可以用不同的传感器来测量，而同一原理的传感器又可以测量多种被测量，目前尚没有统一的分类方法。

1）按用途分类：力敏传感器、位置传感器、液位传感器、能耗传感器、速度传感器、加速度传感器、射线辐射传感器和热敏传感器。

2）按原理分类：振动传感器、湿敏传感器、磁敏传感器、气敏传感器、真空度传感器和生物传感器等。

3）按输出信号类型分类：模拟传感器——将被测量的非电学量转换成模拟电信号；数字传感器——将被测量的非电学量转换成数字输出信号（包括直接和间接转换）；开关传感器——当一个被测量的信号达到某个特定的阈值时，传感器相应地输出一个设定的低电平或高电平信号。

其他常见的传感器分类一览表见表 1-2。

表 1-2　其他常见的传感器分类一览表

| 分类方法 | 传感器类型 | 说明 |
|---|---|---|
| 按基本效应分类 | 物理型、化学型、生物型 | 分别为物理、化学、生物传感器 |
| 按构成原理分类 | 结构型 | 以元器件结构参数变化实现信号转换 |
| | 物理型 | 以元器件物理特性变化实现信号转换 |
| 按作用原理分类 | 应变式、电容式、压电式等 | 按作用原理命名传感器 |
| 按能量关系分类 | 能量转换型（自源型） | 输出量直接由被测量能量转换而得 |
| | 能量控制型（外源型） | 输出量由外源供给但受被测量控制 |
| 按敏感材料分类 | 半导体、光纤、陶瓷、高分子材料、复合材料等 | 以使用的敏感材料命名 |
| 按输入量分类 | 位移、压力、温度、流速、气体、振动、温度和湿度等 | 以被测量命名（按用途命名） |
| 按采用的高新技术分类 | 集成、智能、机器人和仿生等 | 以采用的高新技术命名 |

无论何种传感器，作为测量与控制系统的首要环节，通常都必须能快速、准确、可靠而又经济地实现信息转换。因此，对传感器有以下基本要求。

1）具有足够的量程。传感器的工作范围或量程应足够大，且具有一定的过载能力。

2）灵敏度和精度较高。要求传输信号与被测信号呈确定的关系（通常为线性），且比值大；传感器的静态响应与动态响应准确度能满足要求。

3）响应速度快、工作稳定、可靠性好。

4）适应性强。传感器应具有体积小、重量轻、耗能小和对被测对象状态影响小等特点；内部噪声要小且不易受外界干扰影响；输出能采用通用或标准形式，以便与系统相连。

5）经济性高。成本低、寿命长，且便于使用、维护和校准。

### 1.1.3　条形码

条形码是随着计算机与信息技术的发展和应用而产生的，它是集编码、印刷、识别数据采集和处理于一身的技术。

#### 1. 条形码定义

条形码是一种二进制代码，由一组规则排列的条、空及其对应的字符组成，用以表示一定的物品信息。其中条为深色、空为纳色，用于条形码识读设备的扫描识读；其对应字符由一组阿拉伯数字组成，供人们直接识读或通过键盘向计算机输入数据使用。这一组条、空和相应字符所表示的信息是相同的。

条形码需满足以下编码规则。

（1）唯一性

同种规格、同种产品应对应同一个产品代码，同种产品、不同规格应对应不同的产品代码。根据产品的不同性质，如重量、包装、规格、气味、颜色和形状等，应赋予不同的商品代码。

（2）永久性

产品代码一经分配，就不再更改，并且是终身的。当此种产品不再生产时，只能将其对应的产品代码搁置起来，不得再分配给其他的商品。

（3）无含义

为保证代码有足够的容量以适应产品频繁更新换代的需要，最好采用无含义的顺序码。

## 2. 条形码分类

常见的条形码分类一览表见表 1-3。

表 1-3　常见的条形码分类一览表

| 条　形　码 | 种　　类 | 特　　点 |
|---|---|---|
| 一维条形码 | EAN 条形码 | 1）输入速度快。条形码输入的速度是键盘输入的 5 倍，并且能实现“即时数据输入”<br>2）可靠性高。键盘输入数据出错率为 1/300，利用光学字符识别技术出错率为 $1/10^4$，而采用条形码技术误码率低于 $1/10^6$<br>3）采集信息量大。利用传统的一维条形码一次可采集几十位字符的信息<br>4）灵活实用。条形码标识既可以作为一种识别手段单独使用，也可以与有关识别设备组成一个系统，实现自动化识别，还可以与其他控制设备连接起来实现自动化管理<br>5）制作简单。条形码标签易于制作，对设备和材料没有特殊要求，识别设备操作容易，不需要特殊培训，且设备的价格也相对便宜 |
| | UPC 条形码 | |
| | 交叉二五条形码 | |
| | 三九条形码 | |
| | 库德巴条形码 | |
| | 128 条形码（Code 128） | |
| 二维条形码 | 堆叠式/行排式二维条码 | 具有存储量大、保密性高、追踪性高、抗损性强、备援性大和成本便宜等特性，这些特性特别适用于表单、安全保密、追踪、证照、存货盘点和资料备援等方面<br>二维条形码可以携带数千个字符的信息，并有一定的自动纠错能力 |
| | 矩阵式二维码 | |
| | 邮政码 | |

一维条形码

一维条形码可标识物品的生产国、制造厂家、商品名称、生产日期、类别等信息，在商品流通、图书管理、邮政管理、银行系统等许多领域有广泛的应用。目前使用频率最高的几种码制有 EAN（European Article Number）码、UPC（Universal Product Code）码、39 码、交叉（ITF）25 码和 EAN128 码。

一维条形码所携带的信息量有限，如 EAN-13 码仅能容纳 13 位阿拉伯数字，更多的信息只能依赖商品数据库的支持，离开了预先建立的数据库，这种条形码就毫无意义。基于这个原因，在 20 世纪 90 年代出现了二维条形码。目前二维条形码主要有 PDF417 码、Code49 码、Code 16K 码、Data Matrix 码、Maxiocle 码等，主要分为堆积或层排式、棋盘或矩阵式两大类。

二维码基础

二维码应用

二维条形码作为一种新的信息存储和传递技术，现已应用在国防、公共安全、交通运输、医疗保健、工业、商业、金融、海关及政府管理等多个领域。二维条形码依靠其庞大的信息携带量，能够把过去使用一维条形码时存储于后台数据库中的信息包含在二维条形码中，可以直接通过阅读二维条形码得到相应的信息，并且二维条形码还有错误修正技术及防伪功能，增加了数据的安全性。

此外，二维条形码可把照片、指纹等信息编制于其中，有效解决证件的可机读和防伪问题，因此可广泛应用于护照、身份证、行车证、军人证、健康证、保险卡等。

相关技术

## 1.1.4　自动识别技术

自动识别技术是对信息数据进行自动采集和传输的重要方法和手段，它是以计算机和通信技术为基础的综合性科学技术。近年来，自动识别技术已初具规模，条形码识技术广为应用，射频识别技术飞速发展，生物识别技术悄然兴起。自动识别技术的发展与完善，为物联网技术的发展和成熟提供了重要的支撑。

### 1. 自动识别技术的分类

自动识别方法的任务和目的是提供关于个人、动物和货物的信息。目前，自动识别技术主要包括条形码技术、光学符号识别（Optical Character Recognition，OCR）技术、生物识别技术、磁卡和 IC 卡技术和射频识别（RFID）技术等，其分类如图 1-2 所示。

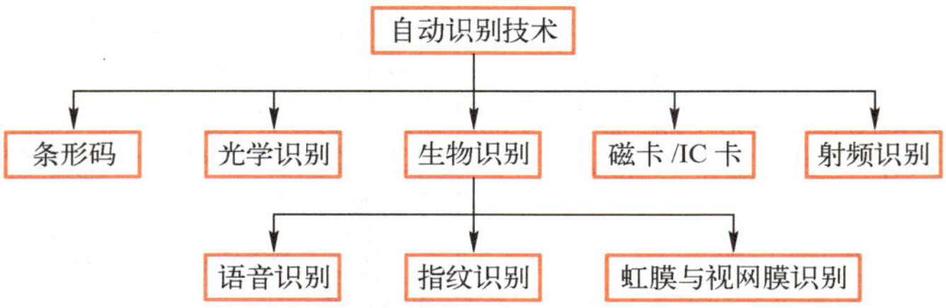


图 1-2　自动识别技术分类

### 2. 自动识别技术的特征

自动识别系统具有信息获取和信息录入功能，通过自动方式获取人或物的标识信息，并且不使用键盘即可将数据实时录入计算机、逻辑程序控制器或其他微处理器中。

按照识别对象的特征，自动识别系统包括两大类技术，即数据采集技术和特征提取技术，它们的基本功能是完成物品的数据采集和自动识别。数据采集技术的基本特征是需要被识别物体具有不同于其他事物的独特标识，如唯一性的标签、光学符号等；而特征提取技术则是根据被识别物体的生理或行为特征，来完成数据的自动采集与分析，如语音识别、指纹识别等。

无论何种识别技术，它们通常都具有如下特征。

1）具有较高的识别准确度，抗干扰性能好。

2）识别效率高，信息可以进行实时交换与处理。

3）兼容性好，可以与计算机系统或其他管理系统实现无缝连接。

## 1.1.5　射频识别技术

### 1. RFID 基本概念

（1）RFID

射频识别（Radio Frequency Identification，RFID）常被称为感应式电子芯片或近接卡、感应卡、非接触卡、电子标签和电子条码等。一套完整 RFID 系统由 Reader 和 Transponder 两部分组成，其动作原理为由 Reader 发射一特定频率的无限电波能量给 Transponder，用以驱动 Transponder 电路将内部的 ID Code 送出，此时 Reader 便接收此 ID Code。Transponder 的特殊性在于免用电池、免接触、免刷卡，故不怕脏污，且芯片密码为世界唯一无法复制、安全性高、寿命长。

RFID 的应用非常广泛，目前典型应用有动物芯片、汽车芯片防盗器、门禁管制、停车场管制、生产线自动化和物料管理。RFID 标签有两种，即有源标签和无源标签。

（2）电子标签

电子标签即为 RFID，有的称为射频标签或射频识别。它是一种非接触式的自动识别技术，通过射频信号识别目标对象并获取相关数据，识别工作无须人工干预，作为条形码的无线版本，RFID 技术具有条形码所不具备的防水、防磁、耐高温、使用寿命长、读取距离大、标签上数据可以加密、存储数据容量更大和存储信息更改自如等优点。

（3）指纹识别

指纹识别即通过比较不同指纹的细节特征点来进行鉴别。由于每个人的指纹不同，就是同一人的十指之间，指纹也有明显区别，因此指纹可用于身份鉴定。

（4）RFID 技术用途

RFID 技术可工作于各种恶劣环境，可识别高速运动物体并可同时识别多个标签，操作快捷方便。

短距离射频产品不怕油渍、灰尘污染等恶劣的环境，可在这样的环境中替代条码，例如用在工厂的流水线上跟踪物体。

长距射频产品多用于交通上，识别距离可达几十米，如自动收费或识别车辆身份等。

（5）RFID 解决方案

RFID 解决方案是 RFID 技术供应商针对行业发展特点制定的 RFID 应用方案，可根据不同企业的实际要求“量身定做”。RFID 解决方案可按照行业进行分类，如物流、防伪防盗、身份识别、资产管理、动物管理、快捷支付等。

（6）RFID 中间件

RFID 产业潜力无穷，应用的范围遍及制造、物流、医疗、运输、零售和国防等领域。RFID 应用成功的关键除了标签（Tag）的价格、天线的设计、波段的标准化、设备的认证之外，最重要的是要有关键的应用软件（Killer Application）才能迅速推广。而中间件（Middleware）可称为 RFID 运作的中枢，因为它可以加速关键应用的问世。

### 2. RFID 系统特征与分类

射频识别系统的特征包括工作方式（半双工、双工、时序）、应答器存储数据量、应答器读写方式、应答器能量供应方式、系统工作频率和作用距离、应答器到阅读器的数据传输方式等。

RFID

（1）按工作方式分类

就基本工作方式来说，可将射频识别系统分为全双工（Full Duplex，FDX）和半双工（Half Duplex，HDX）系统以及时序（SEQ）系统，其工作原理如图 1-3 所示。

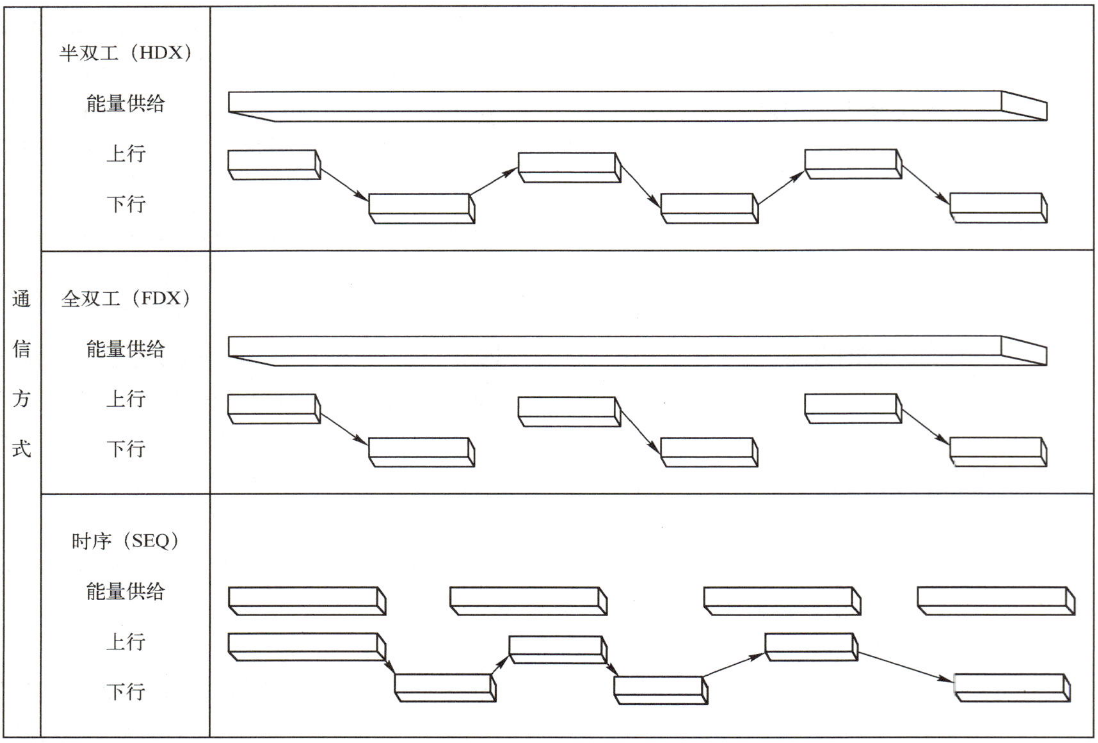


图 1-3　射频识别系统（RFID）工作原理图

在全双工和半双工系统中，应答器的应答响应是在阅读器接通高频电磁场的情况下发送出去的。与阅读器本身的信号相比，应答器的信号在接收天线上是很弱的，所以必须使用合适的传输方法，以便把应答器的信号与阅读器的信号区别开来。在实践中，人们对从应答器到阅读器的数据传输使用负载调制，负载调制的载波包括子载波以及阅读器发射频率的载波。在时序方法中，阅读器的电磁场短时间周期性地断开，这些间隔被应答器识别出来，并被用于从应答器到阅读器的数据传输。时序方法的缺点是在阅读器发送间歇时，应答器的能量供给中断，因此需要在应答器中装入足够大的辅助电容器或电池进行能量补偿。

（2）按供电方式分类

RFID 系统的标签（也叫应答器）需要供电才能工作，按照标签获取电能方式的不同，可以把标签分成无源标签和有源标签。

无源标签内部不带电池，要靠外界提供能量才能正常工作。无源标签产生电能的典型装置是天线与线圈，当标签进入系统的工作区域时，天线接收到特定的电磁波，线圈就会产生感应电流，再经过整流电路给标签供电。无源标签具有永久的使用期，常常在标签信息需要每天读写或频繁读写多次的地方，用无源标签支持长时间的数据传输和永久性的数据存储。无源标签的缺点主要是数据传输的距离要比有源标签短。电感耦合无源应答器 RFID 系统如图 1-4 所示。

有源标签内部自带电池进行供电，它的电能充足，工作可靠，信号传送的距离远。有源标签可以通过电池的使用寿命对设计标签的使用时间或使用次数进行限制。有源标签的主要缺点是标签的使用寿命受到电池寿命的限制，随着标签内电池电力的消耗，其数据传输的距离会越来越小，从而影响系统的正常工作。

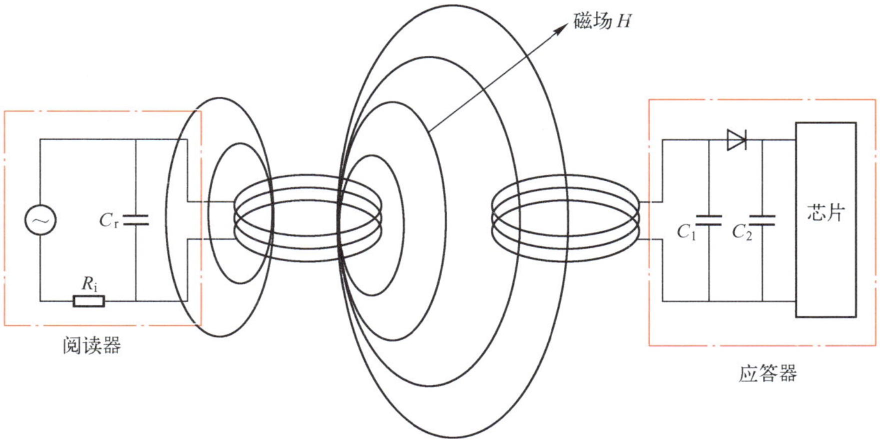


图 1-4　电感耦合无源应答器 RFID 系统

另一种有源标签虽然带有电池，但电池的能量只用来激活系统，系统激活后标签的供电仍来自于阅读器的电磁场，此时应答器进入无源标签工作模式。

（3）按系统功能分类

系统功能包括数据载体（应答器）的数据存储能力、应答器的读写方式、处理速度、应答器能量来源和密码功能等。

RFID 系统常用的 3 种数据存储器是电擦除可编程序只读存储器（$E^2$PROM）、铁电随机存储器（FRAM）以及静态随机存取存储器（SRAM）。

RFID 系统分为低端系统、中端系统和高端系统，其演进过程示意图如图 1-5 所示。

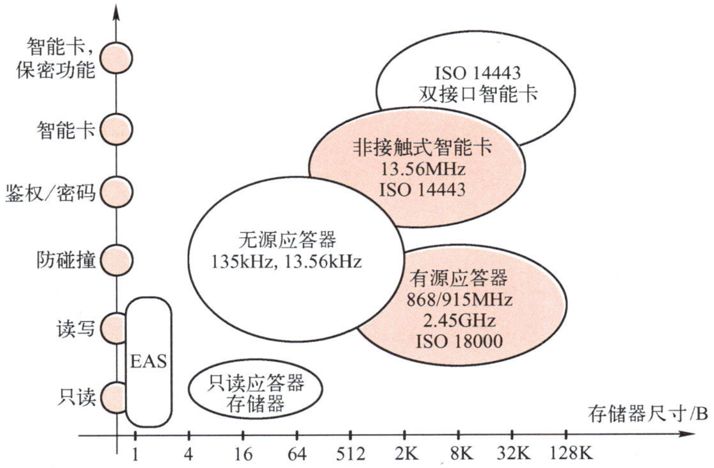


图 1-5　RFID 系统的演进过程示意图

（4）按工作频率和作用距离分类

按工作频率划分，可将射频识别系统分为以下几种，即低频系统、高频或射频系统、超高频（30MHz～3GHz）或微波（>3GHz）系统。

1）低频系统。低频系统的工作频率为 30～300kHz，其典型的工作频率有 125kHz 和 133kHz。低频应答器一般为无源标签，其工作能量通过电感耦合方式从阅读器电感线圈的辐射场获取。低频标签与阅读器之间的作用距离通常小于 1m。低频系统多应用于动物识别、容器识别、电子防盗锁等领域。其实，RFID 技术首先在低频得到广泛的应用和推广。该频率主要是通过电感耦合的方式进行工作，也就是在读写器线圈和感应器线圈间存在着变压器耦合作用。通过读写器交变场的作用，在感应器天线中感应的电压被整流，可作供电电压使用。磁场区域能够很好地被定义，但是场强下降得太快。

低频系统的主要特性：

① 工作在低频的感应器的一般工作频率范围为 20～134kHz，TI 的工作频率为 134.2kHz。该频段的波长大约为 2500m。

② 除了金属材料影响外，一般低频能够穿过任意材料的物品而不降低它的读取距离。

③ 工作在低频的读写器没有任何特殊的许可限制。

④ 低频产品有不同的封装形式。好的封装形式价格贵，但是有 10 年以上的使用寿命。

⑤ 虽然该频率的磁场区域下降很快，但是能够产生相对均匀的读写区域。

⑥ 相对于其他频段的 RFID 产品，该频段数据传输速率比较慢。

⑦ 感应器的价格相对于其他频段来说要贵。

低频系统主要应用场合：

① 畜牧业的管理系统。

② 汽车防盗和无钥匙开门系统。

③ 马拉松赛跑系统。

④ 自动停车场收费和车辆管理系统。

⑤ 自动加油系统。

⑥ 酒店门锁系统。

⑦ 门禁和安全管理系统。

2）高频或射频系统。高频系统的工作频率范围为 3～30MHz，典型工作频率为 13.56MHz 和 27.12MHz。高频系统的应答器也多采用无源方式，应答器必须位于阅读器的天线辐射近场区内，系统的作用距离通常小于 1m。随着工作频率的提高，高频系统可实现较高速率的数据传输。高频应答器可做成卡的形状，其典型的应用包括电子车票、电子身份证、电子遥控门锁控制器等。在该频率的感应器不再需要线圈进行绕制，可以通过腐蚀或者印刷的方式制作天线。感应器一般通过负载调制的方式进行工作，也就是通过感应器上的负载电阻的接通和断开促使读写器天线上的电压发生变化，实现用远距离感应器对天线电压进行振幅调制。如果人们通过数据控制负载电压的接通和断开，那么这些数据就能够从感应器传输到读写器中。值得关注的是，在 13.56MHz 频段中主要由 ISO14443 和 ISO15693 两个标准组成，ISO14443 俗称为 Mifare 1 系列产品，识别距离近，但价格低、保密性好，常作为公交卡、门禁卡来使用。ISO15693 的最大优点在于识别效率，通过较大功率的阅读器可将识别距离扩展至 1.5m 以上，鉴于波长的穿透性好，在处理密集标签时有优于超高频的读取效果。

高频或射频系统的主要特性：

① 工作频率为 13.56MHz，该频率的波长大约为 22m。

② 除了金属材料外，该频率的波长还可以穿过大多数的材料，但是往往会缩短读取距离；标签需要离开金属 4mm 以上的距离，其抗金属效果在几个频段中较为优良。

③ 该频段在全球都得到认可，并没有特殊的限制。

④ 感应器一般用电子标签的形式。

⑤ 虽然该频率的磁场区域下降很快，但是能够产生相对均匀的读写区域。

⑥ 该系统具有防冲撞特性，可以同时读取多个电子标签。

⑦ 可以把某些数据信息写入标签中。

⑧ 数据传输速率比低频要快，价格不是很贵。

高频或射频系统的主要应用场合：

① 图书管理系统。

② 瓦斯钢瓶的管理。

③ 服装生产线和物流系统。

④ 三表预收费系统。

⑤ 酒店门锁的管理。

⑥ 大型会议人员通道系统。

⑦ 固定资产的管理系统。

⑧ 医药物流系统。

⑨ 智能货架的管理。

⑩ 珠宝盘点管理。

3）超高频（30MHz～3GHz）或微波（>3GHz）系统。RFID 系统在该频段内的典型工作频率是 433MHz、902～928MHz、2.45GHz 和 5.8GHz 等，应答器包括有源和无源两类。阅读器天线一般为定向天线，工作时应答器位于阅读器天线辐射场的远场区内，只有在阅读器天线的定向波束范围内的应答器才可被读写。微波系统的作用距离一般大于 1m，典型情况是 4～7m。超高频系统通过电场来传输能量。虽然电场的能量下降得不是很快，但是对读取的区域不能很好地进行定义。该频段读取距离比较远，无源可达 10m 左右，主要是通过电容耦合的方式实现。

超高频系统的主要特性：

① 在该频段，全球的定义不是很相同，具体情况是，欧洲和部分亚洲定义的频率为 868MHz，北美定义的频段为 902～905MHz，在日本建议的频段为 950～956MHz。该频段的波长大概为 30cm 左右。

② 目前，该频段功率输出没有统一的定义（美国定义为 4W，欧洲定义为 500mW，可能欧洲限制会上升到 2W 的有效全向辐射功率（Effective Isotropic Radiated Power，EIRP)。

③ 超高频频段的电波不能通过许多材料，特别是金属、液体、灰尘和雾等悬浮颗粒物质，可以说环境对超高频段的影响是很大的。

④ 电子标签的天线一般是长条和标签状。天线有线性和圆极化两种设计，以满足不同应用的需求。

⑤ 虽然该频段有好的读取距离，但是对读取区域很难进行定义。

⑥ 有很高的数据传输速率，在很短的时间可以读取大量的电子标签。

超高频系统的主要应用方面：

① 供应链上的管理。

② 生产线自动化的管理。

③ 航空包裹的管理。

④ 集装箱的管理。

⑤ 铁路包裹的管理。

⑥ 后勤管理系统。

4）有源 RFID 技术（2.45GHz、5.8GHz）。有源 RFID 具备低发射功率、通信距离长、传输数据量大、可靠性高和兼容性好等特点，与无源 RFID 相比，在技术上的优势非常明显，故被广泛地应用到公路收费、港口货运管理等用途中。

### 3. RFID 系统构成

最初在技术领域，应答器是指能够传输信息和回复信息的电子模块，近些年，射频技术发展迅猛，对应答器有了新的说法和含义，被称为智能标签或标签。RFID 电子电梯合格证的阅读器（读写器）通过天线与 RFID 电子标签进行无线通信，可以实现对标签识别码和内存数据的读出或写入操作。典型的阅读器包括高频模块（发送器和接收器）、控制单元以及阅读器天线。

RFID 是一种简单的无线系统，只有两个基本器件，该系统用于控制、检测和跟踪物体。系统由很多应答器（或标签）和一个阅读器组成。

标签（Tag）由耦合元器件及芯片组成，每个标签具有唯一的电子编码，附着在物体上标识目标对象；阅读器（Reader）是读取（有时还可以写入）标签信息的设备。

从功能上讲，RFID 类似于条形码系统。条形码系统将一系列黑白条空构成的编码附着于目标物上，使用读写器将条码信息读入进而对物品进行识别；而 RFID 技术则是将电子标签附着于目标物上，利用专门的阅读器将物品信息读出。一个典型的射频识别技术系统一般由应答器、阅读器以及应用系统等部分组成，其示意图如图 1-6 所示。

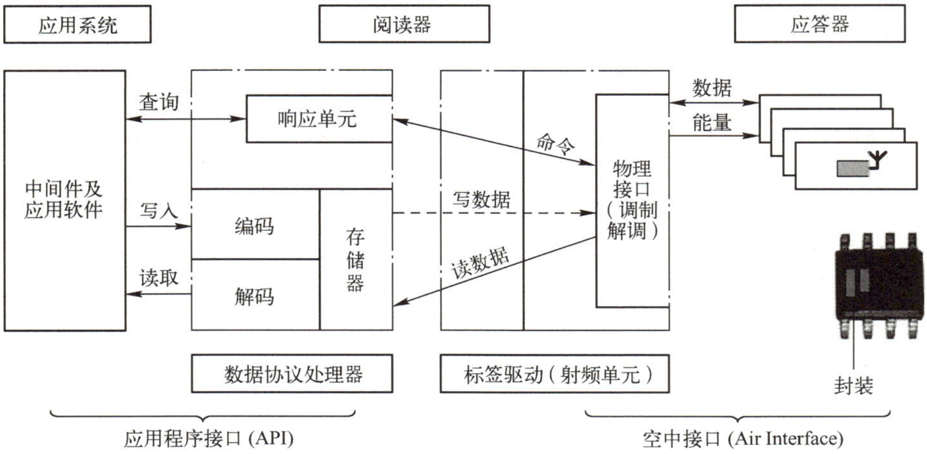


图 1-6　RFID 系统组成示意图

（1）阅读器

阅读器是负责读取或写入标签信息的设备，它可以自成一体，也可以作为部件嵌入到其他系统中。阅读器可以单独实现数据读写、显示和处理等功能，也可以与计算机或其他系统联合完成对射频标签的读写操作。

对于 RFID 系统阅读器，均可以简化为 3 个基本功能块，即高频接口、控制单元以及阅读器天线，其结构如图 1-7 所示，其功能模块描述如表 1-4 所示。

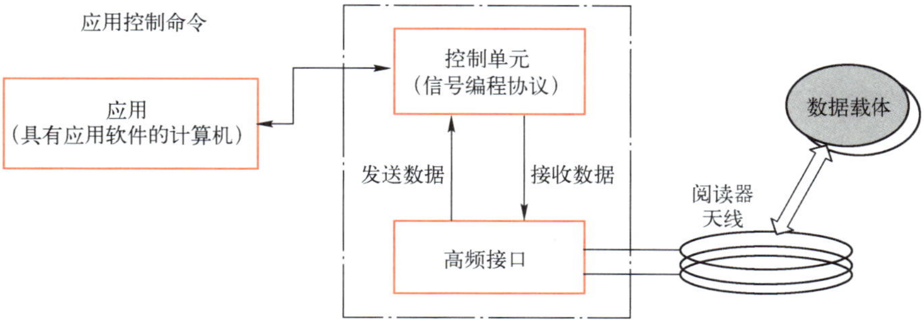


图 1-7　RFID 系统阅读器结构

**表 1-4　RFID 系统阅读器功能模块描述表**

| 模块名称 | 模块功能 | 其他 |
|---|---|---|
| 高频接口 | 产生高频的发射功率，以启动应答器并为它提供能量；对发射信号进行调制，用于将数据传送给应答器；接收并解调来自应答器的高频信号 | 在高频接口中有两个分隔开的信号通道，分别用于往来于阅读器和应答器的两个方向的数据传输。传送到应答器的数据通过发送器支路，而来自于应答器的数据通过接收器支路来接收 |
| 控制单元 | 与应用系统软件进行通信，并执行应用系统软件发来的命令；控制与应答器的通信过程（主/从原则）；信号的编码与解码。对于复杂的中高档系统，控制单元还具有下列附加功能：执行反碰撞算法；对应答器与阅读器之间要传送的数据进行加密和解密；进行应答器和读取器之间的身份验证 | |
| 阅读器天线 | 天线是一种能将接收到的电磁波转换为电流信号，或者将电流信号转换成电磁波发射出去的装置。在 RFID 系统中，阅读器必须通过天线来发射能量，形成电磁场，通过电磁场对电子标签进行识别 | 阅读器上的天线所形成的电磁场范围就是阅读器的可读区域 |

阅读器控制单元结构如图 1-8 所示。

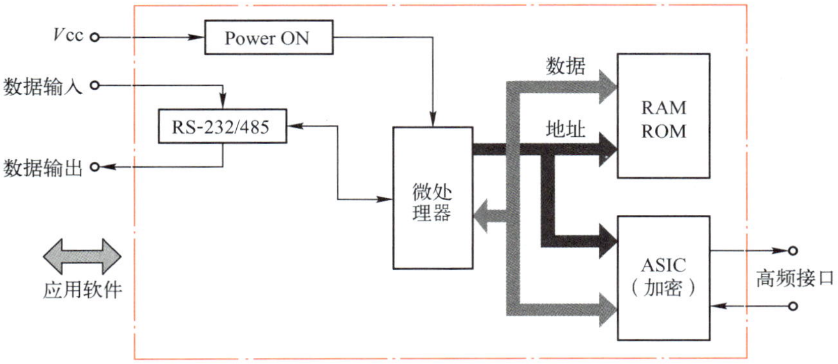


图 1-8　阅读器控制单元结构图

（2）应答器

应答器是 RFID 系统的数据载体，也称为射频标签。依据作用原理，可将应答器分为两类，一类是以集成电路芯片为基础的应答器，另一类是利用物理效应的应答器。以集成电路为基础来划分，可将应答器分为具有简单存储功能的应答器和带有微处理器的智能应答器。

1）具有存储功能的应答器。RFID 系统应答器的品种很多，包括简单的只读应答器到高档的具有智能密码功能的应答器。一般来说，具有存储功能的应答器主要包括 4 个功能块，即天线、高频接口、存储器以及地址和安全逻辑单元，其基本结构如图 1-9 所示。应答器功能模块描述如表 1-5 所示。

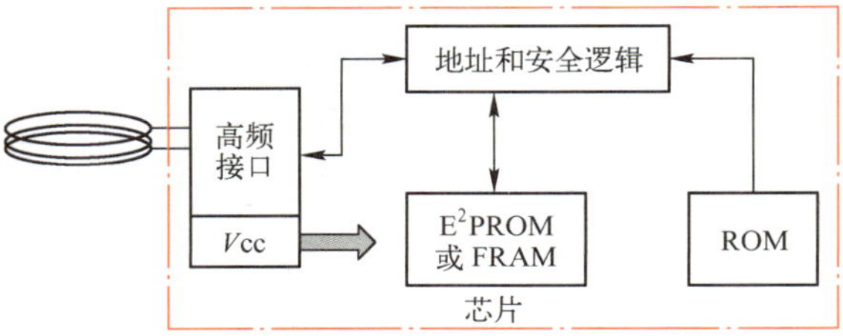


图 1-9　具有存储功能应答器的基本结构

**表 1-5　应答器功能模块描述表**

| 模　块 | 功 能 描 述 |
| --- | --- |
| 应答器天线 | 对于只读式 RFID 系统，其应答器天线负责将存储器中的固有信息发送给阅读器；对于读写式 RFID 系统，其应答器天线不仅负责将存储器信息发送给阅读器，而且可接收从阅读器发送过来的命令和数据，以进行用户的鉴权或应答器数据的更新 |
| 高频接口 | 负责将来自阅读器的模拟信号解调为数字序列码，以提供给地址和安全逻辑模块进行再处理。借助阅读器信号的载频，一个时钟发生器将产生时钟脉冲并提供给应答器工作使用。当需要回送数据至阅读器时，高频接口通过副载波调制器或反向散射调制器等方法对数据进行调制，之后再通过天线发送 |
| 地址和安全逻辑 | 它是数据载体的心脏，控制着芯片上的所有操作 |
| 存储器 | 它包括只读存储器、读写存储器以及带有密码保护的存储器 |

2）具有微处理器的应答器。具有微处理器的非接触智能卡包含自己的操作系统，操作系统的任务是对应答器进行数据存取操作、对命令序列控制、文件管理以及执行加密算法。带有微处理器的应答器芯片结构如图 1-10 所示。由图可见智能卡操作系统中的典型命令处理过程：阅读器向非接触 IC 卡发送的命令由高频接口接收；I/O 管理器独立地进行错误识别和数据校正，与更高级的过程无关；密码管理器对接收到的无差错命令进行解密或完整性检查。解密后，高级命令解释程序尝试对命令译码。如果不可能，则调用返回代码管理器，它产生相应的返回代码，并经过 I/O 管理器送回阅读器。当应答器收到了一个有效命令时，则与此应用命令有关的实际程序代码被执行。如果需要访问在 $E^2$PROM 中的应用数据，则由文件管理系统和存储器管理器来专门执行，它们把所有的符号地址转换成存储区的相应物理地址，即可完成对 $E^2$PROM 的应用数据的访问。

3）应用系统。应用系统主要完成数据信息的存储、管理以及对射频标签的读写控制，也称为数据管理系统。RFID 的应用管理系统可以是各种大小不一的数据库或供应链系统，也可以是面向特定行业、高度专业化的库存管理数据库，或者是集成了 RFID 管理模块的大型企业资源计划（Enterprise Resource Planning，ERP）数据库的一部分。应用系统可通过有线或无线的方式与 RFID 系统的阅读器相连，它由硬件和软件两大部分构成，硬件部分通常为计算机，软件部分则包括各种应用软件和数据库。其中中间件是一类极为重要且特殊的软件，它是射频标签和应用程序之间的中介，如图 1-11 所示。

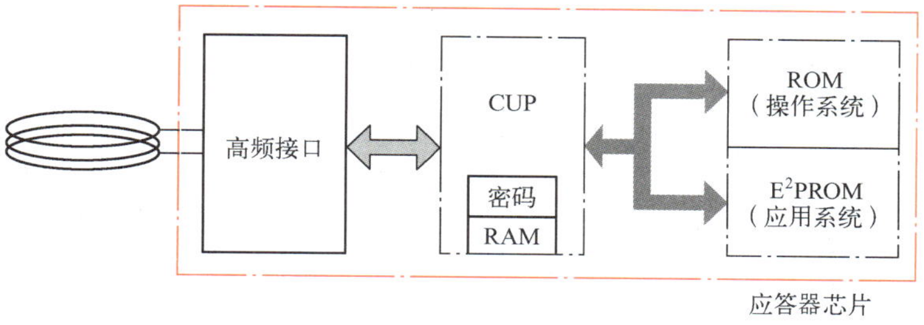


图 1-10　带有微处理器的应答器芯片结构

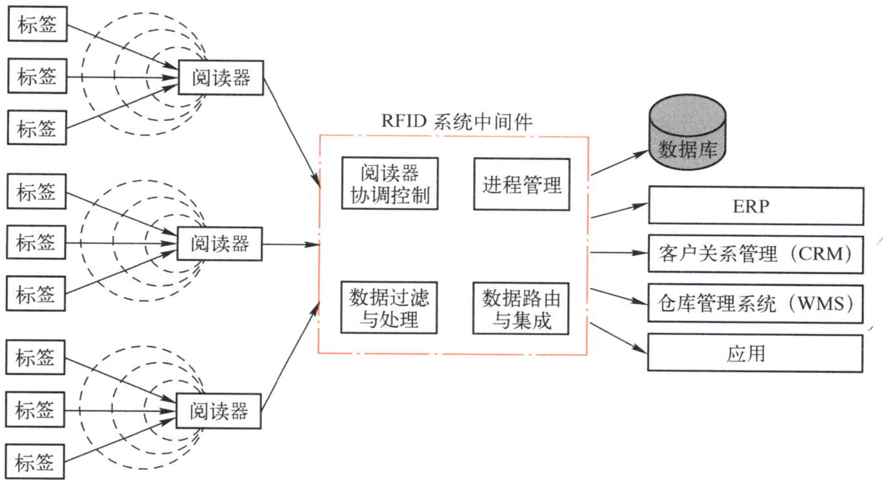


图 1-11　RFID 系统中间件

## 4. RFID 系统工作原理

RFID 系统的基本工作流程是：阅读器通过发射天线发送一定频率的射频信号，当附着射频标签的目标对象进入阅读器的电磁信号辐射区域时会产生感应电流；借助感应电流或自身电源提供的能量，射频标签将自身编码等信息通过内置天线发送出去；阅读器天线接收来自射频标签的载波信号，经天线调节器传送到阅读器的控制单元进行解调和解码后，送到应用系统进行相关处理；应用系统根据逻辑运算判断该射频标签的合法性，并针对不同的应用做出相应的处理和控制，发出指令信号并执行相应的应用操作。

RFID 技术的基本工作原理并不复杂，即在标签进入磁场后，接收解读器发出的射频信号，凭借感应电流所获得的能量发送出存储在芯片中的产品信息（Passive Tag，无源标签或被动标签），或者由标签主动发送某一频率的信号（Active Tag，有源标签或主动标签），解读器读取信息并解码后，送至中央信息系统进行有关数据处理。

一套完整的 RFID 系统（其示意图如图 1-12 所示）是由阅读器（Reader）与电子标签（TAG）——所谓的应答器（Transponder）及应用软件系统 3 个部分组成，其工作原理是

Reader 发射一特定频率的无线电波能量给 Transponder，用以驱动 Transponder 电路将内部的数据送出，此时 Reader 便依序接收解读数据，送给应用程序做相应的处理。

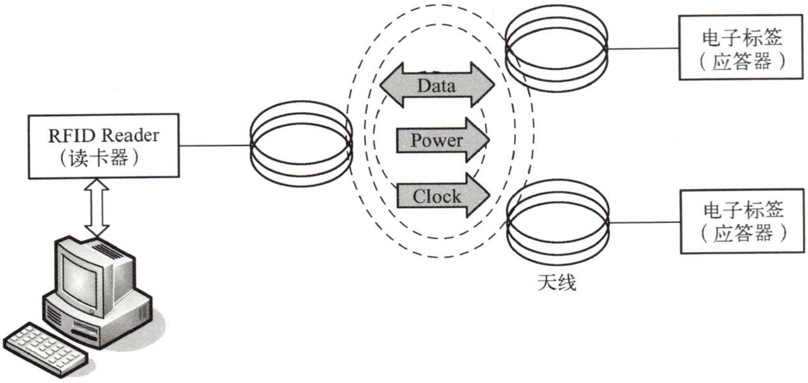


图 1-12　一套完整的 RFID 系统示意图

从 RFID 卡片阅读器及电子标签之间的通信及能量感应方式来看，大致可将 RFID 分成感应耦合（Inductive Coupling）及后向散射耦合（Backscatter Coupling）两种。一般低频的 RFID 大都采用第一种方式，而较高频大多采用第二种方式。

阅读器根据使用的结构和技术不同可以是读或读/写装置，是 RFID系统信息控制和处理中心。阅读器通常由耦合模块、收发模块、控制模块和接口单元组成。阅读器和应答器之间一般采用半双工通信方式进行信息交换，同时阅读器通过耦合给无源应答器提供能量和时序。在实际应用中，可进一步通过以太网（Ethernet）或 WLAN 等实现对物体识别信息的采集、处理及远程传送等管理功能。应答器是 RFID 系统的信息载体，目前应答器大多是由耦合元件（线圈、微带天线等）和微芯片组成的无源单元。

**5. RFID 标准**

RFID 技术标准主要定义不同频段的空中接口及相关参数，包括基本术语、物理参数、通信协议和相关设备等。RFID 技术标准基本结构如图 1-13 所示。

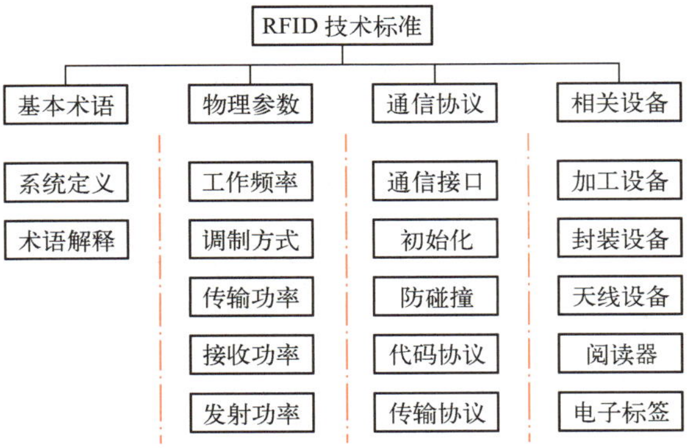


图 1-13　RFID 技术标准基本结构

ISO/IEC 和 EPCglobal 是目前国际上影响力较大的 RFID 标准化组织。下面就对这两大组织推出的不同标准进行介绍。

（1）ISO/IEC 标准

国际标准化组织（ISO 及国际电工委员会（IEC））是信息技术领域最重要的标准化组织之一，其制定的 RFID 空中接口协议系列标准受到了最为广泛的关注。电子标签和读写器之间通过相应的空中接口协议才能进行相互通信。空中接口协议定义了读写器与标签之间进行命令和数据双向交换的机制，即读写器发给标签的命令和标签发给读写器的响应。因此空中接口标准在 RFID 系统中举足轻重，它将直接决定系统传输和识别的可靠性和有效性。

（2）EPCglobal 标准

前面所述的 ISO/IEC 空中接口协议标准侧重于数据采集，即读写器与标签之间进行通信的方式，而在物品编码规则和数据采集后处理方面，EPCglobal 制定的一系列标准则更加成熟。EPCglobal 旨在改变整个世界，它通过搭建一个可以自动识别任何地方任何事物的开放性全球网络（即电子产品编码（EPC）系统或物联网），来为公司提供某些他们梦寐以求的、几乎完美的供应链可见度。在物联网的构想中，RFID 标签中存储的 EPC 代码，可以通过无线数据通信网络自动采集到中央信息系统，以实现对物品的识别，进而通过计算机网络实现信息交换和共享以及对物品的透明化管理。

### 6. RFID 标签能否取代条码技术

自 20 世纪 70 年代以来，条码技术一直是商品清单管理的主流方法。一个条码的价格不到 0.01 美元，并且还有统一的管理标准，推动了零售业的革命化与商品的物流管理。与条码技术相比，RFID 标签识别技术更有特点，解决了有些条件下条码等其他识别技术无法使用的问题，并开拓了许多新的应用领域。由于其价格高于条码且缺乏统一的标准等原因，尽管不少业内人士认为 RFID 标签将成为“下一代的条码”，但在相当长的时间内，RFID 标签仍还将与条码技术并存。

RFID 的标准化问题。条码自动识别技术，在许多行业中都有共同的标准，并且已有多年的实践传统。RFID 技术目前还缺乏统一的标准。虽有常用的共同频率范围，但制造厂商可以自行改变。此外，标签上的芯片性能、存储器存储协议与天线设计约定等，也都没有统一标准。尽管 RFID 的有关标准正在被逐步开发制订、不断完善，但是不同国家又均有自己的规则。有的业内人士担心，比制订条码标准更为困难的是，如果一个国家把某个频率权卖给某个商业企业后，在出现对其他系统的干扰时，这个国家就很难对这个频率段的使用情况进行监督管理。

据介绍，有些研究单位正在利用 RFID 技术制定新的通用、开放的网络和相应的标准，当产品在全球供应链流通时，通过标签能对产品进行跟踪。例如，美国 MIT 高等学府的自动化识别中心（Auto-ID Center）正在开发包括标签、阅读器与计算机组合的电子产品码（Electronic Product Code，EPC）网络，能使制造商与零售商实现实时跟踪，进行准确的商品库存管理，其关键技术就是采用了 RFID 标签。

然而，这些研发单位的初衷并不是要取代条码。Auto-ID Center 并不主张完全用该技术代替条码，因为基于条码的系统已成为许多行业标准的自动化识别技术，并且已有多年的应用历史。为 RFID 标签生产导电油墨的 Flint Ink 公司认为，与条码相比，RFID 标签的价格显得略高，因此，条码仍然会继续使用若干年。许多观察家预言，RFID 将与条码并存，两种技术各有特点。在许多情况下，需要根据具体情况来确定该采用 RFID 技术还是条码技术，以满足不同的使用要求。

#### 7. 面临的问题

RFID 在推广应用中遇到了不少挑战，主要表现在成本、标准、精确度与应用模式等方面，缺乏成熟的应用模式和行业标准以及相关产品标准不统一。具体表现在下面几个方面。

1）标准化是个大问题。标准化是推动产品广泛获得市场接受的必要措施，但射频识别读取机与标签的技术仍未见统一，因此无法一体化使用。

2）价格问题是制约 RFID 标签推广应用市场发展的巨大瓶颈之一。RFID 系统不论是标签、读取器和天线，其价格都比较昂贵。另外，对使用 RFID 系统的客户而言，其设备投资也不菲，据有关报告指出，为每个商店安装一台 RFID 和电子产品编码（EPC）识读装置的成本至少是 10 万美元，对一个组织而言，这方面的投资可能会达到 3000～4000 美元。

3）技术的突破。RFID 技术上尚未完全成熟，特别是应用于某些特殊的产品（如液体或金属罐等），大量 RFID 标签无法正常起作用。标签的可靠性也是个大问题。就目前看来，普遍使用的 134kHz 和 13.56kHz 因传输距离太短，限制了阅读器与 RFID 标签间的传输距离，使若干标签不能有效地被读取，标签失效率很高。此外，RFID 标签与阅读器有方向性，射频识别信号易被物体阻断，也是 RFID 技术发展的一大挑战。即使贴上双重标签，也仍有 3%的标签无法识别。

4）涉及隐私保护以及安全问题。RFID 的大规模应用会涉及隐私保护以及安全问题，当前的无源 RFID 系统没有读写能力，所以无法使用密钥验证方法来进行身份验证。如果标签是有源的，并且会收到不断变化的验证密钥，就将会大大提高其安全性，不过这又会增加其成本。正因为如此，目前的 RFID 技术要想在对信息有保密要求的领域展开应用还存在着障碍。

### 1.1.6 指纹识别技术

指纹识别技术是一个典型的模式识别技术，包括指纹图像获取、处理、特征提取和比对等模块。

指纹图像获取。通过专门的指纹采集仪可以采集活体指纹图像。目前，指纹采集仪主要有活体光学式、电容式和压感式。对于分辨率和采集面积等技术指标，公安行业已经形成了国际和国内标准，但其他还缺少统一标准。根据采集指纹面积，大体可以分为滚动捺印指纹和平面捺印指纹，公安行业普遍采用滚动捺印指纹。另外，也可以通过扫描仪、数字相机等获取指纹图像。

指纹图像压缩。大容量的指纹数据库必须经过压缩后存储，以减少存储空间。主要方法包括JPEG、WSQ、EZW 等。

指纹图像处理。包括指纹区域检测、图像质量判断、方向图和频率估计、图像增强、指纹图像二值化和细化等。

### 1.1.7 传感器技术

#### 1. 光照传感器

光照传感器的主要元器件是光敏电阻。光敏电阻的工作原理基于内光电效应。在半导体光敏材料两端装上电极引线，将其封装在带有透明窗的管壳里就构成光敏电阻，为了增加灵敏度，常将两电极做成梳状。用于制造光敏电阻的材料主要是金属的硫化物、硒化物和碲化物等半导体。在黑暗环境里，它的电阻值很高，当受到光照时，只要光子能量大于半导体材料的禁带宽度，价带中的电子吸收一个光子的能量后就可跃迁到导带，并在价带中产生一个带正电荷的空穴，由光照产生的电子-空穴对，使半导体材料中载流子的数量增加，导致其电阻率变小，从而造成光敏电阻阻值下降。光照越强，阻值越低。入射光消失后，由光子激发产生的电子—空穴对将复合，光敏电阻的阻值也就恢复原值。在光敏电阻两端的金属电极加上电压，其中便有电流通过，当受到波长的光线照射时，电流就会随光的增强而变大，从而实现光电转换。光敏电阻没有极性，纯粹是一个电阻元件，使用时既可加直流电压，也可加交流电压。

### 2. 火焰传感器

物质在燃烧时会产生烟雾和放出热量，同时也会产生特定波长的可见或不可见的光辐射。火焰传感器就是通过识别这些光辐射来达到检测目的的。

一般而言，可见光的波长范围在 390～770nm。波长比可见光长，但是又低于 1000μm 的波长是红外线；波长比可见光短，但是又高于 200nm 的是紫外线（电磁波频谱如图 1-14 所示）。对于火焰燃烧过程产生的 200～260nm 波长的紫外线，可采用一种固态物质作为敏感元件，如碳化硅或硝酸铝，也可使用一种充气管作为敏感元件，如盖革—弥勒管。对于火焰中产生的 2.5～3μm 波长的红外线，可采用硫化铝材料的传感器，对于火焰产生的 4.4～4.6μm 波长的红外线可采用硒化铅材料或钽酸铝材料的传感器。根据不同燃料燃烧发射的光谱，可选择不同的传感器。

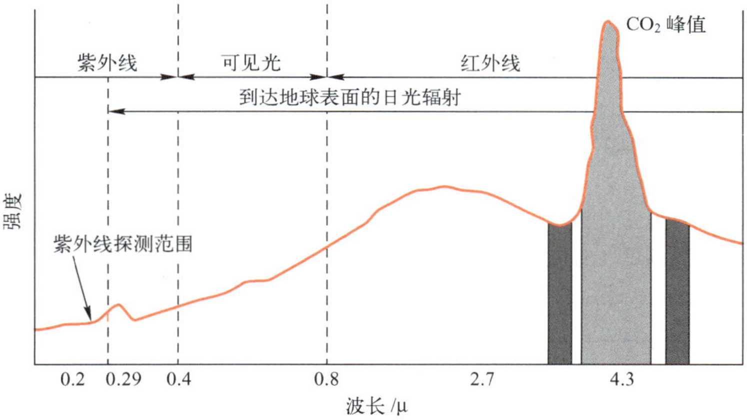


图 1-14　电磁波频谱

根据火焰的光特性，目前使用的火焰传感器有 3 种：一种是对火焰中波长较短的紫外光辐射敏感的紫外传感器；另一种是对火焰中波长较长的红外光辐射敏感的红外传感器；第三种是同时探测火焰中波长较短的紫外线和波长较长的红外线的紫外/红外混合传感器。

JNHB1004 是一种远红外火焰传感器，能够探测到波长在 760～1100nm 范围内的红外光，探测角度为 60°，其中红外光波长在 940nm 附近时，其灵敏度达到最大。远红外火焰探头的工作温度为–25～85℃，在使用过程中应注意火焰探头离火焰的距离不能太近，以免造成损坏。

## 3. 温湿度传感器

主控器件采用瑞士 Sensirion 公司推出的 SHT10 单片数字温湿度集成传感器。传感器包括一个电容式聚合体测湿元件和一个能隙式测温元件，并与一个 14 位的 A/D 转换器以及串行接口电路在同一芯片上实现无缝连接。SHT10 内部结构如图 1-15 所示。

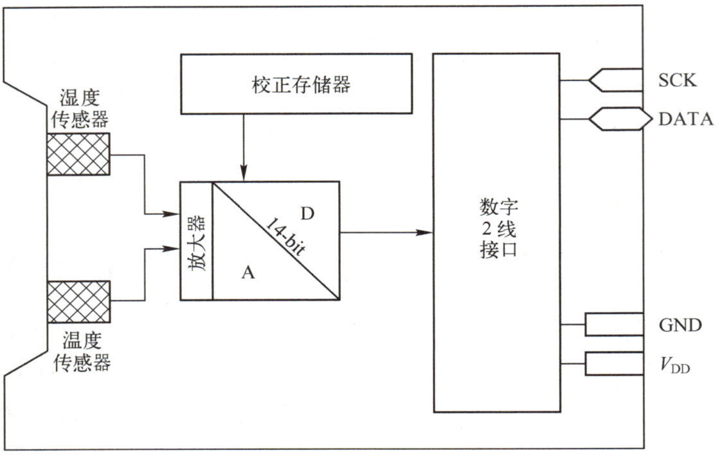


图 1-15　SHT10 内部结构图

将测温元件和测湿元件感知到的外界温湿度的模拟量传输到内部的 A-D 元件中，由 A-D 元件把模拟量转换为数字量传输到串行数据总线上。温湿度的测量数据需通过一组测量命令来获取，SHT10 命令集如表 1-6 所示。获取到的温湿度测量数据再通过相应的公式转换成对应的温湿度的值。相对湿度的公式如式（1-1）所示，即

$$RH_{linear}=c_1+c_2\times SO_{RH}+c_3\times SO_{RH}^2 \quad (1-1)$$

式中，$SO_{RH}$ 为 SHT10 的输出测量值。公式中各系数见表 1-7。

**表 1-6　SHT10 命令集**

| 命　　令 | 代　　码 |
|---|---|
| 预留 | 0000x |
| 温度测量 | 00011 |
| 湿度测量 | 00101 |
| 读状态寄存器 | 00111 |
| 写状态寄存器 | 00110 |
| 预留 | 0101x-1110x |
| 软复位，复位接口、清空状态寄存器，即清空为默认值<br>下一次命令前至少等待 11ms | 11110 |

**表 1-7　相对湿度的转换系数表**

| $SO_{RH}$ | $c_1$ | $c_2$ | $c_3$ |
|---|---|---|---|
| 12bit | −4 | 0.0405 | $-2.8\times10^{-6}$ |
| 8bit | −4 | 0.648 | $-7.2\times10^{-4}$ |

温度的转换公式如式（1-2），即

$$\text{Temperature}=d_1+d_2\times \text{SO}_T \tag{1-2}$$

式中，$SO_T$ 为 SHT10 的输出测量值，$d_1$ 按电源电压取值，$d_2$ 按温度转换精度取值。温度的转换系数见表 1-8。

表 1-8　温度的转换系数表

| $V_{DD}$/V | $d_1$/℃ | $d_1$/℉ |
|---|---|---|
| 5 | −40.00 | −40.00 |
| 4 | −39.75 | −39.55 |
| 3.5 | −39.66 | −39.39 |
| 3 | −39.60 | −39.28 |
| 2.5 | −39.55 | −39.19 |

| $SO_T$ | $d_2$/℃ | $d_2$/℉ |
|---|---|---|
| 14bit | 0.01 | 0.018 |
| 12bit | 0.04 | 0.072 |

### 4．远红外传感器

主要器件采用热释电红外线传感器 D203S 和红外传感信号处理器 BISS0001。

热释电红外线传感器主要是由一种高热电系数的材料（如锆钛酸铅系陶瓷、钽酸锂和硫酸三甘钛等）制成尺寸为 2mm×1mm 的探测元件。在每个传感器内装入一个或两个探测元件，并将两个探测元件以反极性串联，以抑制由于自身温度升高而产生的干扰。由探测元件将探测并接收到的红外辐射转变成微弱的电压信号，经装在探头内的场效应晶体管放大后向外输出。为了提高传感器的探测灵敏度以增大探测距离，一般在传感器的前方装设一个菲涅尔透镜，该透镜用透明塑料制成，将透镜的上、下两部分各分成若干等份，制成一种具有特殊光学系统的透镜，它与放大电路相配合，可将信号放大 70dB 以上，这样就可以测出一定范围内人的行动。D203S 的原理如图 1-16 所示。

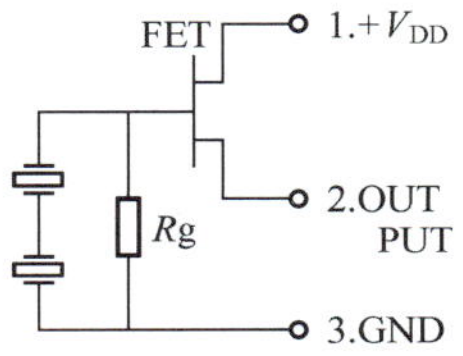

图 1-16　D203S 的原理图

BISS0001 是一种专用的红外传感信号处理器，其内部结构如图 1-17 所示。BISS0001 是由运算放大器、电压比较器和状态控制器、延迟时间定时器、封锁时间定时器及参考电压源等构成的数模混合专用集成电路。可广泛应用于多种传感器和延时控制器。

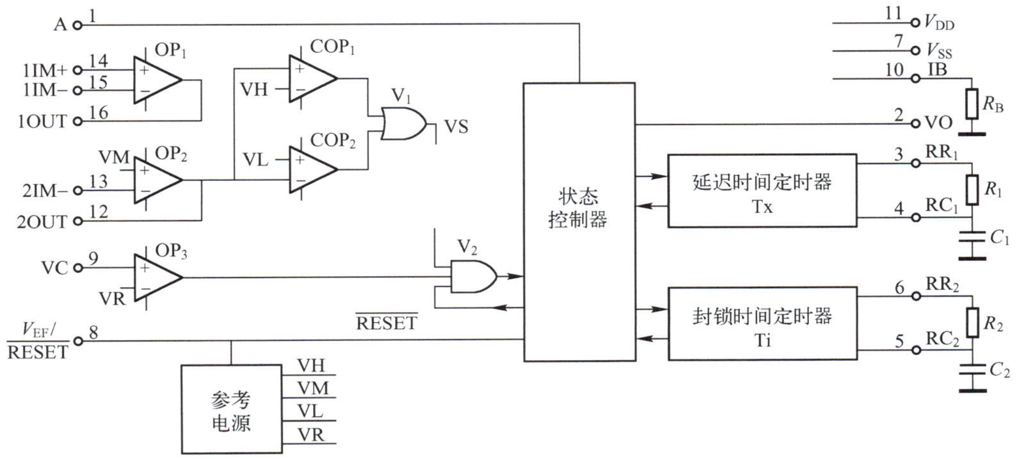

图 1-17　BISS0001 内部结构图

#### 5. 燃气传感器

从作用机理上，燃气传感器主要分两种，即半导体气体传感器和接触燃烧传感器。

半导体气体传感器主要是以 $SnO_2$ 等 N 型氧化物半导体上添加白金或钯等贵金属而构成的。可燃性气体在其表面发生反应引起 $SnO_2$ 电导率的变化，从而感知可燃性气体的存在。这种反应需要在一定的温度下才能发生，所以还要对传感器用电阻丝进行加热。

接触燃烧传感器是指可燃性气体与催化剂接触式发生燃烧，使得白金线圈的电阻发生变化，从而感知燃气的存在。这种传感器是将载有白金或钯等贵金属催化剂的多孔氧化铝涂覆在白金线圈上构成的。

MQ-5 气敏元件是常用燃气传感器的主要器件，由微型 AL203 陶瓷管、$SnO_2$ 敏感层、测量电极和加热器构成的敏感元件被固定在塑料或不锈钢制成的腔体内，加热器为气敏元件提供了必要的工作条件。

#### 6. 空气质量传感器

传感器内部包含一个常规的两电极燃料电池传感器。工作电极通过外电路将电子释放到计数电极，并且在计数电极端随着氧的减少而消耗，内电路由电解液中的离子流来实现。

MQ135 气敏元件是常用空气质量传感器的主要器件，所使用的气敏材料是在清洁空气中电导率较低的二氧化锡。当传感器所处环境中存在污染气体时，传感器的电导率随空气中污染气体浓度的增加而增大。

## 1.2 子学习情境 2 传感器网络组网和协同信息处理

子学习情境 2 描述

通过实际的智能家居案例分析，引出无线传感网络（WSN）、协同信息技术概念，并理解其在组网和信息处理中的重要性。通过完成本子学习情境任务，学生可以了解 ZigBee 协议，理解传感网、协同信息处理技术，具备能够实施基本的智能家居中设备组网和感知信息处理的能力。

相关知识

### 1.2.1 ZigBee 协议

#### 1. ZigBee 协议的概念

无线传感器网络节点要进行相互的数据交流就要有相应的无线网络协议（包括 MAC 层、路由、网络层、应用层等），传统的无线协议很难适应无线传感器的低花费、低能量、高容错性等方面的要求，在这种情况下，ZigBee 协议应运而生。ZigBee 的基础是 IEEE 802.15.4。但 IEEE 仅处理低级 MAC 层和物理层协议，因此 ZigBee 联盟扩展了 IEEE，对其网络层协议和 API 进行了标准化。ZigBee 是一种新兴的短距离、低速率的无线网络技术，主要用于近距离无线连接。它有自己的协议标准，在数千个微小的传感器之间相互协调实现通信。这些传感器只需要很少的能量，以接力的方式通过无线电波就可将数据从一个传感器传到另一个传感器，所以它们的通信效率非常高。ZigBee 是一个由可多到 65000 个无线数传模块组成的一个无线数传网络平台，十分类似于现有的移动通信的 CDMA 网或 GSM 网，每一个 ZigBee 网络数传模块类似于移动网络的一个基站，在整个网络范围内，它们之间可以进行相互通信；每个网络节点间的距离可以从标准的 75m，到扩展后的几百米，甚至几千米；另外，整个 ZigBee 网络还可以与现有的其他各种网络连接。通常，符合如下条件之一的应用，就可以考虑采用 ZigBee 技术进行无线传输：①需要数据采集或监控的网点多；②要求传输的数据量不大且设备成本低；③要求数据传输的可靠性和安全性高；④设备体积很小，不便放置较大的充电电池或者电源模块；⑤电池供电；⑥地形复杂，监测点多，需要较大的网络覆盖；⑦现有移动网络的覆盖盲区；⑧使用现存移动网络进行低数据量传输的遥测遥控系统；⑨使用 GPS 效果差，或成本太高的局部区域移动目标的定位应用。值得注意的是，在已经发布的 ZigBee V1.0 中并没有规定具体的路由协议，具体协议由协议栈实现。

ZigBee 可使用的频段有 3 个，分别是 2.4GHz 的 ISM 频段、欧洲的 868MHz 频段以及美国的 915MHz 频段，不同频段可使用的信道分别是 16、1、10 个。我国采用 2.4 GHz 频段，它是免申请和免使用费的频段；采用直接序列扩频技术（Direct Sequence Spread Spectrum，DSSS），传输距离介于 10～75m（增加 RF 发射功率，可达 500m）；传输速率为 20～250kbit/s，适合传感器数据采集和控制数据的传输。ZigBee 技术具有强大的组网能力，可以形成星形、树形和 Mesh 网状网。

**2．ZigBee 协议栈**

ZigBee 堆栈是在 IEEE 802.15.4 标准基础上建立的，定义了协议的 MAC 和 PHY 层。ZigBee 设备应该包括 IEEE 802.15.4（该标准定义了 RF 射频以及与相邻设备之间的通信）的 PHY 和 MAC 层以及 ZigBee 堆栈层，即网络层（NWK）、应用层和安全服务提供层。

（1）ZigBee 堆栈层

每个 ZigBee 设备都与一个特定模板有关，这个特定的模板可能是公共模板或私有模板。这些模板定义了设备的应用环境、设备类型以及用于设备间通信的簇。公共模板可以确保不同供应商的设备在相同应用领域中的互操作性。设备是由模板定义的，并以应用对象（Application Object）的形式实现。每个应用对象通过一个端点连接到 ZigBee 堆栈的余下部分，它们都是器件中可寻址的组件。

从应用角度看，通信的本质就是端点到端点的连接（例如，一个带开关组件的设备与带一个或多个灯组件的远端设备进行通信，目的是将这些灯点亮）。端点之间的通信是通过称之为簇的数据结构实现的。这些簇是应用对象之间共享信息所需的全部属性的容器，在特殊应用中使用的簇在模板中有定义。

每个接口都能接收（用于输入）或发送（用于输出）簇格式的数据。一共有两个特殊的端点，即端点 0 和端点 255。端点 0 用于整个 ZigBee 设备的配置和管理。应用程序可以通过端点 0 与 ZigBee 堆栈的其他层通信，从而实现对这些层的初始化和配置。附属在端点 0 的对象被称为 ZigBee 设备对象（ZD0）。端点 255 用于向所有端点的广播。端点 241～254 是保留端点。所有端点都使用应用支持子层（APS）提供的服务。APS 通过网络层和安全服务提供层与端点相接，并为数据传送、安全和绑定提供服务，因此能够适配不同但兼容的设备，比如带灯的开关。

APS 使用网络层（NWK）提供的服务。NWK 负责设备到设备的通信，并负责网络中设备初始化所包含的活动、消息路由和网络发现。应用层可以通过 ZigBee 设备对象（ZD0）

对网络层参数进行配置和访问。

（2）802.15.4 MAC 层

IEEE 802.15.4 标准为低速率无线个人域网（LR-WPAN）定义了 OSI 模型开始的两层。PHY 层定义了无线射频应该具备的特征，它支持两种不同的射频信号，分别位于 2450MHz 波段和 868/915MHz 波段。2450MHz 波段射频可以提供 250kbit/s 的数据传输速率和 16 个不同的信道。在 868/915MHz 波段中，868MHz 支持一个数据传输速率为 20kbit/s 的信道，915MHz 支持 10 个数据传输速率为 40kbit/s 的信道。

MAC 层负责相邻设备间的单跳数据通信。它负责建立与网络的同步，支持关联和去关联以及 MAC 层安全：它能提供两个设备之间的可靠链接。

（3）关于服务接入点

ZigBee 堆栈的不同层与 802.15.4 MAC 通过服务接入点（SAP）进行通信。SAP 是某一特定层提供的服务与上层之间的接口。ZigBee 堆栈的大多数层有两个接口，即数据实体接口和管理实体接口。数据实体接口的目标是向上层提供所需的常规数据服务；管理实体接口的目标是向上层提供访问内部层参数、配置和管理数据的机制。

（4）ZigBee 的安全性

安全机制由安全服务提供层提供。然而值得注意的是，系统的整体安全性是在模板级定义的，这意味着模板定义某一特定网络中应该实现何种类型的安全。

每一层（MAC、网络或应用层）都能被保护，为了降低存储要求，它们可以分享安全钥匙。安全服务提供者（SSP）是通过设备对象（ZD0）进行初始化和配置的，要求实现高级加密标准（AES）。ZigBee 规范定义了信任中心的用途。信任中心是在网络中分配安全钥匙的一种令人信任的设备。

（5）ZigBee 堆栈容量和 ZigBee 设备

根据 ZigBee 堆栈规定的所有功能和支持，很容易推测 ZigBee 堆栈实现需要用到设备中的大量存储器资源。

不过 ZigBee 规范定义了 3 种类型的设备，每种都有自己的功能要求：ZigBee 协调器是启动和配置网络的一种设备。协调器可以保持间接寻址用的绑定表格，支持关联，同时还能设计信任中心和执行其他活动。一个 ZigBee 网络只允许有一个 ZigBee 协调器。

ZigBee 路由器是一种支持关联的设备，能够将消息转发到其他设备上。ZigBee 网络或树形网络可以有多个 ZigBee 路由器。ZigBee 星形网络不支持 ZigBee 路由器。ZigBee 端终设备可以执行它的相关功能，并使用 ZigBee 网络到达其他需要与其通信的设备。它的存储器容量要求最少。

然而需要特别注意的是，网络的特定架构会戏剧性地影响设备所需的资源。NWK 支持的网络拓扑有星形、树形和网格形。在这几种网络拓扑中，星形网络对资源的要求最低。

## 1.2.2 WSN 网络

### 1. WSN 概念及分类

无线传感器网络（Wireless Sensor Network，WSN）就是由部署在监测区域内大量的廉价微型传感器节点组成，通过无线通信方式形成的一个多跳的自组织网络系统，其目的是协作地感知、采集和处理网络覆盖区域中被感知对象的信息，并发送给观察者。传感器、感知对象和观察者构成了无线传感器网络的 3 个要素。

随着微机电系统（Micro-Electro-Mechanism System，MEMS）、片上系统（System On Chip，SOC）、无线通信和低功耗嵌入式技术的飞速发展，无线传感器网络应运而生，并以其低功耗、低成本、分布式和自组织的特点带来了信息感知的一场变革。

（1）WSN 组成

一个 WSN 网络是由电池供电设备构成的多跳网络。这意味着在一个 WSN 网络中希望交换数据的两个设备可能需要依靠其他中间设备才能成功完成数据交换。因为网络的这个协作性质，所以每一个设备需要实现以下恰当的功能。

1）执行具体的网络功能。

2）配置某些参数为特定值。

一个设备所执行的网络功能决定了该设备在网络中的角色，这被称为一个设备类型。需要被配置为特定值的这些参数的集合与这些特定值被称为一个栈规范。

在 WSN 网络中存在 3 种逻辑设备类型，即协调器（Coordinator）、路由器（Router）和终端设备（End-Device）。WSN 网络由一个协调器以及多个路由器和多个终端设备组成。

图 1-18 是一个简单的 WSN 网络示意图。其中黑色节点为协调器，浅灰色节点为路由器，白色节点为终端设备。

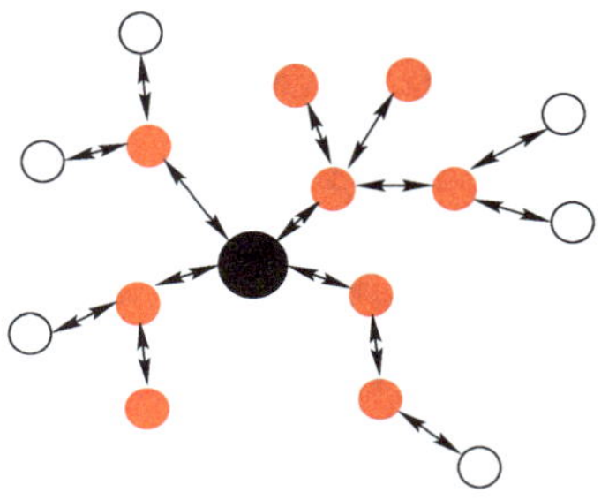

图 1-18　一个简单的 WSN 网络示意图

（2）协调器（Coordinator）

协调器负责启动整个网络。它也是网络的第一个设备。协调器选择一个信道和一个网络的 ID（也称之为 PAN ID，即 Personal Area Network ID），随后启动整个网络。协调器也可以用来协助建立网络中安全层和应用层的绑定（Binding）。

注意，协调器的工作主要涉及网络的启动和配置，一旦这些任务都完成后，协调器的角色就像一个路由器。由于 ZigBee 网络本身的分布特性，因此接下来整个网络的操作就不再依赖协调器是否存在。

（3）路由器（Router）

路由器的功能主要是，允许其他设备加入网络、多跳路由、协助它的电池供电子终端设备通信。

通常，路由器希望是一直处于活动状态，因此它必须使用主电源供电。但是当使用树形网络模式时，允许路由间隔一定的周期操作一次，这样就可以使用电池给路由器供电。

（4）终端设备（End-Device）

终端设备没有特定的维持网络结构的责任，它可以睡眠或者被唤醒，因此它可以是一个电池供电设备。通常，终端设备的存储空间比较小。

## 2. WSN 协议

ZigBee 的传输速率介于 20～250kbit/s，依使用频段不同而有所差异，并随着传输距离的延长而减慢，不过借着提高发射功率，还是可以提高传输速率的。ZigBee 主要可使用的频段如表 1-9 所示。

**表 1-9　ZigBee 主要可使用的频段**

| 频　率 | 涵 盖 范 围 | 传输速度/（kbit/s） | 频道数 |
|---|---|---|---|
| 2.4GHz | 全球 | 250 | 16 |
| 868MHz | 欧洲 | 20 | 1 |
| 915MHz | 美洲 | 40 | 10 |

WSN 的路由协议分为 4 类，即以数据为中心的、分层次的、基于位置的以及基于数据流模型和服务质量（QoS）要求的。

（1）以数据为中心的路由协议

此类路由协议是基于查询和目标数据命名之上的，通过数据融合减少冗余的数据传输。

1）Flooding 协议和 Gossiping 协议。这是两个最经典和简单的传统网络路由协议，在 Flooding 协议中，节点产生或收到数据后向所有邻节点广播，数据包直到过期或到达目的地后才停止传播。该协议具有严重缺陷：①内爆（ImplosiON），节点几乎同时从邻节点收到多份相同数据；②交叠（Overlap），节点先后收到监控同一区域的多个节点发送的几乎相同的数据；③资源利用盲目（Resource Blindness），节点不考虑自身资源限制，在任何情况下都转发数据。Gossiping 协议是对 Flooding 协议的改进，节点将产生或收到的数据随机转发，避免了内爆，但增加了时延。这两个协议不需要维护路由信息，也不需要任何算法，简单但扩展性很差。

2）SPIN 协议。SPIN（Sensor Protocols for Information vla Negotiation）协议节点利用 3 种消息进行通信，即数据描述（ADV）、数据请求（REQ）和数据（DATA）。该协议以抽象的元数据（Meta Data）对数据进行命名，命名方式没有统一标准。节点产生或收到数据后，用包含元数据的 ADV 消息向邻节点通告，需要数据的邻节点用 REQ 消息提出请求，然后将 DATA 消息发送到请求节点。该协议的优点是：ADV 消息减轻了内爆问题；通过数据命名解决了交叠问题；节点根据自身资源和应用信息决定是否进行 ADV 通告，避免了资源利用盲目问题；与 Flooding 协议和 Gossiping 协议相比，有效地节约了能量。其缺陷是：SPIN 的广播机制不能保证数据的可靠传送，当产生或收到数据节点的所有邻节点都不需要该数据时，将导致数据不能继续转发，以致较远节点无法得到数据；而当某汇聚（Sink）点对任何数据都需要时，其周围节点的能量容易耗尽。

3）定向扩散（Directed Diffusion，DD）协议。DD 协议用一组属性值命名它生成的数据。为建立路由，汇聚点在整个网络或部分区域内 Flooding 包含查询任务的兴趣消息；沿途节点按需对各兴趣消息进行缓存与合并，并根据兴趣消息计算、创建包含数据上报率、下一跳等信息的梯度（Gradient），从而建立多条指向汇聚点的路径。兴趣消息中的地理区域内节点则按要求启动监测任务，并周期性地上报数据，途中各节点可对数据进行缓存与聚合；汇聚点可在数据传输过程中通过对某条路径发送上报间隔更小或更大的兴趣消息，以增强或减弱数据上报率。该协议的优点是：采用多路径，健壮性好；使用数据聚合减少了数据通信量；根据实际情况采取增强或减弱汇聚点方式，有效利用能量；使用查询驱动机制按需建立路由，避免了保存全网信息。其缺点是：不适合环境监测等应用；建立梯度开销很大，不适合多汇聚点网络；数据聚合采用时间同步技术，带来较大开销和时延。

4）Rumor 协议。Rumor 协议引入了查询消息的单播随机转发。在节点监测到事件后将其保存，并创建称为代理（Agent）的生命周期较长的包括事件和源节点信息的数据包，将其按一条或多条随机路径在网络中转发，收到 Agent 的节点根据事件和源节点信息建立反向路径，并将 Agent 再次随机发送到相邻节点，并可在再次发送前、在 Agent 中增加其已知的事件信息。同时汇聚点的查询请求也沿着一条随机路径转发，当两路径交叉时则路由建立；如不交叉，汇聚点就可 Flooding 查询请求。该协议优点是，适用于多汇聚点、查询请求数目很大、网络事件很少的情况。其缺点是：如果事件非常多，维护事件表和收发 Agent 带来的开销就会很大；且因 Rumor 协议使用随机方式生成路径，数据传输路径不是最优，甚至可能存在路由环路问题。

（2）分层次的路由协议

此类路由协议是让节点参与到特定的节点簇内的多跳通信，簇头再进行数据聚合，减少向汇聚点传送的消息数量，从而达到节省能量和提高可扩展性的目的。

1）低能量自适应聚簇分层（Low Energy Adaptive Clustering Hierarchy，LEACH）协议的具体实现过程分两个阶段，即成簇阶段和稳定阶段（即数据传输阶段），这两个阶段的时间总和为一轮（Round）。在成簇阶段，每个节点选取一个介于 0 和 1 之间的随机数，如果这个数小于某个阈值，该节点就成为簇头；然后，簇头向所有节点广播自己成为簇头的消息，每个节点根据接收到广播信号的强弱来决定加入哪个簇，并回复该簇簇头。在数据传输阶段，簇内的所有节点按照 TDMA 时隙向簇头发送数据，簇头将数据融合和计算。在簇间，各簇头节点采用 CSMA 协议竞用通道，获得通道的簇头将融合的数据发给基站，之后进行下一轮。该协议的优点是：随机选举簇头避免了簇头过分消耗能量，提高了网络生存时间；数据聚合有效减少了通信量。其缺点是：协议采用一跳通信，虽然传输时延小，但要求节点具有较大功率的通信能力；扩展性差，不适合大规模网络；即使在小规模网络中，离汇聚点较远的节点采用大功率通信也会导致生存时间较短；而且频繁簇头选举引发的通信量耗费了能量。

2）TEEN 协议。节能的阈值敏感的传感器网络协议（Threshold sensitive Energy Efficient sensor Network Protocol，TEEN），采用类似 LEACH 的分簇算法。该协议设置了硬、软两个门限，只有同时满足两个门限时节点才发送数据。硬门限的初值由用户根据应用确定；软门限的初值为 0。在每轮簇头轮换的时候将两个阈值广播出去，当监测数据第一次超过设置的硬门限时，节点把这次数据设为新的硬门限，并在接下来的时隙内发送它。之后，只有在监测数据超过硬门限并且监测数据的变化幅度不小于软门限时，节点才会传送最新的监测数据，并将它设为新的硬门限。通过设定两个门限值，在检测精度和系统能耗之间取得合理的平衡。采用这样的方法，可以监视一些突发事件和热点地区，以减少网络通信量。但 TEEN 存在两个缺陷：一是如果不能达到门限值，节点就不会传送任何数据；二是数据一旦符合门限值要求，节点就立即传送，容易造成信号干扰，如果采用 TDMA，则会造成数据延迟。

3）两层数据发布（Two-Tier Data Dissemination，TTDD）协议。TTDD 协议适用的环境为静止传感区域内的移动汇聚点和多汇聚点的情形。当兴趣出现时，周围的节点选择其中一个节点作为源节点发送数据，源节点以自己作为一个格状网的交叉点构造一个格状网。主要过程是，源节点先计算出相邻交叉点位置，利用贪婪算法请求最接近该位置的节点成为新交叉点，新交叉点继续该过程，直至请求过期或到达网络边缘为止，保存了事件和源节点信息的交叉点，将其选作传输节点（Dissemination Node）。数据查询时，汇聚本地洪泛查询请求到最近的传输节点，此后查询请求在传输点间传播直至源节点，数据则反向传送到汇聚点。该协议的优点是：在传输过程中，传输节点对数据进行汇聚处理，减少了数据的传输开销；该协议采用单路径，与定向扩散协议相比，能够提高网络生存时间。缺点是：节点必须知道自身位置；非汇聚点位置不能移动；要求节点密度较大；子网的构造过于复杂，计算与维护格状网的开销较大；算法不具有能量感知功能。

（3）基于位置的路由协议

1）基于位置的路由协议利用节点的位置信息，把查询或者数据转发给需要的区域而不是整个网络，缩减数据的传送范围，进而来降低能耗。此外，设计时考虑了节点的移动性。

2）地理自适应保真（Geographical Adaptive Fidelity，GAF）路由协议。该协议主要为移动 Ad hoc 网络设计，但是也用在传感器网络中。该协议把监测区域划分成虚拟单元格，将节点按照位置信息划入相应的单元格中；在每个单元格中定期选举产生一个簇头节点，只有簇头节点保持活动，其他节点进入睡眠状态。在 GAF 中，节点轮流从睡眠状态切换到工作状态，达到网络负载均衡。为了处理节点的移动性，节点估算自己离开网格的时间并将之通知给相邻节点，因而睡眠节点可以相应调整睡眠时间，在工作节点离开本网格之前醒来接替工作，从而保持路由精度。GAF 的优点是节点数量增加可大大提高网络寿命，同时解决了节点移动性的问题。而它的缺陷是在节点稀疏情况下的节能效果不好，而且网格簇头的选择是随机的，没有考虑节点剩余能量。

3）能量感知（Geographical and Energy Aware Routing，GEAR）路由协议。协议假设已知事件区域的位置信息，每个节点知道自己的位置信息和剩余能量信息，通过一个简单的 Hello 消息交换机制知道所有邻居节点的位置信息和剩余能量信息。将数据分组传送到目标域中所有的节点分两个阶段，即目标域数据传送和域内数据传送。在目标域数据传送阶段，当节点接收到数据分组时，它将邻接点同目标域的代价与自己同目标域的代价相比较，若代价更小，则选择最小代价的邻接点作为下一跳节点；若不存在更小代价，则认为存在路由空洞“Hole”，节点将根据邻居的最小代价来选择下一跳节点。在域内数据传送阶段，可通过域内直接洪泛和迭代的目标域数据传送这两种方式，让数据在域内扩散直到目标域剩下唯一的节点为止。GEAR 的优点是，它将网络中扩散的信息局限到适当的位置区域中，减少了中间节点的数量，从而降低了路由建立和数据传送的能源开销，进而更有效地提高了网络的生命周期。其缺点是依赖节点的 GPS 定位信息，成本较高。

（4）提供数据流和服务质量保障的路由协议

此类协议在提供数据路由功能的同时满足通信服务质量要求，建立路由路径的同时考虑端对端的时延要求。

1）有序分配路由策略（Sequential Assignment Routing，SAR）。SAR 是首先在路由判决中将 QoS 考虑进去的 WSNs 路由协议。SAR 在每个节点与汇聚点间生成多条路径，维护多个树结构，每个树以落在汇聚点的有效传输半径内的节点为根向外生长，树干的选择需要满足一定的 QoS 要求和能量存储。这样使大多数节点可能同时属于多个树，可任选某一采集树回到汇聚点。为了防止一些节点的死亡而导致网络拓扑结构的变化，汇聚点会定期发起路径重建命令来保证网络的连通性。同时，SAR 使用本地路径恢复机制的握手过程及增强路由表中每条路径上下行数据流的连通性来恢复错误。SAR 的一个突出的优点是综合考虑了能效和 QoS。虽然节点到汇聚点的多条路径增强了 SAR 的容错和恢复能力，但也增加了维护路由表及每个节点的状态表的开销，尤其在节点数目较大的时候。

2）SPEED 协议。这是一个实时路由协议。SPEED 中的每个节点记录所有邻节点的位置信息和转发速度，并设定一个速度门限，当节点接收到一个数据包时，根据这个数据包的目的位置，把相邻节点中距离目的位置比该节点近的所有节点划分为转发节点候选集合，然后把转发节点候选集合中转发速度高于速度门限的节点划分为转发节点集合。在这个集合中，转发速度越高的节点被选为转发节点的概率越大。如果没有节点属于这个集合，就利用反馈机制重新路由。该协议的优点是在一定程度上实现了端到端的传输速率保证、网络拥塞控制以及负载平衡机制。其缺点是路由的过程没有考虑在多条路径上传输以提高平均寿命，传输的报文没有优先级机制。

平面路由协议的突出特点是可扩展性较差，由于无线传感器网络通常由密集分布在一定区域（如一片林区）的成百上千甚至数万个传感器节点构成，因此网络规模非常大，不能直接采用可扩展性差的平面路由协议。相反，分簇路由协议可扩展性好，能满足大型无线传感器网络的需求。

对于已有的路由方面研究成果而言，无论是平面路由还是分簇路由，其共同的缺点都是通常只考虑能量约束。尽管节能是无线传感器网络的一个关键问题，但在设计路由协议时单纯只考虑节能问题是远远不够的。随着传感器网络应用范围的迅速扩大和支持图像传送的新型传感器的应用，要求传感器网络不仅能传送数据业务，而且能传输具有 QoS 要求的图像业务。同时，不同的传感数据的重要性和紧急性也不同，如传送火警的数据比温度数据更紧急，对传送的服务质量要求也更高。所有这些都要求传感器网络的路由协议不仅需要考虑可扩展性、节能等问题，而且需要具有 QoS 的保证功能，另外，安全性也是路由协议需要考虑的一个重要方面，因为错误的路由信息会使传感数据不能到达接收节点，大量非法的路由信息甚至可能导致整个传感器网络的瘫痪。因此，需要进一步研究具有可扩展性好、提供 QoS 保证和良好安全性的分簇路由协议。

### 1.2.3 协同信息处理

#### 1. 协同信息处理的概念

协同信息处理主要研究环境条件改变和多目标之间相互干扰等复杂条件下的协同分类算法，研究在单个节点的多模态信息协同、不同节点之间的协同、孤立节点之间的协同和感知信息交换，并研究在微型传感器网络感知信息的数据组合和决策组合规则之间的权衡以及网络拓扑结构。

一般的分类算法都假定特定目标类的信号特征在包含相同目标的不同事件之间是相对不变的。这个假设是必需的，因为以前试验中的数据用于训练后面试验的分类器。但是事实上，许多因素可能使这样的假设不成立，包括不同试验之间的条件变化，例如微型传感器网络节点位置的变化。在试验中，有的节点会出现较大的多普勒（Doppler）漂移，这种变化的结果是，要获得可靠的分类，表示每个目标类信号需要较高维的表现形式。另外，分类器训练中一个隐含的假设是，目标信号特征在事件检测过程中是不变的。这个假设有时很难成立，例如强风可以明显影响声学的测量，目标（比如车辆）操作环境（如加速度）会引起频谱特征的较大改变，在这类情况下，可以考虑集成目标速度、CPA 距离、切向和径向角（顶点是目标位置）等，从而将特征空间扩展到更高维空间。再者，在声学和地震测量中由于相对速度较慢的波传播而引起的多普勒效应也是很明显的，可能的解决办法是将主频比率作为一个特征，使分类对多普勒效应是健壮的。

多目标问题可以分成在时间和空间上距离足够远的多个目标情况，以及在时间和空间上距离足够近的多个目标情况，对于前者的多目标之间的相互干扰很容易解决，而对于后者则很难处理。一般的分类和跟踪算法主要用于单个目标或在时间和空间上距离足够远的多个目标。分类并跟踪多个相距很近的目标是个很有挑战性的难题，需要依赖于分类算法。虽然单个目标的分类算法可以扩展用于处理多个目标，但一个重要的问题就是不同目标信号之间的干扰，在一个多目标类别环境里，每个特定目标的组件分类器都必须制止由其他类的目标所产生的干扰。多目标之间相互干扰问题可以通过基于子空间的方法得到解决。

**2. 协同信息处理的应用**

（1）单个网络节点中传感器之间的协同——模态融合

每个网络节点设备上可能有几个不同功能的传感器，例如声、振动和光等，所以单个节点需要组合它自己所携带的各个传感器的感应信息。模态协同的目的在于聚集最优化的数据，以全方位信息增强分类的效果。基本原理就是基于不同模态实现信息互补，尤其是在涉及多目标之间相互干扰问题的时候，对几个不同功能传感器（例如声、振动和光等）的信息协同具有重要价值。

（2）不同网络节点之间的协同处理

在传感器网络应用中，从目标中提取的数据被大量的传感器节点所捕获。如果利用所采集的信息，在一个给定的节点进行多次分类计算时就有可能受干扰影响。所以，目标特征中更加可靠的信息可以从很多节点中获取，再进行数据共享处理，处理后的信息能够提供更加高效和准确的分类效果。微型传感器网络中不同节点之间互相通信，定时传递原始感知信息或经过处理后的信息，这个层次的协同对各个节点信息组合进行分类研究，按照来自各个节点的信息进行分类，判断是特征信息还是决策置信度信息，将协同处理分成数据组合和决策组合分别加以研究。

（3）相对独立节点之间的协同处理研究

在微型传感器网络中，有时从通信带宽限制等方面出发，将大量的网络节点按特定任务处理划分成不同的逻辑区域，这样属于不同区域的节点之间便显得相对独立，这样的节点之间的信息协同处理具有不同的意义和特殊性能。例如，一个节点的分类输出（例如分类器输出决策置信度而不是分类结果）是另一个节点分类计算的先验概率，后一个节点并不与前一个节点交换感知信息本身，而是交换分类器输出的结果，这样可以减少微型传感器网络中的通信负荷等。这方面的研究对目标跟踪处理也具有很大价值。

相关技术

### 1.2.4 WSN 技术

**1. WSN 组网技术**

WSN 的网络架构支持星形（Star）、簇树形（Cluster Tree）与网状形（Mesh）3 种网络架构，这 3 种网络拓扑示意图如图 1-19 所示。各个节点的角色，可分为全功能设备（Full-Function Device，FFD）与精简功能设备（Reduced-Function Device，RFD）。相较于 FFD，

RFD 电路较为简单且内存较小。FFD 节点具备控制器（Controller）的功能，提供资料交换，而 RFD 则是只能传送资料给予 FFD 或是从 FFD 接受资料。

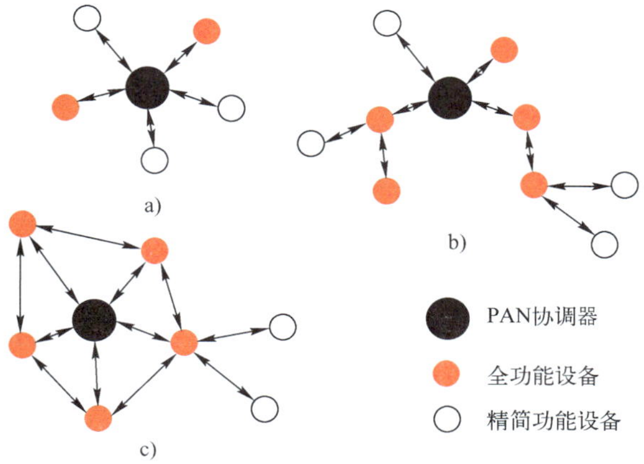


图 1-19　3 种网络拓扑示意图

a) 星形　b) 簇树形　c) 网状形

对于 Full Mesh 架构，整个网络设计上采取一个 Master 节点，其他的 Client 均是使用 RN+的网络节点，Mesh 网络提供多条备份的通信路径，如果一条路径因某种原因发生故障（包括干扰），网络就会自动通过备用路径传送信息。这种 Mesh 拓扑增加了整个网络的可靠度，同时由于 Mesh 配置相当容易，因而要增加新的装置或重新配置现有的设备是非常简单的。

### 2. WSN 网络的主要特点

#### （1）自组织网络

在无线传感器网络应用中，通常情况下传感器节点被放置在没有基础设备的地方。传感器节点的位置不能预先精确设定。节点之间的相互邻居关系也不能预先知道，如通过飞机撒播大量传感器节点在面积广大的原始森林中，或随意放置到人不可到达或危险的区域。这样就要求传感器节点具有自组织的能力，能够自动进行配置和管理，通过拓扑控制机制和网络协议自动形成转发监测数据的多跳无线网络系统。在无线传感器网络使用过程中，部分传感器节点由于能量耗尽或环境因素造成失效，也有一些传感器节点为了弥补失效节点、增加监测精度而补充到网络中，这样在无线传感器网络中的节点个数就动态地增加或减少，从而使网络的拓扑结构随之产生动态变化。无线传感器网络的自组织性要能够适应这种网络拓扑结构的动态变化。

#### （2）多跳路由

网络中节点通信距离有限，一般在几十到几百米范围内，节点只能与它的邻居直接通信。如果希望与其射频覆盖范围之外的节点进行通信，则需要通过中间节点进行路由。拟定网络的多跳路由使用网关和路由器来实现，而无线传感器网络中的多跳路由是由普通网络节点完成的，没有专门的路由设备。这样每个节点既可以是信息的发起者，又可以是信息的转发者。

#### （3）动态网络拓扑

无线传感器网络是一个动态的网络，节点可以随处移动；一个节点可能会因为电池能量耗尽或其他故障，退出网络运行；一个节点也可能由于工作的需要而被添加到网络中。在某些特殊的应用中，无线传感器网络是移动的，传感器节点可能会因能量消耗完或其他故障而终止工作，这些因素都会使网络拓扑发生变化。

（4）以数据为中心的网络

传感器网络是一个任务型的网络，脱离传感器网络谈论传感器节点没有任何意义。传感器网络中的节点采用编号标识，节点编号是否需要全网唯一取决于网络通信协议的设计。传感器节点是随机部署的，构成的传感器与节点编号之间的关系是完全动态的，表现为节点编号与节点位置没有必然联系。用户使用传感器网络查询事件时，直接将所关心的事件通告给网络，而不是通告给某个确定编号的节点。网络在获得指定事件的信息后汇报给用户。这种以数据本身作为查询或者传输线索的思想更接近于人类自然语言交流的习惯。所以通常说传感器是一个以数据为中心的网络。

### 3．WSN 数据采集技术

无线传感器网络作为当今信息领域新的研究热点，有非常多的关键技术有待发现和研究。而功耗和安全问题对于无线传感器网络来说，是两个最重要的性能指标，所以 WSN 的关键技术必然以降低网络功耗和确保网络安全为主线。

（1）网络拓扑控制

对于自组织的传感器网络而言，网络拓扑控制具有特别重要的意义。通过拓扑控制自动生成的良好的网络拓扑结构，能够提高路由协议和 MAC 协议的效率，可为数据融合、目标定位等很多方面奠定基础，有利于节省节点的能量来延长网络的生存期。所以，拓扑控制是 WSN 研究的核心技术之一。WSN 拓扑控制目前主要研究的问题是，在满足网络覆盖度和连通度的前提下，通过功率控制和骨干网节点选择，剔除节点之间不必要的无线通信链路，生成一个高效的数据转发的网络拓扑结构。拓扑控制分为节点功率控制和层次型拓扑结构控制两个方面。功率控制机制调节网络中每个节点的发射功率，在满足网络连通度的前提下，减少节点的发送功率，均衡节点单跳可达的邻居数目；目前已经提出了以邻居节点度为参考依据的算法，以及利用邻近图思想生成拓扑结构的 DRNG 和 DLSS 算法。层次型的拓扑控制利用分簇机制，让一些节点作为簇头，由簇头形成一个处理并转发数据的骨干网，其他非骨干网节点可以暂时关闭通信模块，进入休眠状态以节省能量。

（2）数据融合

在无线传感器网络中，节点传感器采集数据并将它发送到网络终端。但是在数据的采集和传输过程中，总要对采集的数据进行处理，因此存在如何对采集的数据进行处理、融合的问题。如果完全在本地节点上处理采集的数据而只发送处理后的结果，就可以降低传输数据的功耗，但增加了本地节点处理器的功耗；如果传输原始采集的数据，就可以降低节点处理器的功耗，但又增加了节点传输数据的功耗。因此，如何对采集的数据进行处理与融合，对降低节点能耗起到相当大的作用。通常网络中的传感器数量很多，传感器采集的数据具有一定的冗余度，因此将多个节点采集的数据相互结合起来进行处理可以降低整个网络数据的传输量，有效降低系统功耗，问题是如何寻找本地节点处理与节点联合处理的平衡点。

（3）定位技术

位置信息是传感器节点采集数据中不可缺少的部分，没有位置信息的监测消息通常毫无意义。为了提供有效位置信息，随机部署的传感器节点必须能够在布置后确定自身位置。由于传感器节点存在资源有限、随机部署、通信易受环境干扰甚至节点失效等特点，所以定位机制必须满足自组织性、健壮性、能量高效和分布式计算等要求。现有的 WSN 定位算法根据定位机制的不同，可以分为基于测距的方法与不基于测距的方法两类。基于测距的定位机制利用到达时间延迟、信号到达时差和接收信号强度来估计距离或来波方向，然后使用三边测量法或最大似然估计等计算未知节点的位置；而不基于测距的定位机制无需距离或角度信息，或者不用直接测量这些信息，仅根据网络的连通性等信息实现节点的定位。距离无关的定位机制的定位性受环境因素的影响小，虽然定位误差相应有所增加，但定位精度能够满足多数传感器网络应用的需求，是目前大家重点关注的定位机制。

（4）无线通信技术

传感器网络需要低功耗、短距离的无线通信技术。IEEE 802.15.4 标准是针对低速无线个人域网络的无线通信标准，把低功耗、低成本作为设计的主要目标。由于 IEEE 802.15.4 标准的网络特征与无线传感器网络存在很多相似之处，所以很多研究机构把它作为无线传感器网络的无线通信平台。另外，超宽带无线通信以其高速率、低功耗、抗多径和低成本等诸多优势，已成为室内短距离无线网络的首选方案，这为 WSN 的数据传输开辟了一种崭新的方案。

（5）时间同步

传感器网络中由于节能策略，节点在大部分时间是休眠的，所以要求解决通信同步问题，即通信节点双方需要在通信时同时被唤醒。另外，传感器网络是一个分布式网络，所有节点在通信上地位对等，没有优先级可言。所以要让整个网络能够工作在有效状态，往往需要做到全网或者一定范围内所有节点的同步，而不是通信双方的简单同步。

### 1.2.5 协同信息处理技术

协同理论的主要内容可以概括为以下 3 个方面。

（1）协同效应

协同效应是指由于协同作用而产生的结果，是指复杂开放系统中大量子系统相互作用而产生的整体效应或集体效应。对千差万别的自然系统或社会系统而言，均存在着协同作用。协同作用是系统有序结构形成的内驱力。任何复杂系统，当在外来能量的作用下或物质的聚集态达到某种临界值时，子系统之间就会产生协同作用。这种协同作用能使系统在临界点发生质变产生协同效应，使系统从无序变为有序，从混沌中产生某种稳定结构。协同效应说明了系统自组织现象的观点。

（2）伺服原理

伺服原理用一句话来概括，即快变量服从慢变量，序参量支配子系统行为。它从系统内部稳定因素和不稳定因素间的相互作用方面描述了系统的自组织过程，其实质在于规定了临界点上系统的简化原则——“快速衰减组态被迫跟随于缓慢增长的组态”，即系统在接近不稳定点或临界点时，系统的动力学和突现结构通常由少数几个集体变量（即序参量）决定，而系统其他变量的行为则由这些序参量支配或规定，正如协同学的创始人哈肯所说，序参量以“雪崩”之势席卷整个系统，掌握全局，主宰系统演化的整个过程。

（3）自组织原理

自组织是相对于他组织而言的。他组织是指组织指令和组织能力来自系统外部，而自组织则指系统在没有外部指令的条件下，其内部子系统之间能够按照某种规则自动形成一定的结构或功能，具有内在性和自生性。自组织原理解释了在一定的外部能量流、信息流和物质流输入的条件下，系统会通过大量子系统之间的协同作用而形成新的时间、空间或功能有序的结构。

## 实训项目

### 1. 实训台简介

智能家居实训台具有 8 大系统，即环境监控系统、智能照明系统、智能遮阳系统、安防系统、智能门禁系统、视频监控系统、电器控制系统和远程控制系统。

无论何时何地，都可以通过手机或者计算机控制家用电器和视频监控，实现灯光开关控制、窗帘控制、家用电器控制、视频监控等功能，同时还支持防盗报警、燃气泄漏报警、火灾报警等功能。它集成了目前智能家居中的众多功能，能够很好地展示现代家居生活的智能化。

智能家居实训台高度结合了物联网工程技术与行业体系架构，还原了行业的真实环境，将感知层、网络层和应用层 3 个区域分开，区域清晰；预留扩展接口，方便用户二次开发调试；烧写接口集中管控，方便烧写；具备集成远程教学功能；拥有智能断电系统，过电流可自动切断电源。图 1-20 所示为实训台实物图。

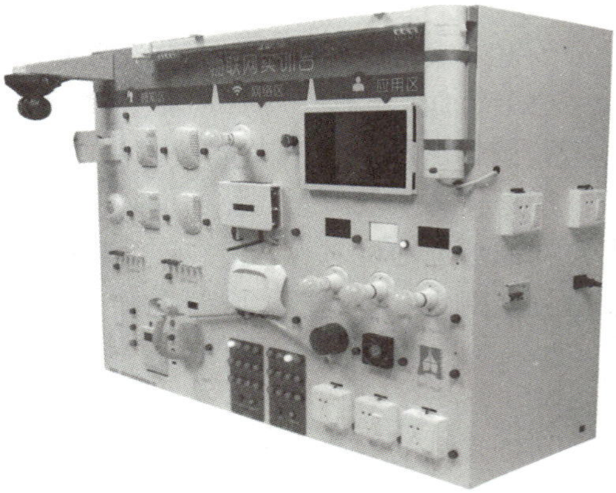

图 1-20　实训台实物图

### 2. 实训台组件

实训台分为 3 个区，即感知区、网络区和应用区，其组成如图 1-21 所示。

（1）感知区

1）视频部分：IP Camera。

2）传感器部分：红外传感器、燃气传感器、温湿度传感器、光照传感器、烟雾传感器和空气质量传感器。

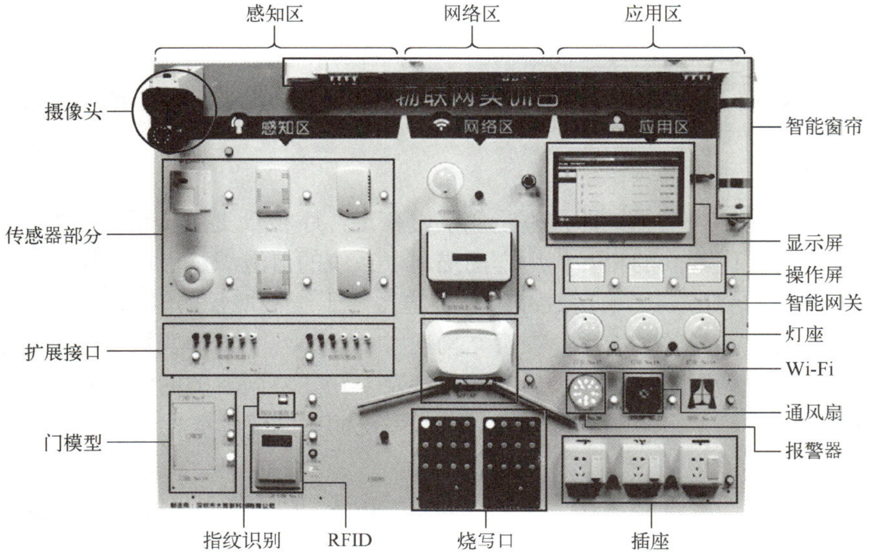


图 1-21　实训台的组成

3）扩展的数据采器部分：数据采集器 I 和数据采集器 II（可以外接传感器，支持模拟量、开关量和串行数据的输入）。

4）门装置部分：门磁、门锁、指纹采集器和 RFID 读卡器。

5）扫描码采集部分：一维扫描枪。

（2）网络区

1）辅助部分：照光灯和急停按钮。

2）网络通信部分：智能网关和无线 AP。

3）程序下载部分：程序下载板 1 和程序下载板 2。

（3）应用区

1）显示部分：平板电脑、字符液晶 1、字符液晶 2 和字符液晶 3。

2）控制部分：灯座 1、灯座 2、灯座 3、报警器、通风扇、窗帘、插座 1、插座 2 和插座 3。

### 3. 硬件连接

（1）电源上电

1）用实训台配套的电源线，把 220V 电源输入接口接入 220V 市电。

2）合上实训台的总电源开关。

3）按下各独立设备的电源开关，独立设备的电源开关是带灯的开关，当有电时，按钮的指示灯会被点亮（注：由于整个系统采用的是无线通信，所以不需要过多连线。）

实训台电源说明如图 1-22 所示。

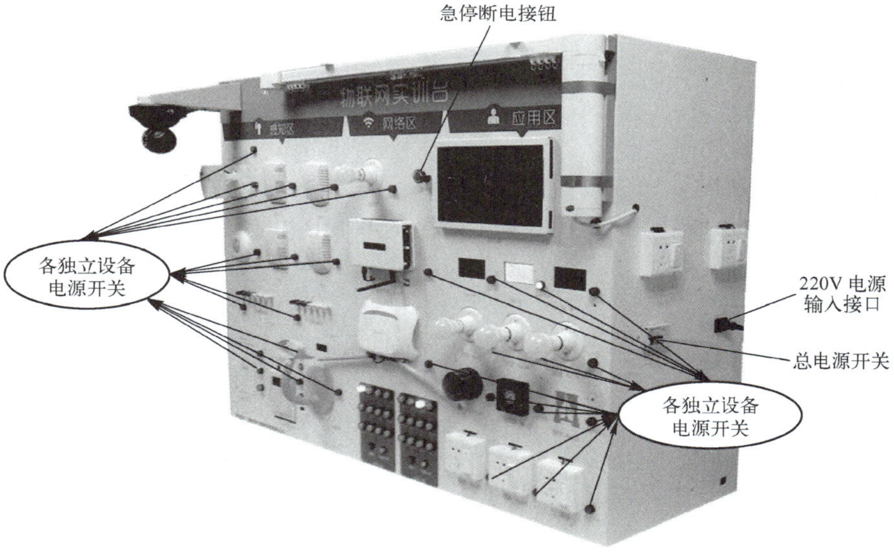


图 1-22　实训台电源说明

（2）仿真器的连接

1）将 USB 线一端插入仿真器，另一端连接计算机。再将 miniUSB 线一端连接 CC Debugger，另一端连接到实训台程序下载板 miniUSB 接口上（注：No.1～No.12 号的设备接左边的程序下载板 miniUSB 接口，No.13～No.24 号的设备接右边的程序下载板 miniUSB 接口）。

2）通过程序下载板上的“切接开关”来选中相应的设备，同时开启相应设备的电源。

3）打开相应的设备的程序文件，把程序下载到对应的设备中。

仿真器的连接示意图如图 1-23 所示。

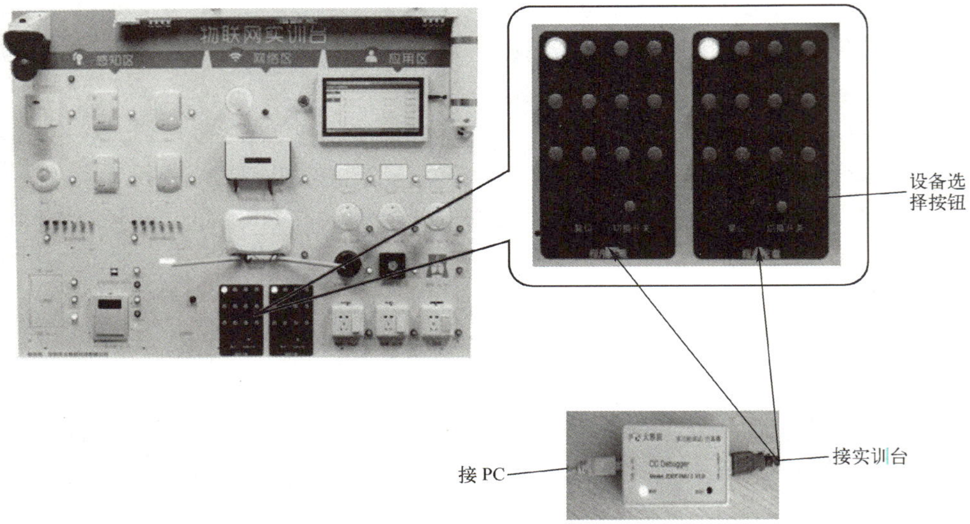


图 1-23 仿真器的连接示意图

## 实训 1 智能门禁

### 1. 实训条件

（1）硬件环境要求

1）PC 一台：1GHz 以上主频；1GB 以上内存；500MB 以上硬盘空间；4 个以上 USB 口。

2）智能家居实训台一台。

（2）软件环境要求

1）操作系统：Windows XP 或 Windows 7 及以上操作系统。

2）应用软件：MUC_IDE 软件和 IAR 软件。

### 2. 实训内容

在智能家居实训台上实现如下功能：

1）门禁卡的发卡。

2）有效门禁卡的刷卡开门。

3）指纹录入。

4）指纹开门。

### 3. 实训原理

智能卡门禁部分系统框架如图 1-24 所示。

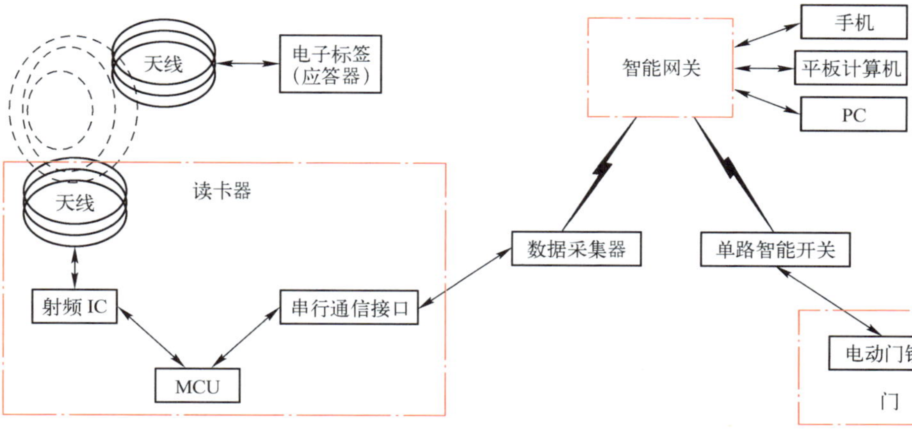


图 1-24　智能卡门禁部分系统框架图

发卡时，打开上位机软件中的发卡功能，把智能门禁卡放读卡区域，卡的信息经数据采集器上传到智能网关，同时把卡的信息存储在智能网关的数据库中。刷卡开门时，卡的信息先被上传到智能网关，与智能网卡数据库的卡的信息进行比对，当系统确定是有效卡时，由智能网关发送开门指令到单路智能开关进行开门操作。

指纹门禁部分系统框架如图 1-25 所示。

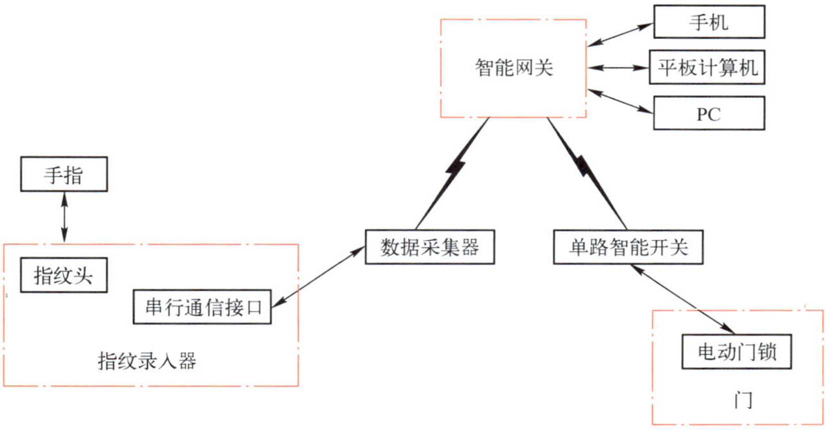


图 1-25　指纹门禁部分系统框架图

指纹录入时，打开上位机软件中的指纹录入功能，把手指放到指纹头上，指纹的信息经数据采集器上传到智能网关，同时把卡的信息存储在智能网关的数据库中。指纹开门时，指纹的信息先被上传到智能网关，与智能网卡的数据库的指纹信息进行比对，当系统确定是有效指纹时，由智能网关发送开门指令到单路智能开关进行开门操作。

### 4. 实训步骤

（1）智能卡门禁部分

1）在 PC 上安装好 MCU_IDE 和 IAR 软件。

2）给智能家居实训台上电。

3）把 EC6 仿真器（其连接示意图如图 1-26 所示）的一端接入 PC，另一端接到智能家居实训台的 RFID 读卡器接口 JTAG 上，打开 RFID 读卡器的电源开关。

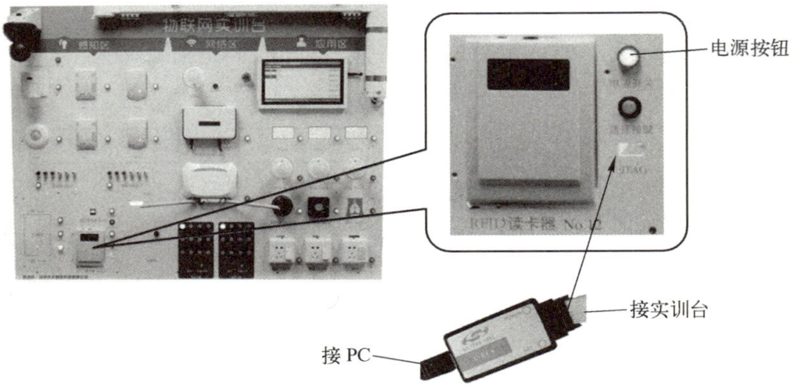


图 1-26　EC6 仿真器连接示意图

4）确认已安装好“mcu_ide”软件，打开“CH1_1”目录下的“ISO15693 卡的读卡”下的工程文件，如图 1-27 所示。

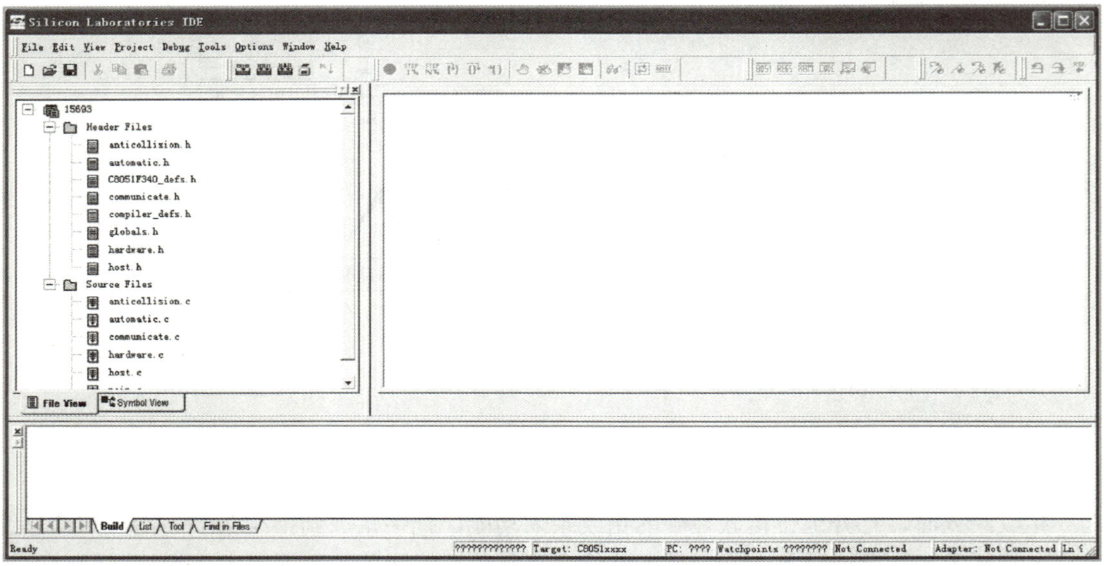


图 1-27　ISO15693 卡的读卡

5）选择“Connect”连接目标设备，如图 1-28 所示。

6）选择“Download code”下载程序，如图 1-29 所示。程序下载中和下载完成分别如图 1-30 和图 1-31 所示。

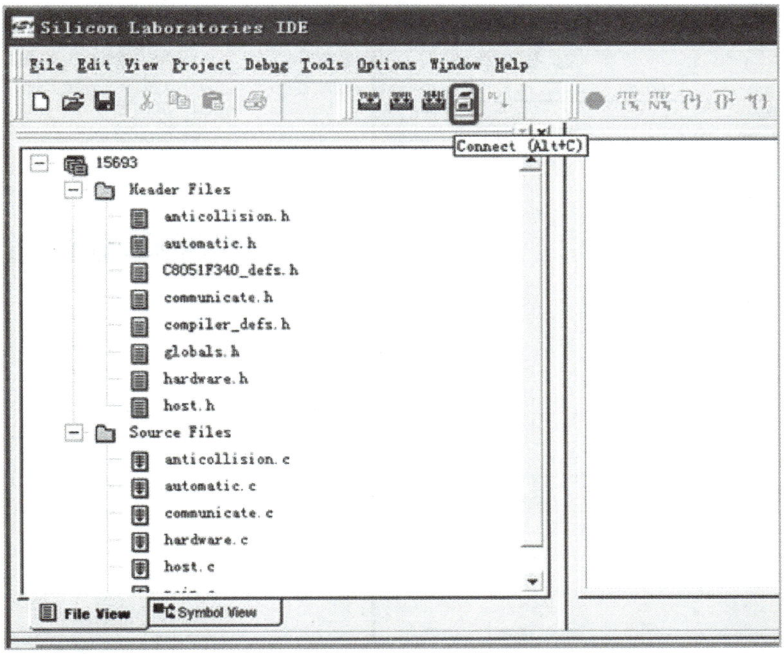


图 1-28 “Connect”连接目标设备

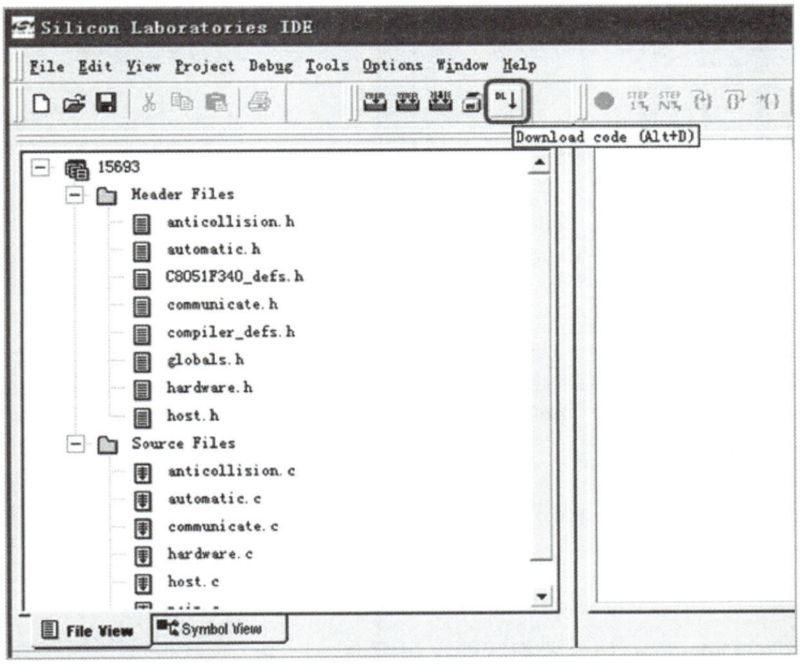


图 1-29 “Download code”下载程序

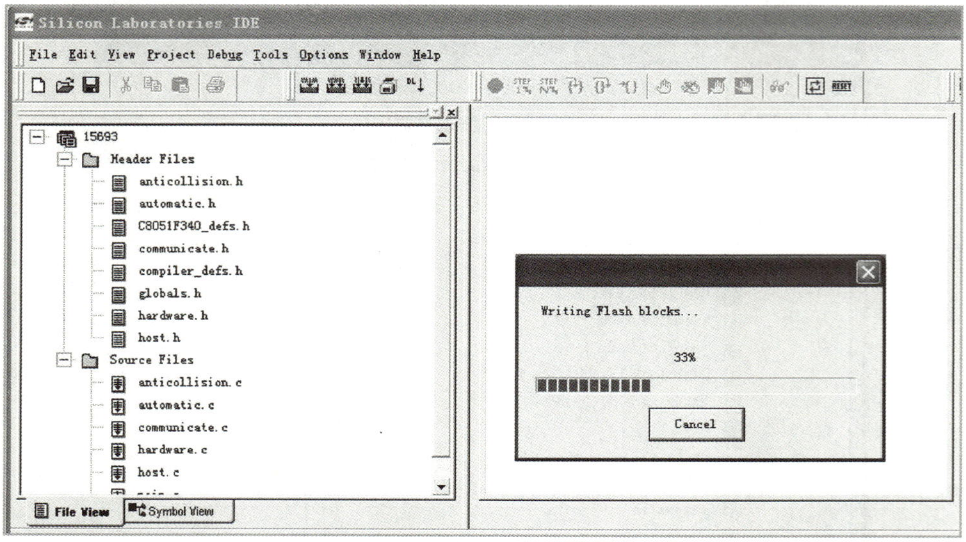


图 1-30　程序下载中

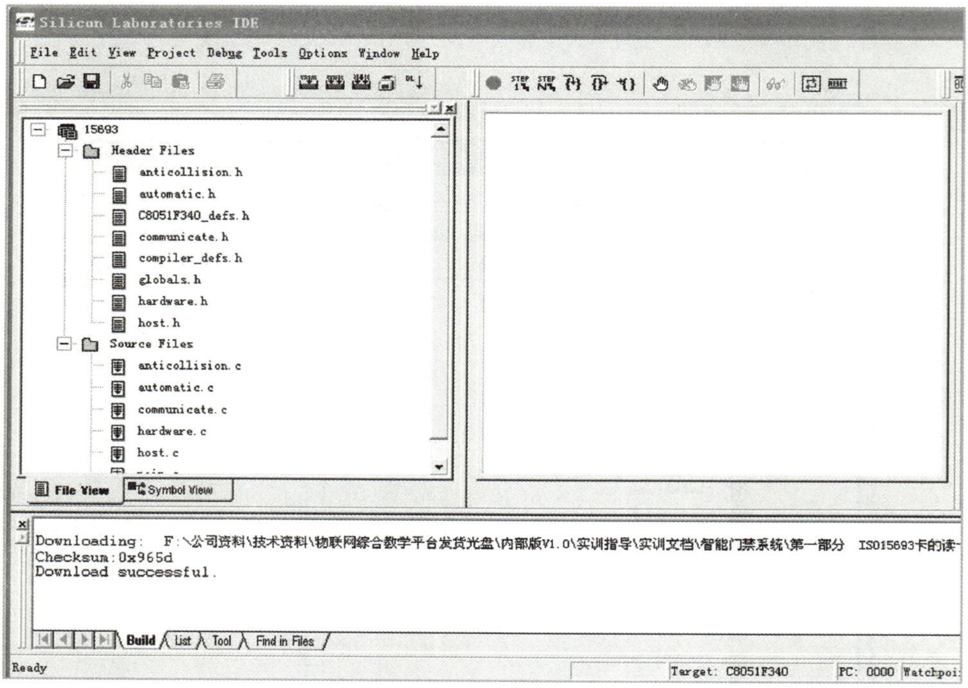


图 1-31　程序下载完成

7）通过 CC Debugger 仿真器把智能家居实训台与 PC 连接起来，将仿真器的一端接入智能家居实训台左边的程序下载口中，如图 1-32 所示。

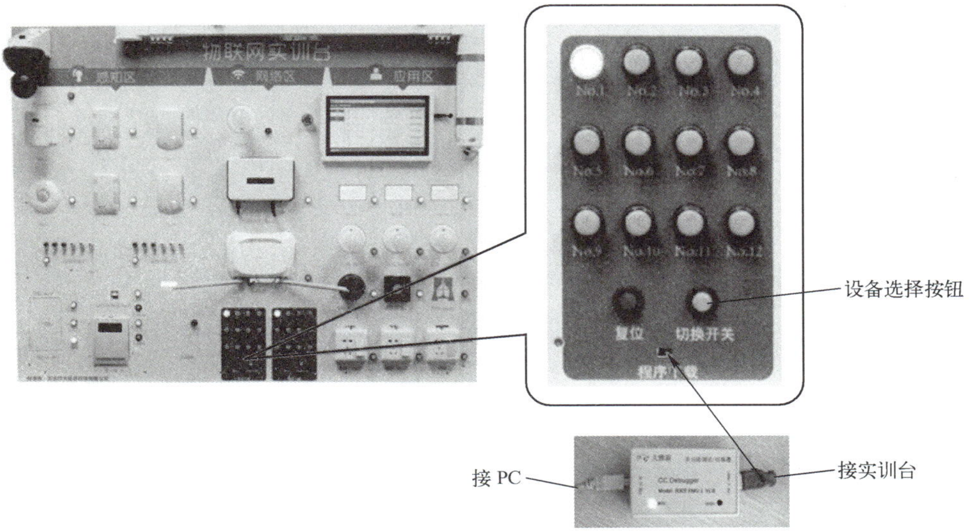


图 1-32　仿真器的连接

8）打开 RFID 读卡器电源开关，通过智能家居实训台的设备选择按钮（如图 1-33 所示），选中 RFID 读卡器节点（No.12 的指示灯会亮）。

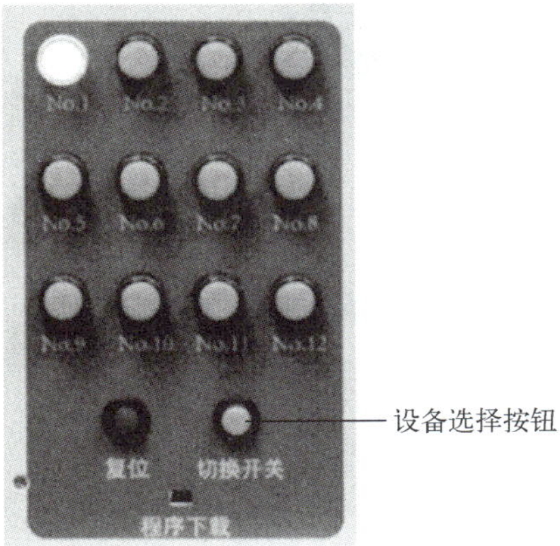


图 1-33　设备选择按钮

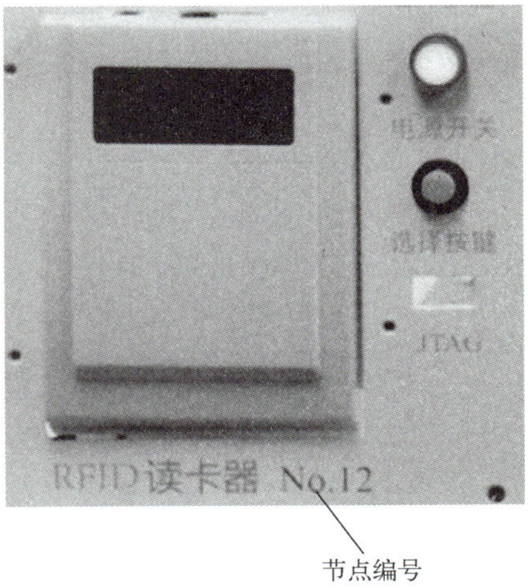


图 1-34　RFID 读卡器节点选择

9）用 IAR 软件打开“CH1_2”目录下的“RFID 读卡器”工程文件，并把程序下载到 RFID 读卡器的数据采集器中，如图 1-35 所示。

10）打开门锁电源开关，通过智能家居实训台的设备选择按钮，选中门锁节点（N0.10 的指示灯会亮），如图 1-36 所示。

11）用 IAR 软件打开“CH1_3”的“门锁”工程文件，并把程序下载到门锁的智能开关节点中，如图 1-37 所示。

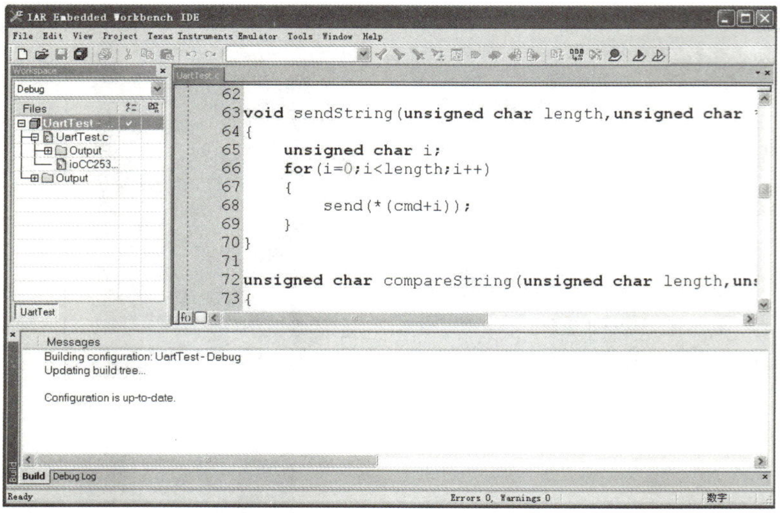


图 1-35　RFID 节点程序下载

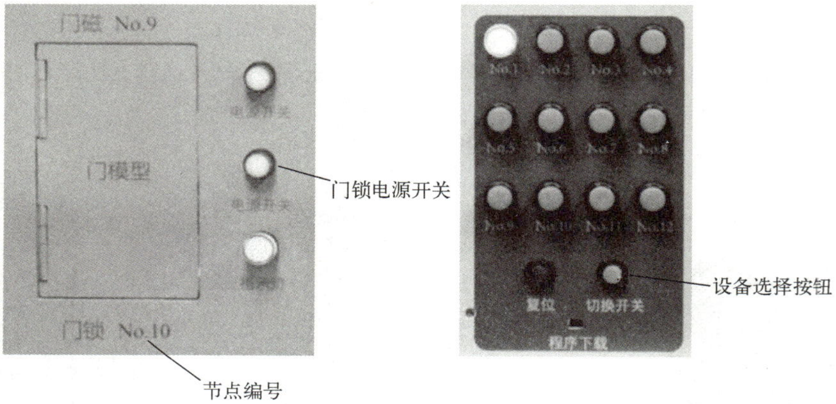


图 1-36　门锁节点选择

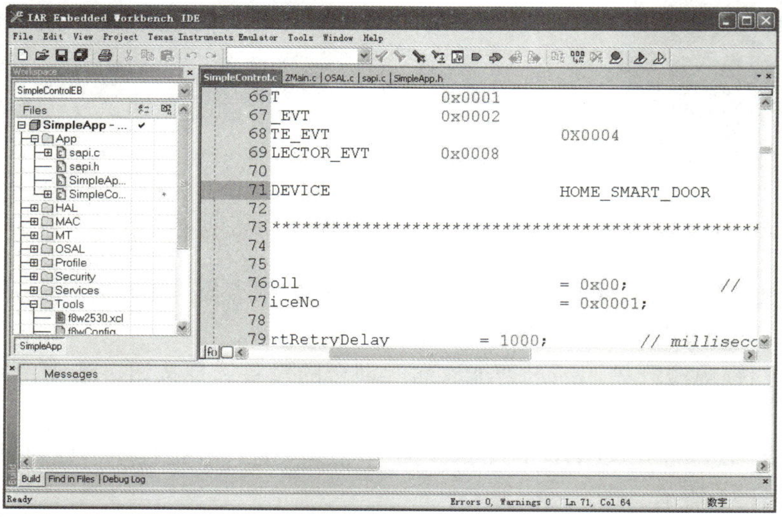


图 1-37　门锁工程

12）按一下“发卡按钮”，把智能卡放入 RFID 读头区域，听到“嘀”的两声响后，发卡成功，如图 1-38 所示。

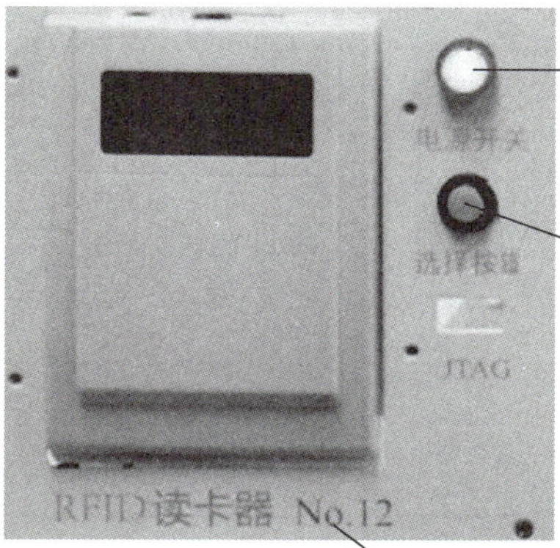


图 1-38　发卡选择

13）把刚才已发卡的智能卡放入 RFID 读头区域，听到“嘀”的一声响后，可以看到门开的指示灯会亮，这时，就可以进行开关操作了。

（2）指纹门禁部分

1）通过 CC Debugger 仿真器把智能家居实训台与 PC 连接起来，将仿真器的一端接入智能家居实训台左边的程序下载口中，如图 1-33 所示。

2）打开指纹采集器电源开关，通过智能家居实训台的设备选择按钮，选中指纹采集器节点（No.11 的指示灯会亮），如图 1-39 所示。

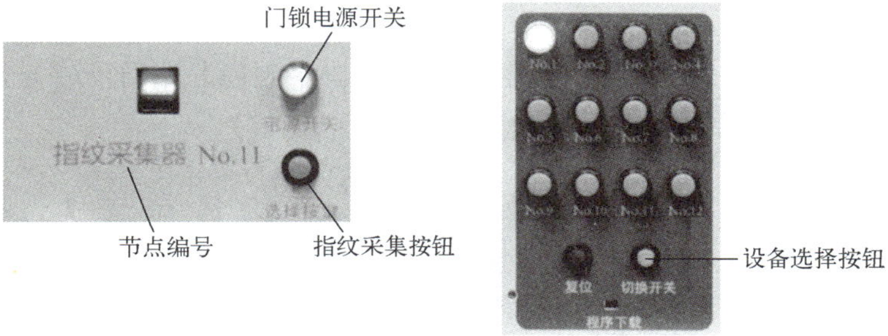


图 1-39　指纹采集器节点选择

3）用 IAR 软件打开“CH1_4”目录下的“指纹采集”工程文件，并把程序下载到指纹采集器中，如图 1-40 所示。

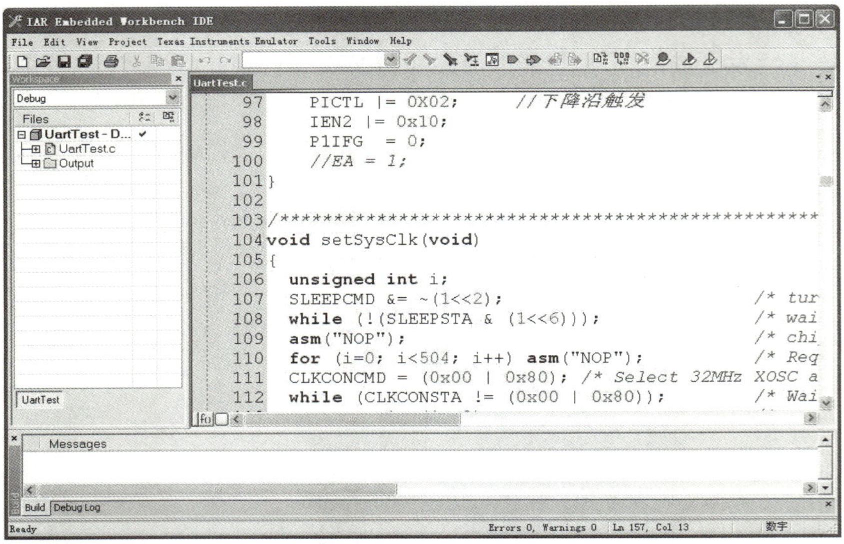


图 1-40 指纹采集器程序下载

4）按一下指纹采集按钮，再把手指放入指纹头处，听到“嘀”的两声响后指纹录入成功。指纹录入如图 1-41 所示。

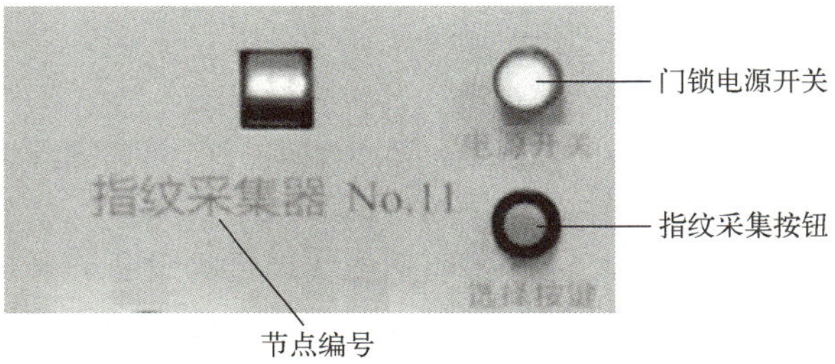


图 1-41 指纹录入

5）把刚才已录入指纹的手指放在指纹头上，可以看到门开的指示灯会亮，这时，就可以进行开关操作了。指纹开门如图 1-42 所示。

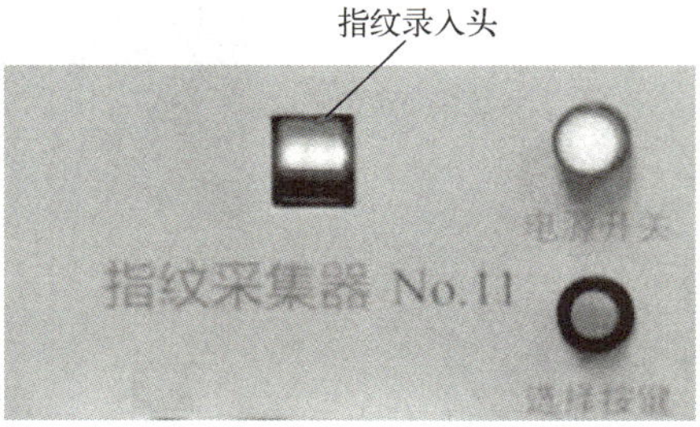


图 1-42 指纹开门

## 实训 2　环境监测

### 1. 实训条件

（1）硬件环境要求

1）PC 一台：1GHz 以上主频；1GB 以上内存；500MB 以上硬盘空间；4 个以上的 USB 口。

2）智能家居实训台一台。

（2）软件环境要求

1）操作系统：Windows XP 或 Windows7 及以上操作系统。

2）应用软件：IAR 软件。

### 2. 实训内容

在智能家居实训台上实现如下功能。

1）光照度数据的采集，并显示在实训台的小液晶上，同时显示在智能家居上位机中。

2）空气质量数据的采集，并显示在实训台的小液晶上，同时显示在智能家居上位机中。

3）温湿度数据的采集，并显示在实训台的小液晶上，同时显示在智能家居上位机中。

4）红外传感器数据的采集，并显示在智能家居上位机中。

5）燃气数据的采集，并显示在智能家居上位机中。

6）烟雾数据的采集，并显示在智能家居上位机中。

### 3. 实训原理

（1）远红外传感器

远红外传感器主要器件采用热释电红外线传感器和红外传感信号处理器。热释电红外线传感器主要由一种高热电系数的材料组成，如将锆钛酸铅系陶瓷、钽酸锂、硫酸三甘钛等制成尺寸为 2mm×1mm 的探测元件。在每个探测器内装入一个或两个探测元件，并将两个探测元件以反极性串联，以抑制由于自身温度升高而产生的干扰。探测元件将探测并接收到的红外辐射转变成微弱的电压信号，经装在探头内的场效应晶体管放大后向外输出。为了提高探测器的探测灵敏度以增大探测距离，一般在探测器的前方装设一个菲涅尔透镜，该透镜用透明塑料制成，将透镜的上、下两部分各分成若干等份，制成一种具有特殊光学系统的透镜，它与放大电路相配合，可将信号放大 70dB 以上，这样就可以测出一定范围内人的行动。红外传感信号处理器是一种专用的红外传感信号处理器。它是由运算放大器、电压比较器和状态控制器、延迟时间定时器、封锁时间定时器及参考电压源等构成的数模混合专用集成电路。

人体辐射的红外线中心波长为 9～10μm，而探测元件的波长灵敏度在 0.2～20μm 范围内几乎稳定不变。在传感器顶端开设了一个装有滤光镜片的窗口，这个滤光片可通过光的波长范围为 7～10μm，正好适合于远红外传感设备的探测。当人在热释电红外线传感器的检测距离内，传感器输出一个电压到红外传感信号处理器，经过红外传感信号处理器的处理，最后输出一个开关量，外部的其他资源可以直接判断该开关量，来实现特定的目的。

光照度数据的采集系统框架如图 1-43 所示。

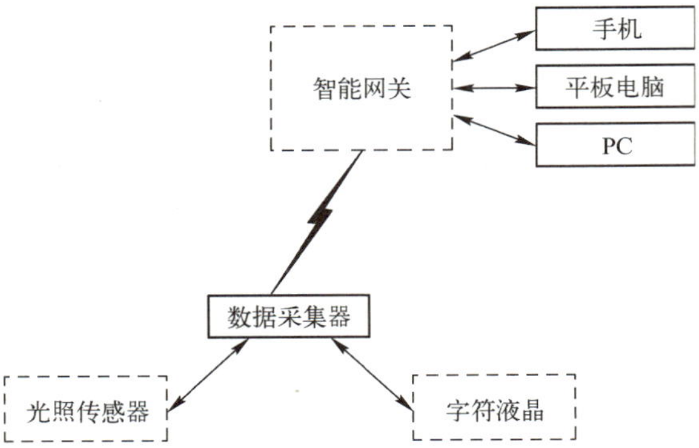

图 1-43　光照度数据的采集系统框架图

光照传感器先采集外界的光照度数据，经数据采集器上传到智能网关，再经 Wi-Fi 或以太网上传到上位机中，同时光照度数据经数据采集器传给字符液晶，并在字符液晶上显示。

（2）温湿度传感器

DHT11 是一款湿温度一体化的数字传感器。该传感器包括一个电阻式测湿元件和一个 NTC 测温元件，并与一个高性能 8 位单片机相连接。通过单片机等微处理器简单的电路连接就能够实时采集本地湿度和温度。DHT11 与单片机之间能采用简单的单总线进行通信，仅仅需要一个 I/O 口。将传感器内部湿度和温度数据以 40bit 的数据一次性传送给单片机，数据采用校验和方式进行校验，有效地保证数据传输的准确性。

DHT11 数字湿温度传感器采用单总线数据格式，即单个数据端口完成输入、输出双向传输。其数据包大小为 5B（40bit），数据分小数部分和整数部分。一次完整的数据传输为 40bit，高位先出。其数据格式为：8bit 湿度整数数据+8bit，湿度小数数据+8bit，温度整数数据+8bit，温度小数数据+8bit，校验和数据为前 4 个字节相加。

DHT11 的工作时序是，主机发送开始信号后，延时等待 20～40μs 后读取 DHT11 的回应信号，读取总线为低电平，说明 DHT11 发送响应信号，DHT11 发送响应信号后，再把总线拉高，准备发送数据，每一个比特数据都以低电平开始。主机与 DHT11 的时序如图 1-44 所示。如果读取的响应信号为高电平，则 DHT11 没有响应，此时应检查线路是否连接正常。

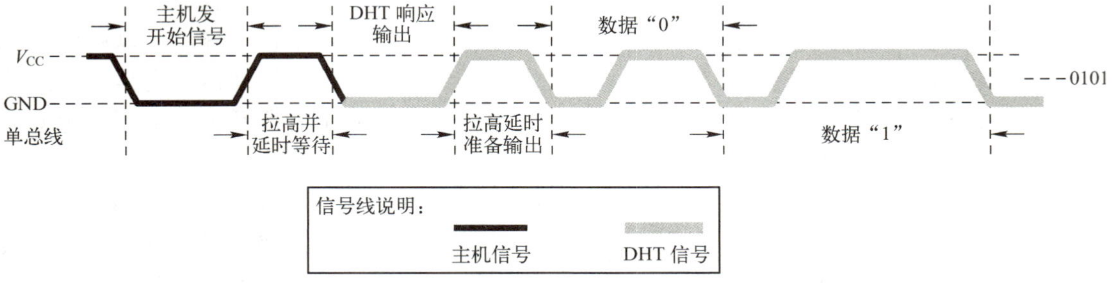

图 1-44　主机与 DH11 的时序图

DHT11 采用不同波形来表示数字的 0 和 1，其中 0 的表示方法是 DH11 输出 50μs 的电平，然后紧接着是输出 26～28μs 的高电平表示 0；1 的表示方式是 DH11 输出 50μs 的低电平，然后紧接着输出 70μs 的高电平表示 1，分别如图 1-45 和图 1-46 所示。

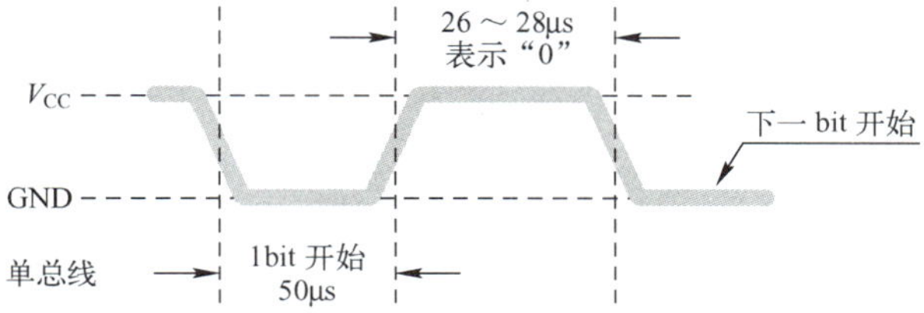


图 1-45　数字 0 的表示方法

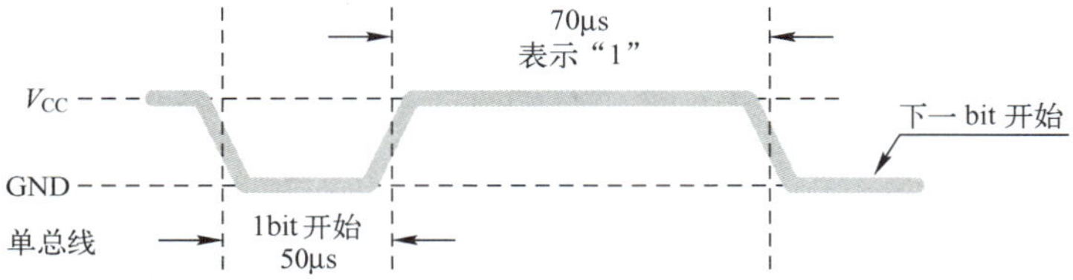


图 1-46　数字 1 的表示方法

在最后一个 bit 数据传输完毕后，DHT11 拉低总线 50μs，随后总线由上拉电阻拉高进入空闲状态。

CC2530 和传感器的电路设计如图 1-47 所示。

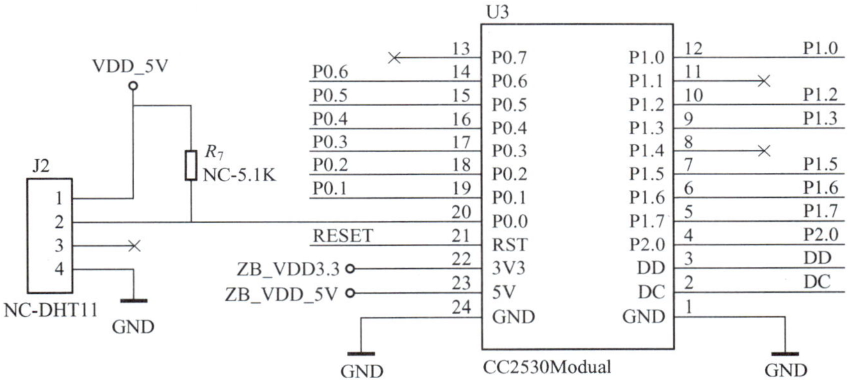


图 1-47　CC2530 和传感器的电路设计图

温湿度数据的采集系统框架如图 1-48 所示。

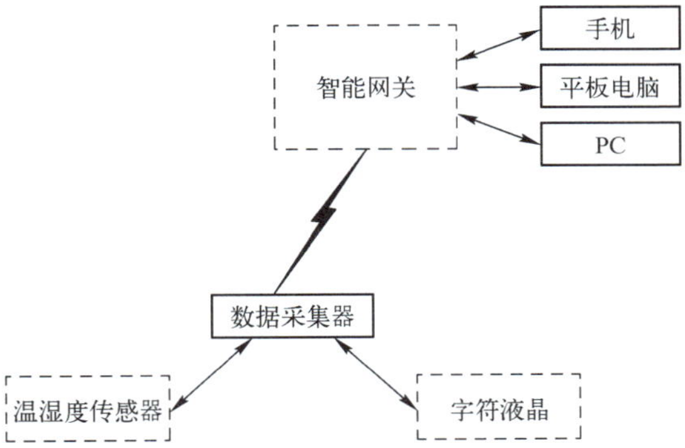


图 1-48　温湿度数据的采集系统框架图

温湿度传感器先采集外界的温湿度数据，经数据采集器上传到智能网关中，再经 Wi-Fi 或以太网上传到上位机中，同时温湿度数据经数据采集器传给字符液晶，并在字符液晶上显示。

#### 4. 实训步骤

（1）光照度数据的采集

1）在 PC 上安装好 IAR 软件。

2）给智能家居实训台上电。

3）通过 CC Debugger 仿真器把智能家居实训台与 PC 连接起来，将仿真器的一端接入智能家居实训台左边程序下载口。仿真器的连接如图 1-33 所示。

4）打开光照传感器的电源开关，通过智能家居实训台的设备选择按钮，选中光照传感器节点（No.4 的指示灯会亮），如图 1-49 所示。

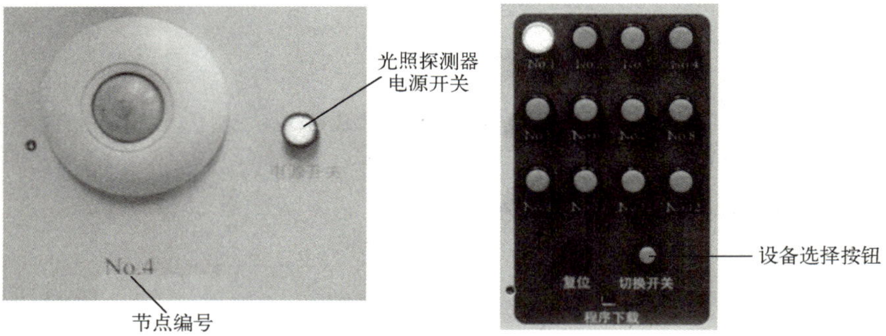


图 1-49　光照传感器节点选择

5）用 IAR 软件打开配套光盘“CH1_5”目录中的“光照传感器”工程文件，并把程序下载到光照传感器节点中，如图 1-50 所示。

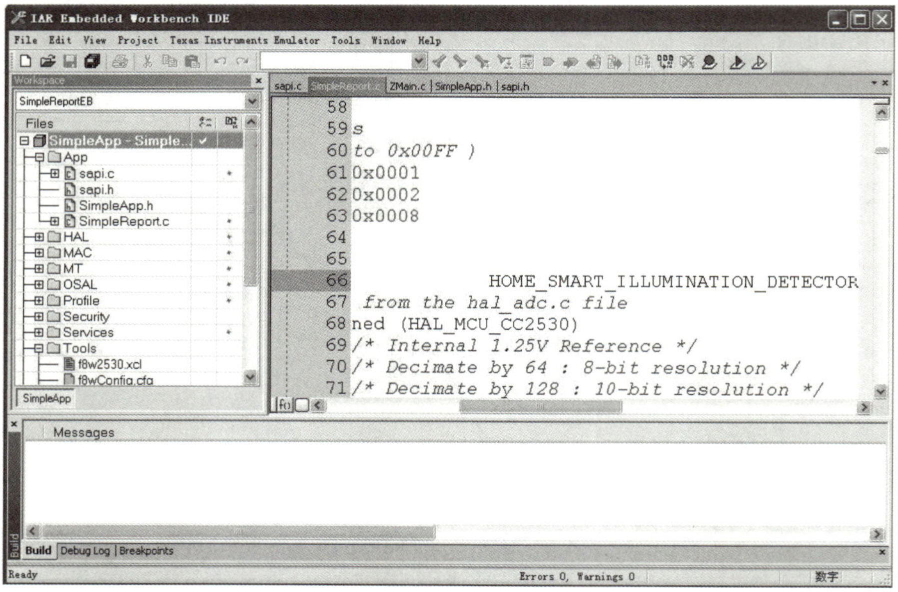


图 1-50　光照传感器节点程序下载

6）程序功能讲解。下面一段程序的主要功能是，采用查询的方法，定时去查询红外探测设备的状态，如果在规定的时间内状态不发生改变，红外探测设备就不需要向网关发送状态改变的信息，当到了规定的时间，不管此时的状态是否发生改变，红外检测设备都需要将自己当前的状态发送到网关，并且重新计时；如果红外检测设备的状态发生改变，就立即发送状态改变的信息到网关，重新计时。

```
if(myDevState == P0_5)               //判断远红外检测器的当前状态和前一次检测到的状态
{
    myDevPoll += 1;                  //如果与前一次的检测状态相同，就继续计时
    if(myDevPoll > 250)              //到了规定的时间
    {
        myDevPoll = 0;               //重新计时
        myDevState = P0_5;           //获取当前的红外检测设备的状态

        pData[3] = myDevState;       //填充发送数据帧
       zb_SendDataRequest( 0x0000, SENSOR_REPORT_CMD_ID, 4, pData, 0, AF_ACK_
REQUEST, 0 );                        //发送数据接口
    }
    osal_start_timerEx( sapi_TaskID, MY_REPORT_SENSOR_EVT, myASensorCheckPeriod );
                                     //开启下一次计时
}
else
{
    myDevPoll = 0;
    myDevState = P0_5;

    pData[3] = myDevState;
    zb_SendDataRequest( 0x0000, SENSOR_REPORT_CMD_ID, 4, pData, 0, AF_ACK_REQUEST, 0 );
    osal_start_timerEx( sapi_TaskID, MY_REPORT_SENSOR_EVT, myASensorCheckPeriod );


}
```

7）重启光照传感器节点，打开 No.15 节点的电源开关，在光照度液晶可以看到当前光照度的数据，如图 1-51 所示。

8）当用手遮住光照传感器（如图 1-52 所示）时，可看到光照度液晶上的显示数据发生明显的变化。

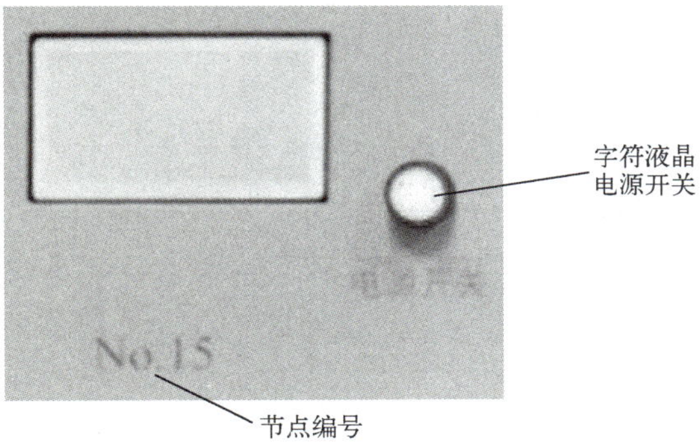


图 1-51　光照度数据显示

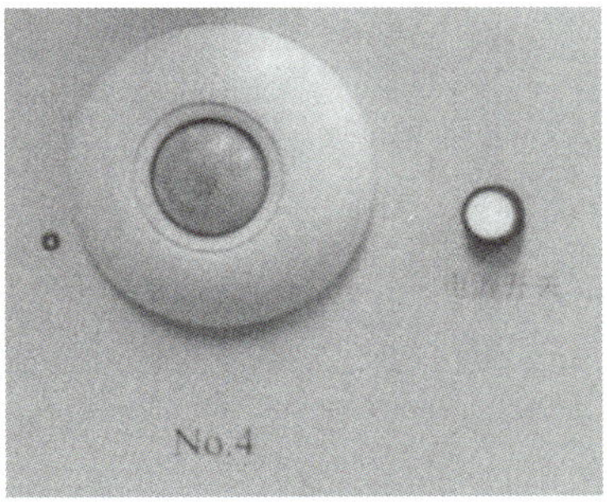


图 1-52　光照传感器

（2）空气质量数据的采集

1）在 PC 上安装好 IAR 软件。

2）给智能家居实训台上电。

3）通过 CC Debugger 仿真器把智能家居实训台与 PC 连接起来，将仿真器的一端接入智能家居实训台左边的程序下载口。仿真器的连接如图 1-33 所示。

4）打开空气质量传感器节点的电源开关，通过智能家居实训台的设备选择按钮，选中空气质量传感器节点（No.6 的指示灯会亮），如图 1-53 所示。

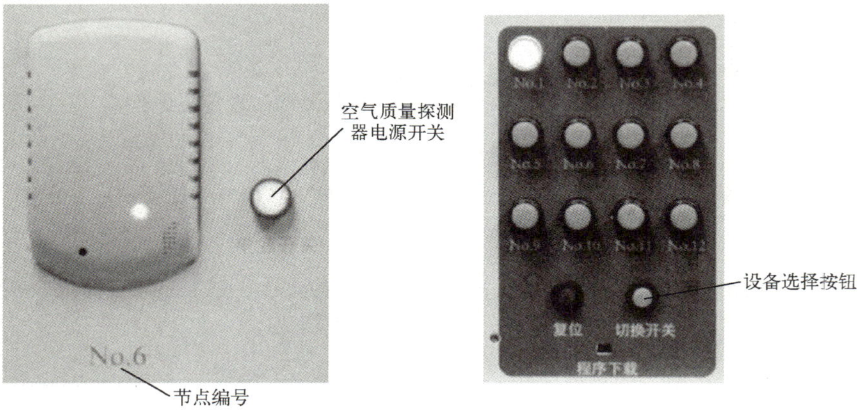


图 1-53　空气质量传感器节点选择

5）用 IAR 软件打开空气质量传感器工程文件，并把程序下载到空气质量传感器节点中，如图 1-54 所示。

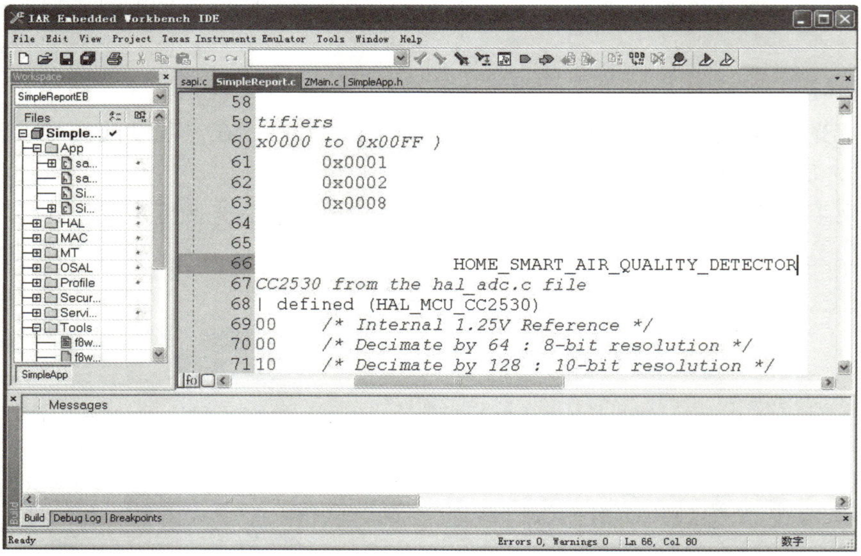


图 1-54　空气质量传感器节点程序下载

6）重启空气质量传感器节点，打开 No.16 节点的电源开关，在空气质量液晶上可以看到空气质量的数据显示，如图 1-55 所示。

7）当用嘴对空气质量传感器（如图 1-56 所示）吹气时，可以看到空气质量液晶上的显示数据会发生明显的变化。

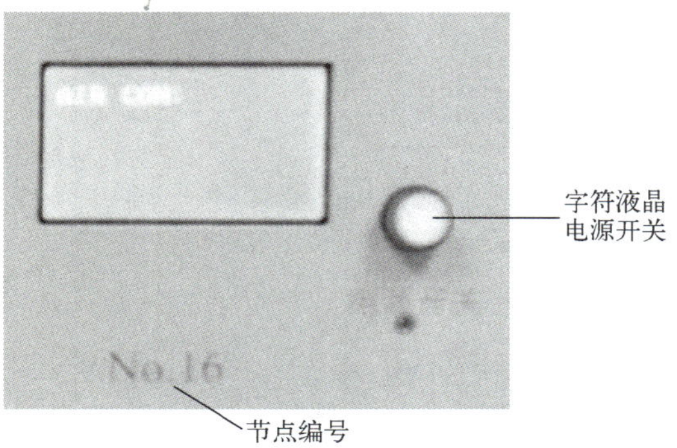


图 1-55　空气质量的数据显示

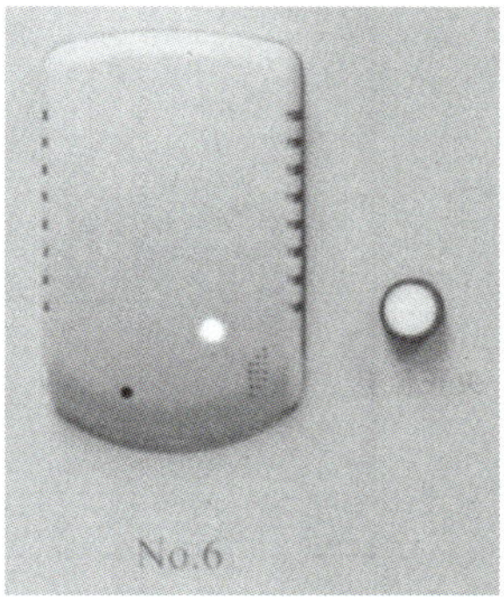


图 1-56　空气质量传感器

（3）温湿度数据的采集

1）在 PC 上安装好 IAR 软件。

2）给智能家居实训台上电。

3）通过 CC Debugger 仿真器把智能家居实训台与 PC 连接起来，将仿真器的一端接入智能家居实训台左边的程序下载口。仿真器的连接如图 1-33 所示。

4）打开温湿度传感器的电源开关，通过智能家居实训台的设备选择按钮，选中温湿度传感器节点（No.3 的指示灯会亮），如图 1-57 所示。

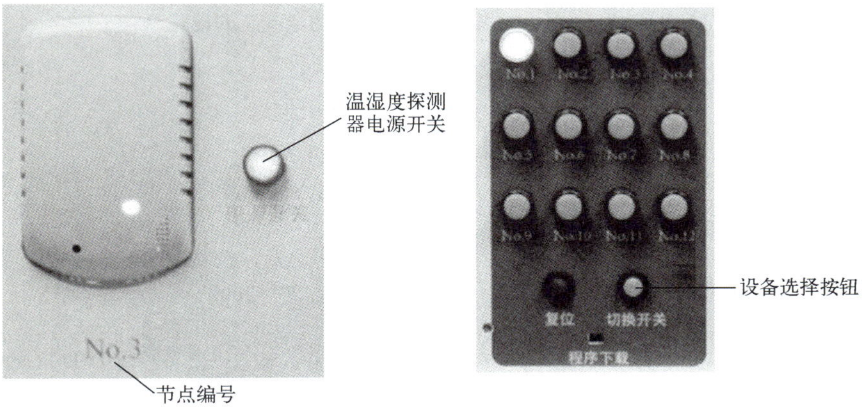


图 1-57　温湿度传感器节点选择

5）打开温湿度传感器节点的电源开关，用 IAR 软件打开“CH1_6”目录下的“温湿度传感器”工程文件，并把程序下载到温湿度传感器节点中，如图 1-58 所示。

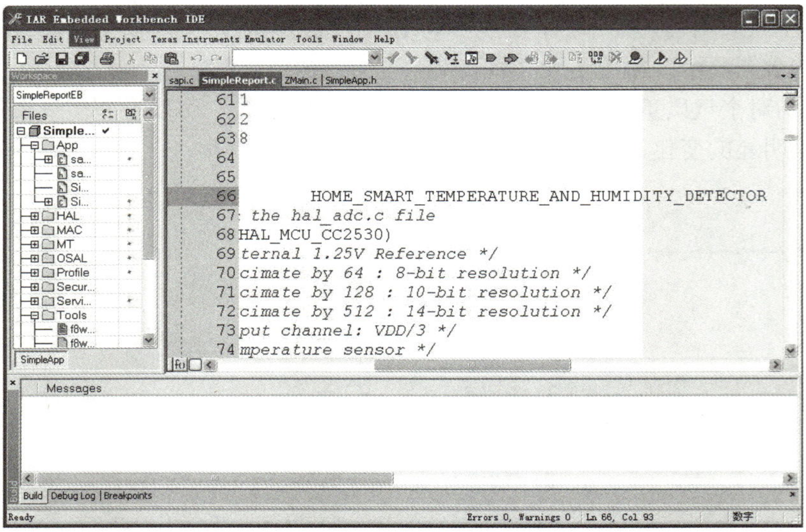

图 1-58　温湿度传感器节点程序下载

6）程序功能讲解。CC2530 的 P0 口的第一个引脚 P0.0 脚与 DHT11 进行连接。为了使能 DHT11 工作，设置 CC2530 的 P0.0 引脚为输出，并且拉低 P0.0 大约 18μs，此时处理器向 DHT11 发送开始信号，延时结束之后，处理器拉高 P0.0 大约为 20μs，等待 DHT11 相应开始信号。如果 DH11 正确响应开始信号，P0.0 就会检测到一个低电平，大约持续 80μs，低电平之后，DHT11 拉高数据引脚，准备数据输出。此时就可以接收 DHT11 的 40bit 数据，其中包括温度、湿度和校验和。具体实现部分如下面代码所示。

```
uint8 myApp_ReadDigitalValue( void )

{
    uint8 bitCnt = 0;                           //位计数
    uint8 CheckValue = 0;                       //读取到的温湿度的校验

    uint16 i;

    P0DIR |= 0x01;                              //设置 P0.0 为输出
    P0_0 = 0;                                   //输出低电平
    delay_nms(20);                              // 时间大于 18ms
    P0_0 = 1;                                   //启动信号之后，拉高 P0.0
    delay_nus(30);                              //等待启动 20～40μs

    P0DIR &= ~0x01;                             //设置 P0.0 为输入，准备接受 DHT11 的响应
    while(!P0_0) ;                              //接收到低电平，等待响应完成
    while(P0_0) ;                               //等待数据准备完成

    for(bitCnt = 0; bitCnt < 40; bitCnt++)      //接收 40bit 的数据
    {
        while(!P0_0) ;                          //data 值开始
        delay_nus(33);                          //此处的延时大于 80μs
```

```
            if(P0_0 == 1)                   //如果此时仍然为 1，就说明 DH11 输出的是 1
            {
                dht11Value[bitCnt/8] |= 0x80>>(bitCnt%8);          //当前位为 1
                while(P0_0) ;
            }
            Else                            //DHT11 输出的是 0
            {
                dht11Value[bitCnt/8] &= ~(0x80>>(bitCnt%8));       //当前位为 1//当前位为 0
            }
        }

        P0DIR |= 0x01;                      //数据接受完成
        P0_0 = 1;                           //拉高 P0.0

        for(i=0;i<4;i++)                    //求校验和
        {
        CheckValue += CheckValue + dht11Value[i];
        }

        if(CheckValue != dht11Value[4])     //检验正确
        {
            return 0;
        }
    return 1;
    }
```

7）重启温湿度传感器节点，打开 No.14 节点的电源开关，在温湿度液晶上可以看到当前的温湿度数据，如图 1-59 所示。

8）当用嘴对温湿度传感器（如图 1-60 所示）吹气时，可以看到温湿度液晶上的显示数据会发生明显的变化。

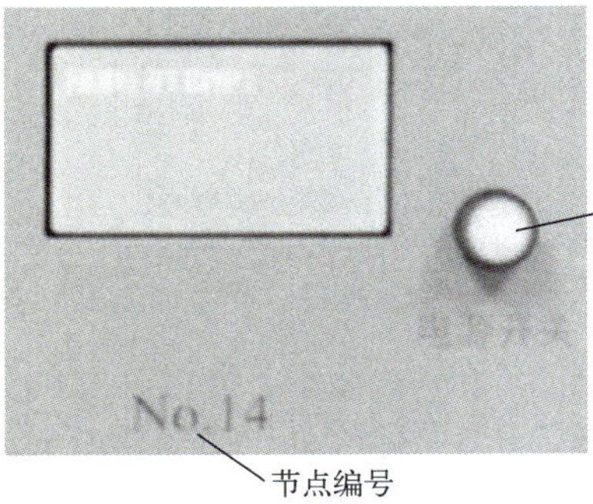

图 1-59　温湿度数据显示

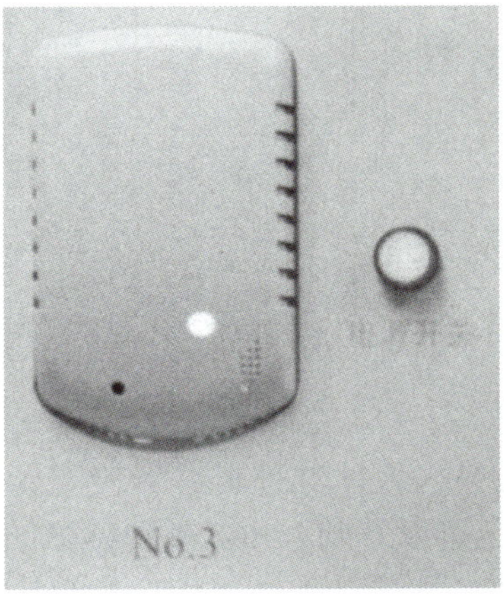

图 1-60　温湿度传感器

(4) 人体红外传感器数据的采集

1）在 PC 上安装好 IAR 软件。

2）给智能家居实训台上电。

3）通过 CC Debugger 仿真器把智能家居实训台与 PC 连接起来，将仿真器的一端接入智能家居实训台左边的程序下载口。仿真器的连接如图 1-33 所示。

4）打开人体红外传感器节点的电源，通过智能家居实训台的设备选择按钮，选中人体红外传感器的节点（No.1 的指示灯会亮），如图 1-61 所示。

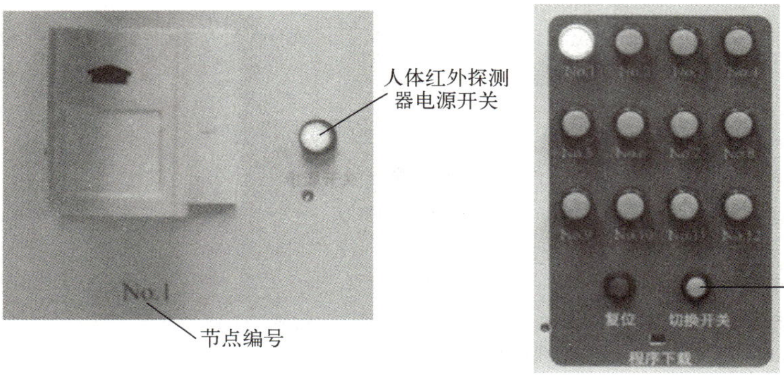


图 1-61　人体红外传感器节点的选择

5）用 IAR 软件打开“CH1_7”目录下的“人体红外传感器”工程文件，并把程序下载到人体红外传感器节点中，其软件下载窗口如图 1-62 所示。

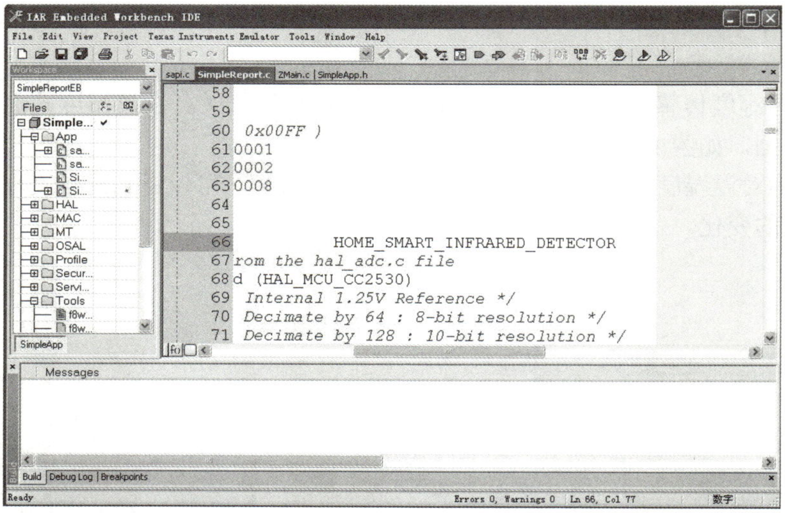


图 1-62　人体红外传感器节点程序的下载窗口

6）当人体红外传感器检测到有人时，指示灯会亮，同时，通过上位机软件的环境功能，也可以看到人体红外传感器的显示数据显示“有人”。当人体红外传感器没有检测到人时，指示灯会灭，通过上位机软件的环境功能，也可以看到人体红外传感器的显示数据显示“无人”。

（5）燃气数据的采集

1）在 PC 上安装好 IAR 软件。

2）给智能家居实训台上电。

3）通过 CC Debugger 仿真器把智能家居实训台与 PC 连接起来，将仿真器的一端接入智能家居实训台左边的程序下载口。仿真器的连接如图 1-33 所示。

4）打开燃气传感器节点的电源开关，通过智能家居实训台的设备选择按钮，选中燃气传感器节点（No.2 的指示灯会亮），如图 1-63 所示。

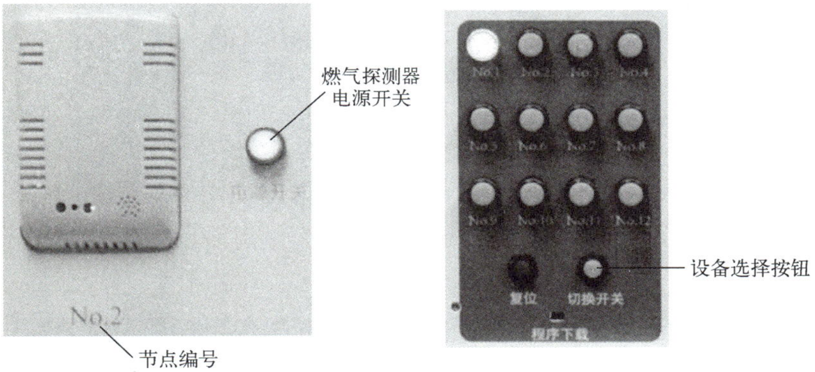


图 1-63　燃气传感器节点选择

5）用 IAR 软件打开“CH1_8”目录下的“燃气传感器”工程文件，并把程序下载到燃气传感器节点中，其下载窗口如图 1-64 所示。

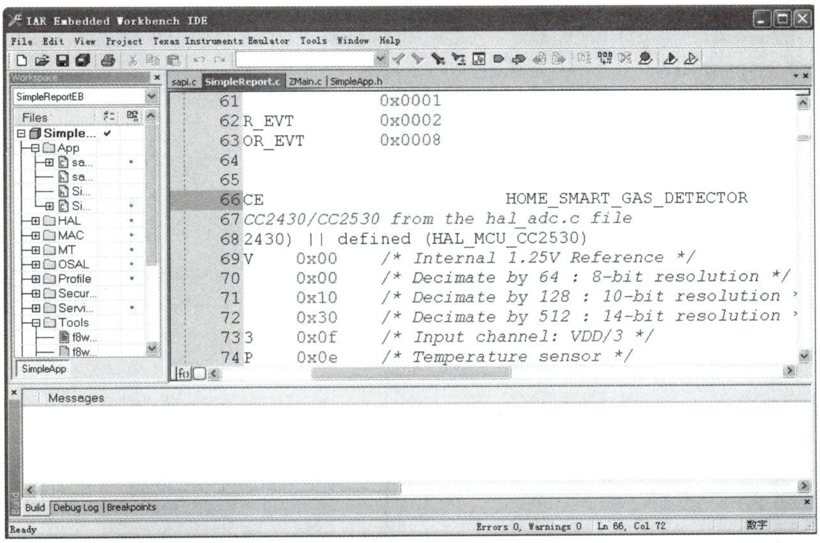


图 1-64　燃气传感器节点程序下载

6）打开报警器节点的电源开关，通过智能家居实训台中间右边的设备选择按钮，选中报警器节点（No.20 的指示灯会亮），如图 1-65 所示。

7）用 IAR 软件打开“CH1_9”目录下的“报警器”工程文件，并把程序下载到报警器节点中，如图 1-66 所示。

8）打开通风扇节点的电源开关，通过智能家居实训台中间右边的设备选择按钮，选中通风扇节点（No.21 的指示灯会亮），如图 1-67 所示。

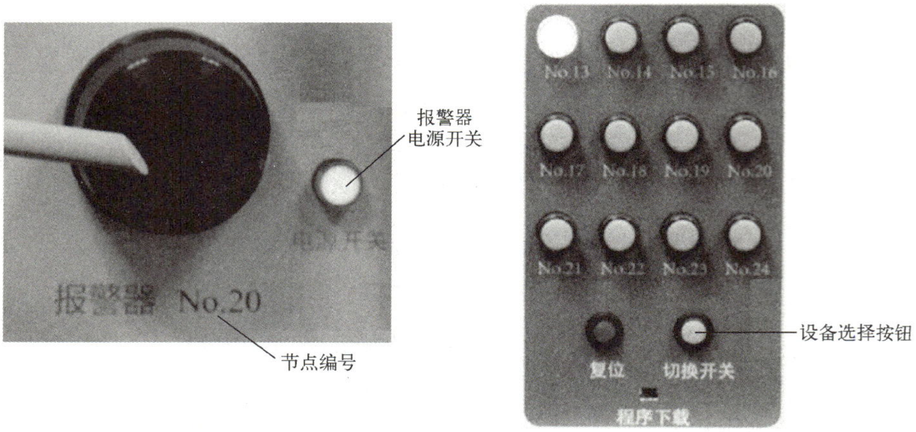


图 1-65　报警器节点选择

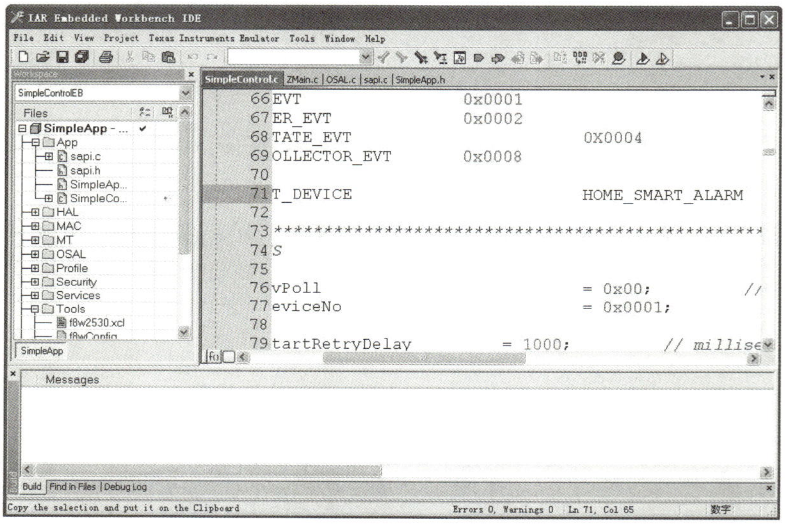


图 1-66　报警器节点程序下载

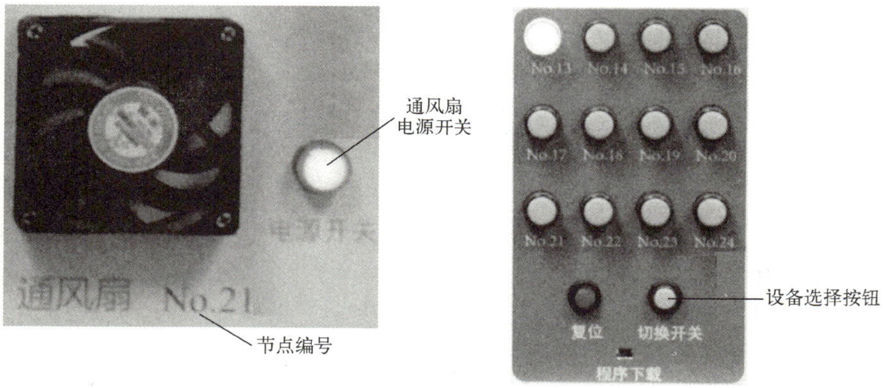


图 1-67　通风扇节点选择

9）用 IAR 软件打开“CH1_10”目录下的“通风扇”工程文件，并把程序下载到通风扇节点中，如图 1-68 所示。

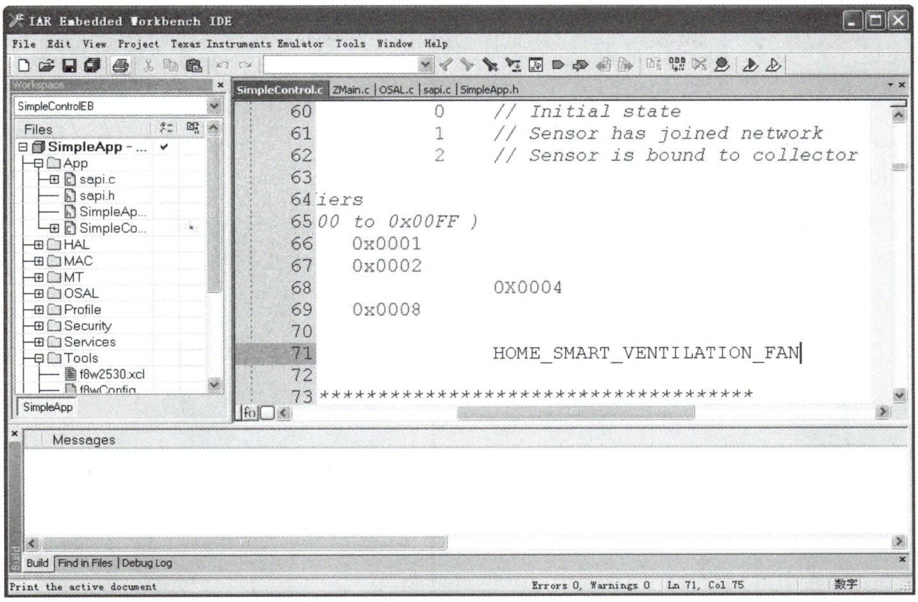


图 1-68 通风扇节点程序下载

10）打开智能网关（如图 1-69 所示）的电源开关，同时确认“智能网关板载电源开关”已打开，电源都被打开后，智能网关的指示灯会亮。

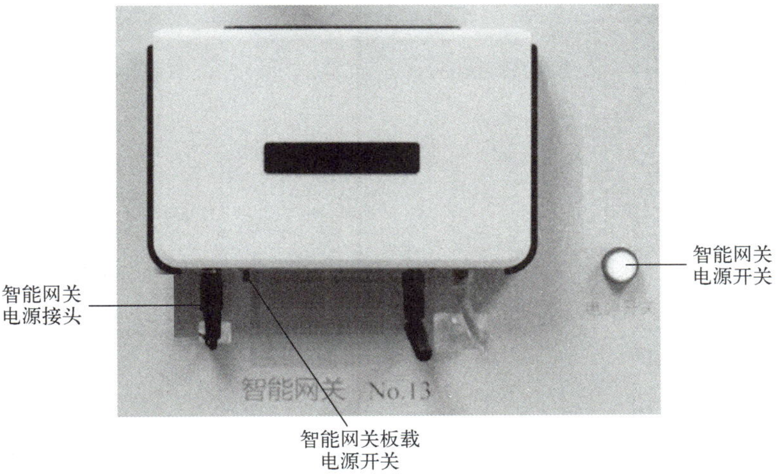


图 1-69 智能网关

11）当燃气传感器检测到燃气异常时，指示灯会亮，报警器和通风扇会启动，同时，打开上位机软件的环境功能，也可以看到燃气传感器的显示数据显示“异常”。当燃气值恢复正常时，指示灯会灭，报警器和通风扇停止；通过上位机软件的环境功能，也可以看到燃气传感器的显示数据显示“正常”。

（6）烟雾数据的采集

1）在 PC 上安装好 IAR 软件。

2）给智能家居实训台上电。

3）通过 CC Debugger 仿真器把智能家居实训台与 PC 连接起来，将仿真器的一端接入智能家居实训台左边的程序下载口。仿真器的连接如图 1-33 所示。

4）打开烟雾传感器的电源开关，通过智能家居实训台的设备选择按钮，选中烟雾传感器节点（No.5 的指示灯会亮），如图 1-70 所示。

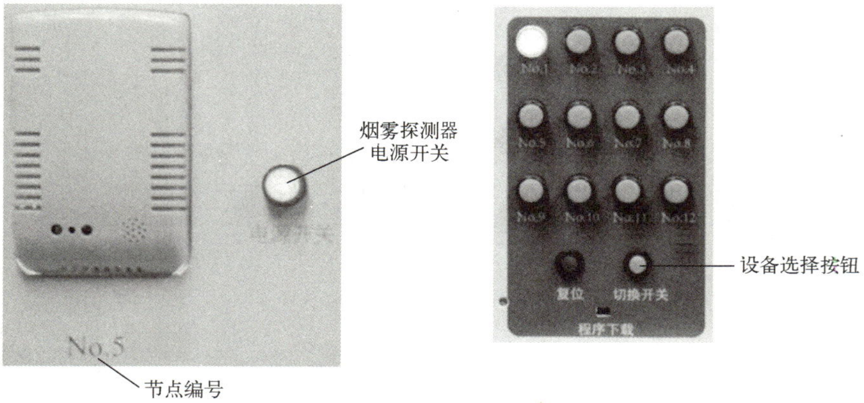


图 1-70　烟雾传感器节点选择

5）用 IAR 软件打开“CH1_11”目录下的“烟雾传感器”工程文件，并把程序下载到烟雾传感器节点中，如图 1-71 所示。

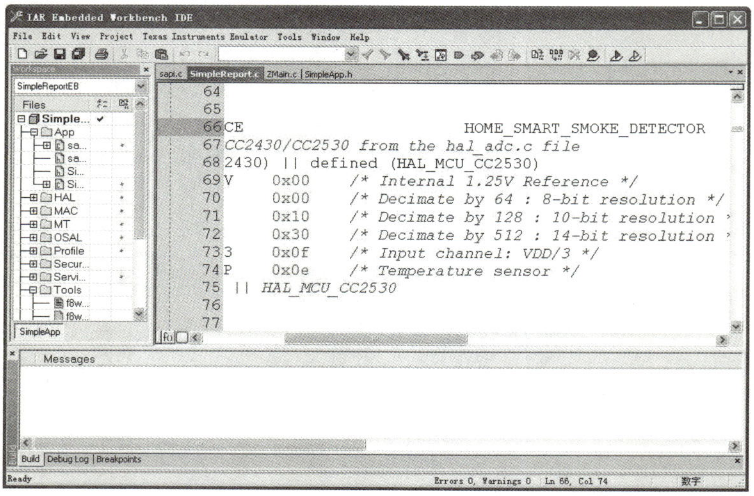


图 1-71　烟雾传感器节点程序下载

6）打开报警器节点的电源开关，通过智能家居实训台中间右边的设备选择按钮，选中报警器节点（No.20 的指示灯会亮），如图 1-72 所示。

7）用 IAR 软件打开“CH1_9”目录下的“报警器”工程文件，并把程序下载到报警器节点中，如图 1-73 所示。

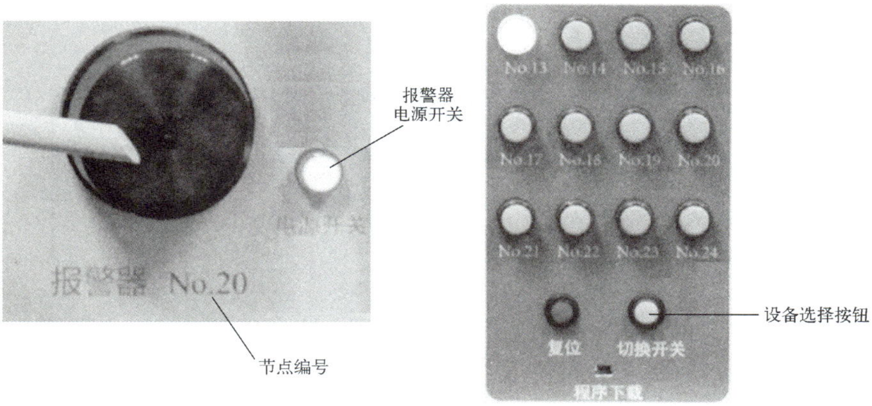


图 1-72　报警器节点选择

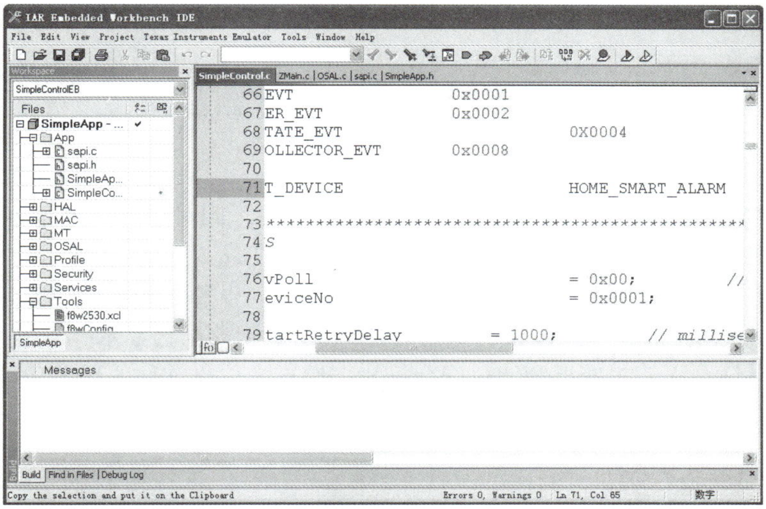


图 1-73　报警器节点程序下载

8）打开通风扇节点的电源开关，通过智能家居实训台的设备选择按钮，选中通风扇节点（No.21 的指示灯会亮），如图 1-74 所示。

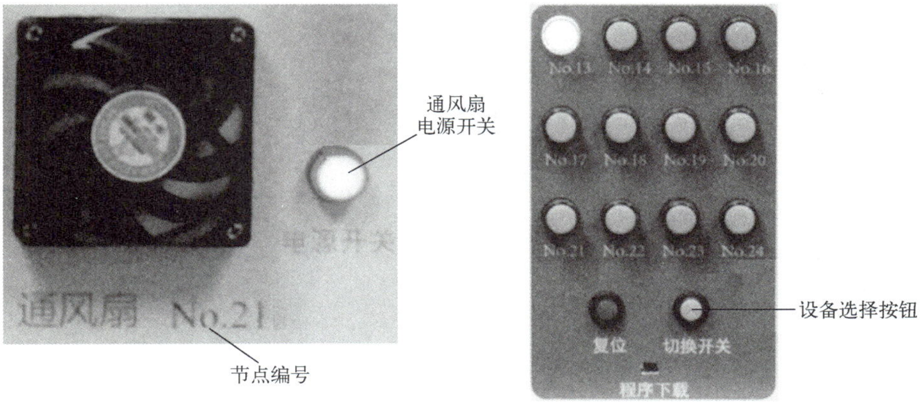


图 1-74　通风扇节点选择

9）用 IAR 软件打开“CH1_10”目录下的“通风扇”工程文件，并把程序下载到通风扇节点中，如图 1-75 所示。

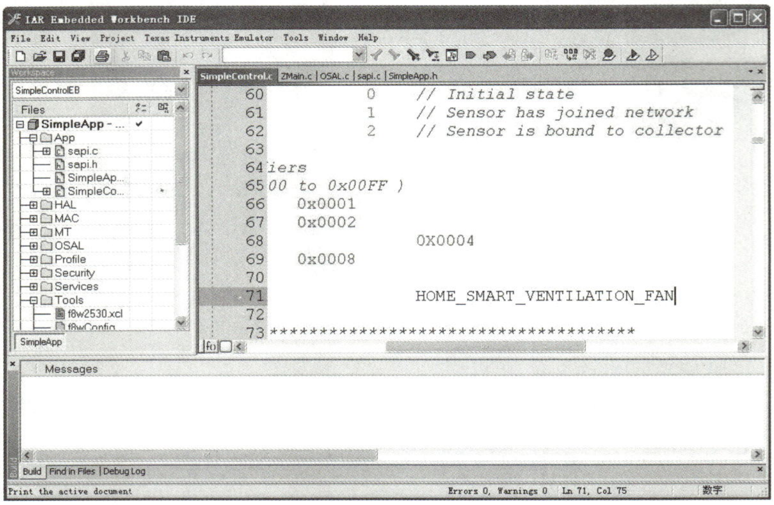


图 1-75　通风扇节点程序下载

10）打开智能网关（如图 1-69 所示）的电源开关，同时确认“智能网关板载电源开关”已打开，在电源都被打开后，智能网关的指示灯会亮。

11）当烟雾传感器检测到烟雾异常时，指示灯会亮，报警器和通风扇会起动，同时，打开上位机软件的环境功能，也可以看到烟雾传感器的显示数据会显示“异常”。当烟雾值恢复正常时，指示灯会灭，报警器和通风扇会停止；通过上位机软件的环境功能，也可以看到烟雾传感器的显示数据显示“正常”。

## 实训 3　温湿传感器感知实训

### 1. 实训条件

（1）硬件环境要求

1）单片机实训母版（IOT-SCMMB，如图 1-76 所示）一套。

2）传感器及外围模块（IOT-MODULES，如图 1-77 所示）一套。

图 1-76　IOT-SCMMB

图 1-77　IOT-MODULES

3）计算机（含串口）一台及 JTAG 编辑器一个。

（2）软件环境要求

1）WinAVR20050214。

2）AVRStudio4.18。

3）串口调试助手。

## 2. 实训原理

实现一个温湿度数据采集程序，主要硬件平台为单片机实验母板（IOT-SCMMB）、相关的传感器和外围模块。实训中，首先由单片机发送命令给高精度传感器，高精度传感器再根据单片机命令执行温度或湿度的采集，然后，单片机读出相应的温度或湿度的数据，并把相关数据通过单片机的串口发送给 PC；最后，通过在 PC 上的串口调试助手获取采集到的温度和湿度数据，并将其计算转化为具体的温湿度值。

## 3. 实训内容

1）模块的初始化。

2）单片机控制传感器采集温度和湿度。

3）将采集的数据通过串口发送到 PC 上。

## 4. 实训步骤

（1）模块的初始化

在程序的主函数文件 main.c 中，设置串口的参数并对其进行初始化，打开全局中断并使程序进入一个循环。相关代码如下。

```
/****************************************************
*名称：main()
*功能：初始化串口及定时器 0,定时时间为 0.5s
*入口参数：无
*出口参数：无
****************************************************/
int main( void )
{
    DDRD=_BV(PD5)|_BV(PD6);          //设置 PD5、PD6 口为输出
    PORTD=_BV(PD5)|_BV(PD6);         //置高 PD5、PD6 口

    //初始化串口
    UBRR0L=7;                        //设置波特率 57.6kbit/s
    UCSR0B=_BV(RXEN0)|_BV(TXEN0);                        //使能发送和接收允许
    //配置计数器
    TCNT0=0;                         //初始化 TCNT0
    TCCR0=_BV(CS02);                 // 采用 64 分频并启动计数器
    TIMSK=_BV(TOIE0);                //计数器中断允许
    sei();                           //打开全局中断
    while(1)
        ;                            //进入循环

}
```

温湿度传感器仅需要将 DATA 引脚和 CLK 引脚与单片机相连，所以用单片机的 PC6 和 PC7 引脚分别连接传感器的 CLK 和 DATA 口，并且只要单片机给 PC6 和 PC7 发送相应的时序，就能控制高精度温湿度传感器。单片机对传感器 I/O 口的初始化代码如下。

```
void initIO_sensor(void)
{
    DDRC = (1<<7)| (1<<6);      //PC6 用作 CLK 信号的发送，PC7 用作 DATA 信号的发送
    PORTC = (1<<7)| (1<<6);     //单片机的 PC6 和 PC7 用作输出引脚，且为高电平
}
```

（2）温度和湿度数据的采集

本实训中，将 SHT10 的 SCK 和 DATA 引脚与 ATmega 128 的 PC6 和 PC7 引脚相连，因此，又要通过单片机的 PC6 和 PC7 引脚向 SHT10 发送相应的时序，就能驱动 SHT10 进行采样，并返回采样数据。SHT10 与单片机的连接方式如图 1-78 所示。

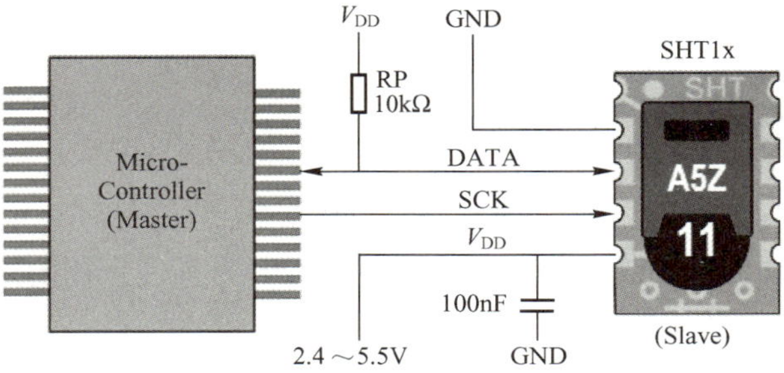


图 1-78　SHT10 与单片机的连接方式

驱动 SHT 10 进行采样过程：首先，单片机向 SHT10 发送“启动传输”时序，完成数据传输的初始化，如图 1-79 所示，时序包括当 SCK 时钟高电平时 DATA 翻转为低电平，紧接着 SCK 变为低电平，随后 SCK 时钟为高电平时，DATA 翻转为高电平。初始化之后，单片机便可以向 SHT10 发送命令。

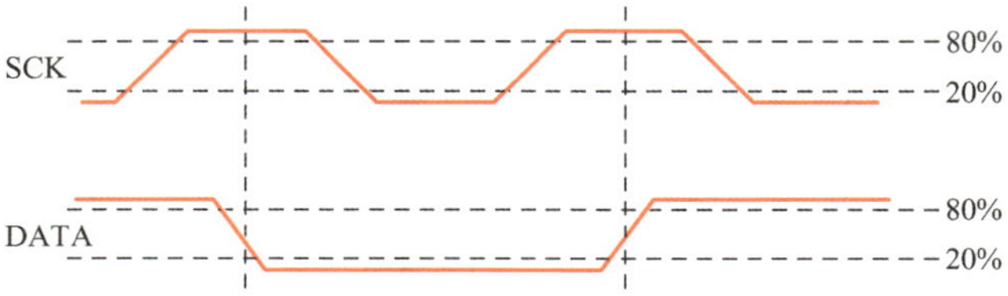


图 1-79　SHT10 启动传输时序

启动传输程序如下。

```
/*****************************************************
*功能：启动传输程序
*****************************************************/
void s_transstart(void)
{
    PORTC |= (1<<7);                 //用作 DATA 引脚，初始状态置为高电平
```

```
delay();
        PORTC &= ~(1<<6);//SCK=0;       //用作 SCK 引脚，初始状态置为低电平
        delay();
        PORTC |= (1<<6);                //SCK 置为高电平
            delay();
        PORTC &= ~(1<<7);               //SCK 置为高电平时，DATA 翻转为低电平
            delay();
        PORTC &= ~(1<<6);               //SCK 置为低电平
            delay();
        PORTC |= (1<<6);                //SCK 置为高电平
            delay();
        PORTC |= (1<<7);                //SCK 置为高电平时，DATA 从低电平翻转为高电平
            delay();
        PORTC &= ~(1<<6);               //SCK 置为低电平
        delay();
//      printf("sensor transstart is success\n");
}
```

向传感器发送数据需要注意时序，在上升沿之前把数据写入，上升沿时数据有效，在下降沿时把数据发送给传感器。数据发送的相关代码如下。

```
char s_write_byte(unsigned char value)
{
      unsigned char i,error = 0;
            for (i = 0x80; i > 0; i /= 2)          //shift bit for masking
      {
            if (i & value)
             {
             PORTC |= (1<<7);
             }
            else
             {
                   PORTC &= ~(1<<7);
             }
// clk for SENSI-BUS
             PORTC |= (1<<6);
            delay();
//SCK = 0;
             PORTC &= ~(1<<6);
             delay();
      }

       PORTC |= (1<<7);//release DATA-line
       delay();
       PORTC |= (1<<6); //clk #9 for ack
       DDRC &= ~(1<<7);
       delay();
```

```
    error = PINC >> 7;                    //check ack (DATA will be pulled down by SHT11)
    DDRC |= (1<<7);
    PORTC &= ~(1<<6);
    delay();
    return error;                         //error=1 in case of no acknowledge
}
```

从传感器读数据同样也要注意时序，只有在上升沿数据有效之后才能读。读数据的相关代码如下。

```
char s_read_byte(unsigned char ack)
// reads a byte form the Sensibus and gives an acknowledge in case of "ack=1"
{
    unsigned char i,val=0;

     PORTC |= (1<<7);                     //release DATA-line
     DDRC &= ~(1<<7);

    for (i = 0x80; i > 0; i /= 2)         //shift bit for masking
    {
          PORTC |= (1<<6);//clk for SENSI-BUS
          if (PINC >> 7)                  // DATA = = 1
          {
               val=(val | i);             //read bit
          }

     PORTC &= ~(1<<6);//SCK=0;
    }

    //DATA=!ack;                          //in case of "ack==1" pull down DATA-Line
     if (ack)
     {
          PORTC &= ~(1<<7);
     }
     else
     {
          PORTC |= (1<<7);
     }

     PORTC |= (1<<6);//clk #9 for ack
     DDRC |= (1<<7);    //---
     PORTC &= ~(1<<7);    //---
     delay();
     PORTC &= ~(1<<6);
     DDRC |= (1<<7);
     PORTC |= (1<<7);//release DATA-line
```

```
    return val;
}
```

在测量和通信结束后。SHT10 自动转入休眠模式，测量的相关代码如下。

```
char s_measure(unsigned char *p_value, unsigned char *p_checksum, unsigned char mode)
// makes a measurement (humidity/temperature) with checksum
{
    unsigned error=0;

    s_transstart();                          //transmission start
    switch(mode)
     {                                       //send command to sensor
    case TEMP:
          error += s_write_byte(MEASURE_TEMP);
           break;
    case HUMI:
          error += s_write_byte(MEASURE_HUMI);
           break;
    default:
          break;
    }

     DDRC &= ~(1<<7);                        //DDC7=0    配置为输入
     //printf("go to while");
    while(1)
     {
          if(!(PINC >> 7))                   // DATA = = 0, data ready
           {
               //Leds_greenToggle();
              break;                         //wait until sensor has finished the measurement
           }
     }
     //printf("out of while");
    if(PINC >> 7)                            // DATA = = 1
     {
          error += 1;                        // or timeout (~2 sec.) is reached
     }
     DDRC |= (1<<7);                         //DDC7=1    配置为输出
    *(p_value)   = s_read_byte(ACK);         //read the first byte (MSB)
    *(p_value + 1) = s_read_byte(ACK);       //read the second byte (LSB)
    *p_checksum = s_read_byte(noACK);        //read checksum
          return error;
}
```

（3）采集的数据通过串口发送给 PC

单片机获取了温湿度数据之后，通过串口将数据发送给 PC。从串口获取数据的函数如下。

```
void putc_uart0(unsigned char c)
{
        while( !(UCSR0A& (1<<UDRE0)) );                    //数据发送已准备好
        UDR0=c;
}
```

将数据发送到串口的函数为

```
void putc_uart0(unsigned char c)
{
        while( !(UCSR0A& (1<<UDRE0)) );                    //数据发送已准备好
        UDR0=c;
}
```

单片机通过串口把数据发送给 PC，main()函数的主要代码如下。

```
int main(void)
{
  init();                                                  //初始化各模块
  delay();
  while(1)
  {
    s_connectionreset();                                   //发送温度采集命令
    s_measure(temp2,&status,0);                            //保存采集的温度数据
    temp=temp2[1];
    temp+=(temp2[0]<<8);                                   //发送湿度采集命令
    s_measure(humid2,&status,1);                           //保存采集的湿度数据
    humid=humid2[1];
    humid+=(humid2[0]<<8);
    p_temperature=(float)temp;
    p_humidity=(float)humid;
    printf("read digital temp is %d \n",temp);             //打印温度数据
    printf("read digital humid is %d \n",humid);           //打印湿度数据
    for(a=20;a>0;a--)
    mydelay();
  }
}
```

## *学习情境小结

本情境通过对信息全面感知（即物联网感知层）的学习，使学生掌握物联网感知层所用的知识和技术，为下一步的学习打好基础。

## ▼思考题

### 1. 填空题

1）物联网的英文全称为（　　）。

2）物联网的简称为（　　）。

3）传感器以输出信号为标准进行分类可分为：（　　）、（　　）和（　　）。

4）光敏传感器接收（　　）信息，并转化为电信号。

5）RFID 的全称是（　　）。

6）简单 RFID 系统包括（　　）和（　　）。

7）射频识别常用的工作频率有（　　）、（　　）和（　　）。

8）WSN 网络中存在 3 种逻辑设备类型，即（　　）、（　　）和（　　）。

9）WSN 网络中常用的 3 个网络拓扑结构为（　　）、（　　）和（　　）。

10）ZigBee 主要可使用的频段是（　　）、（　　）和（　　）。

11）支持 ZigBee2007/PRO 协议的无线单芯片有（　　）、（　　）和（　　）。

12）ZigBee 的传输速率是（　　）。

13）ZigBee 的传输距离是（　　）。

### 2. 选择题

1）利用 RFID、传感器、二维码等随时随地获取物体的信息，指的是（　　）。

A. 可靠传递　　B. 全面感知　　C. 智能处理　　D. 互联网

2）（　　）给出的物联网概念最权威。

A. 微软　　B. IBM　　C. 三星　　D. 国际电信联盟

3）（　　）年我国把物联网发展写入了政府工作报告。

A. 2000　　B. 2008　　C. 2009　　D. 2010

4）第三次信息技术革命指的是（　　）。

A. 互联网　　B. 物联网　　C. 智慧地球　　D. 感知中国

5）3 层结构类型的物联网不包括（　　）。

A. 感知层　　B. 网络层　　C. 应用层　　D. 会话层

### 3. 简答题

1）物联网常用的技术有哪些？

2）物联网的主要应用行业有哪些？

3）物联网中典型的感知技术有哪些？

4）物联网中需要利用的无线传输技术有哪些？

5）RFID 的主要通信协议有哪些？

6）RFID 的工作原理是什么？

7）RFID 系统由哪几部分组成？各部分的主要功能是什么？

# ※学习情境 2　可靠网络传输

## ▲学习情境 2　描述

顾名思义，物联网是一种网络形式，感知仅仅是物联网应用的第一阶段，如果没有网络传输体系，那么感知层获取到的信息就无法被及时处理和传递，物联网便是“英雄无用武之地”；如果没有“可靠”的网络传输体系，信息的安全性和隐私性就必然成为制约物联网发展的重大障碍。因此，可靠的网络传输是物联网实现物与物、人与物之间全方位信息交互的重要基础。

本情境重要知识点：移动通信网的特点、分类、结构、功能及应用；互联网特点、组网方式及应用；专用网络的特点及应用；M2M 平台的定义、结构、所用到的技术及应用。

本情境重要技术：移动通信网的通信协议和组网技术；互联网的通信协议和组网技术；专用网络的组网技术；M2M 平台的流量控制技术和网络接入技术。

可靠网络传输学习情境描述如表 2-1 所示。

表 2-1　可靠网络传输学习情境描述

| 学习情境 | 可靠网络传输（20 学时） |
| --- | --- |
| 实训项目 | 1）无线网络搭建与传输实训<br>2）M2M 平台调研实训 |
| 学生学习内容 | 1）了解移动通信网的建构<br>2）理解 TCP/IP<br>3）了解虚拟专用网络<br>4）了解 M2M 平台<br>5）进行无线网络的搭建和传输<br>6）进行 TCP/IP 系统设置<br>7）提交文档，演示并讲解项目流程 |
| 教学环境 | 校内信息安全实训基地 |
| 教师传授知识 | 1）结合蜂窝网络技术，讲述移动通信网的基本知识<br>2）结合互联网发展历程及应用，讲述 TCP/IP<br>3）结合物联网应用场景，讲述专用网络的基本知识<br>4）结合物联网发展趋势，讲述 M2M 平台相关技术 |
| 教学法选择 | 项目教学法、头脑风暴教学法 |
| 教（学）件 | 1）多媒体课件<br>2）无线传输实训设备<br>3）无线传输构建的基本部件<br>4）项目实施方案 |
| 学生提交 | 1）项目实训报告<br>2）无线网络搭建和传输实训报告 |
| 考核方式 | 考核包括两部分：<br>1）项目绩效考核，即整个项目小组的项目评分，由教师及同组学生根据需求分析对项目功能的完整性和正确性进行评价，教师同时结合项目完成进度综合考核<br>2）个人绩效考核，根据个人在项目完成过程的表现及项目演示阶段的总结汇报，进行个人评分 |

## 2.1 子学习情境1 移动通信网

子学习情境1描述

本情境主要介绍移动通信网的概况、特点、分类、发展及其结构、功能和所用的技术。

相关知识

### 2.1.1 移动通信网概况

移动通信是移动体之间的通信或移动体与固定体之间的通信。移动体可以是人，也可以是汽车、火车、轮船和收音机等在移动状态中的物体。

1901 年，马可尼用长波无线电把信息从大西洋的英国一侧（Cornwall，位于英国西南部）传输到加拿大东海岸的纽芬兰岛，整整跨越了 3200km！从此，信息的传输进入长距离无线通信范畴。随后，无论是政治、军事、工业和商业等领域的迫切需求，还是人们日常生活中的实际需要，都成为移动通信诞生的强大推手。随着无线通信技术的飞速发展，作为无线通信方式中的一员，移动通信在无线通信领域中占据了制高点，成为无线通信中的主力军。目前，依赖于移动通信网络，信息可以在任何时间传输到世界的任何角落，基本实现了通信系统的“5W”终极目标，即任何人（Whoever）可在任何时间（Whenever）、任何地点（Wherever）与任何人（Whomever）进行任何形式（Whatever）的通信。

### 2.1.2 移动通信网特点

移动通信网具有如下特点。

（1）移动性

移动性即要保持物体在移动状态中的通信，因而它必须是无线通信，或无线通信与有线通信的结合。在无线通信系统中，通常利用电磁波传输信息，但电磁波的传播特性一般都较差。

（2）电磁波传播条件复杂

电磁波不仅会随着传播距离的增加而发生弥散损耗，而且会由于地形、地物的遮蔽、阻挡而发生反射、折射和绕射等现象，这些现象使同一信号经由多条路径到达接收地点。传输路径不同的信号其幅度、相位和到达时间都不一样，它们相互叠加会产生电平衰落和时延扩展。此外，移动通信常常在快速移动中进行，这不仅会引起多普勒频移，产生随机调频，而且会使得电波传播特性发生快速的随机起伏。多径和多普勒频移是严重影响移动通信质量的两大因素。

（3）噪声和干扰严重

除去一些常见的外部干扰和噪声（如天电干扰、工业干扰、信道噪声以及城市环境中的汽车火花噪声等），在系统本身与不同系统之间，还会产生互调干扰、邻道干扰和同频干扰等。

（4）系统和网络结构复杂

移动通信网是一个多用户通信系统和网络，必须使用户之间互不干扰，能协调一致地工作。此外，移动通信系统还应与市话网、卫星通信网、数据网等互连，故整个网络结构是很复杂的。

（5）要求频带利用率高、设备性能好

移动通信可利用的频谱资源非常有限，而移动通信业务量的需求却与日俱增。为了解决这一矛盾，一方面要开辟和启用新的频段，另一方面要研究各种新技术和新措施，以压缩信号所占的频带宽度和提高频谱利用率。移动设备终端应该具有如下特点，即体积小、重量轻、省电、操作简单和携带方便。在某些极端条件下（例如战争、地震），还应保证设备能够在振动、冲击、高低温变化等恶劣环境中正常工作。

### 2.1.3 移动通信网分类

移动通信的种类繁多，按照对其使用要求和工作场合的差异，可将移动通信网络分为以下几类。

1）集群移动通信，也称大区制移动通信。它的特点是只有一个基站，天线高度为几十米至百余米，覆盖半径为30km，发射机功率可高达200W。用户数约为几十至几百，可以是车载台，也可以是手持台。可以将这些移动台与基站通信，也可通过基站与其他移动台及市话用户通信以及通过基站与市站有线网连接。

2）蜂窝移动通信，也称小区制移动通信。它的特点是把整个大范围的服务区划分成许多小区，为每个小区设置一个基站，这个基站负责本小区各个移动台的联络与控制，各个基站通过移动交换中心相互联系，并与市话局连接。利用超短波电波传播距离有限的特点，离开一定距离的小区可以重复使用频率，使频率资源得到充分利用。每个小区的用户在 1000 个以上，全部覆盖区最终的容量可达 100 万个用户。

3）卫星移动通信。利用卫星转发信号也可实现移动通信，对于车载移动通信可采用赤道固定卫星；而对手持终端，采用中低轨道的多颗星座卫星较为有利。

4）无绳电话。对于室内外慢速移动的手持终端的通信，采用小功率、通信距离近的、轻便的无绳电话机。用它们可以经过通信点与市话用户进行单向或双向的通信。

除此之外，还有以下分类方法。

① 按使用对象可分为民用设备和军用设备。

② 按使用环境可分为陆地通信、海上通信和空中通信。

③ 按多址方式可分为频分多址（FDMA）、时分多址（TDMA）和码分多址（CDMA）等。

④ 按覆盖范围可分为广域网和局域网。

⑤ 按业务类型可分为电话网、数据网和多媒体网。

⑥ 按工作方式可分为同频单工、异频单工、异频双工和半双工。

⑦ 按服务范围可分为专用网和公用网。

⑧ 按信号形式可分为模拟网和数字网。

### 2.1.4 移动通信网发展

在过去的十几年间，世界电信业发生了巨大的变化，移动通信特别是蜂窝小区的迅速发展，使用户彻底摆脱了终端设备的束缚，实现了完整的个人移动性、可靠的传输手段和接续方式。进入 21 世纪，移动通信逐渐演变成社会发展和进步的必不可少的工具。

### 1．第一代移动通信系统（1G）

1G 是模拟制式的移动通信系统，在 20 世纪 80 年代初被提出，完成于 20 世纪 90 年代初。1G 得益于 20 世纪 70 年代的两项关键突破，即微处理器的发明和交换及控制链路的数字化。AMPS 是美国推出的世界上第一个 1G 移动通信系统，它充分利用了 FDMA 技术实现国内范围的语音通信。第一代移动通信系统的缺点是，业务量小、质量差、频谱利用率低、安全保密性差、无法承载数据业务。

### 2．第二代移动通信系统（2G）

2G 是数字蜂窝通信系统，起源于 20 世纪 90 年代初期，是包括语音在内的全数字化系统。相对于 1G 系统，第二代移动通信系统改善了语音质量，增加了网络容量，加强了通话保密性，并且为用户提供无缝的国际漫游服务。GSM（Global System for Mobile Communication）是第一个商业运营的 2G 系统，采用 TDMA 技术。20 世纪 90 年代后期至 21 世纪初，GSM 系统进一步发展，随着 GPRS/EDGE 技术的引入，将 GSM 与 Internet 有机结合起来，使 GSM 系统数据传送速率可达 115～384kbit/s。尽管 2G 技术在发展中不断得到完善，但随着用户规模和网络规模的不断扩大，频率资源已经接近枯竭，语音质量不能达到用户满意的标准，数据通信速率太低，无法在真正意义上满足移动多媒体业务的需求。

### 3．第三代移动通信系统（3G）

3G 是移动多媒体通信系统，提供的业务包括语音、传真、数据、多媒体娱乐和全球无缝漫游等。与从前以模拟技术为代表的第一代和目前仍在使用的第二代移动通信技术相比，3G 有更宽的带宽，其传输速率最低为 384kbit/s，最高为 2Mbit/s，带宽可达 5MHz 以上。它不仅能传输语音，而且能传输数据，能够实现高速数据传输和宽带多媒体服务。全球第一个 3G 网络运营于 2001 年的日本。

第三代移动通信网络能将高速移动接入和基于互联网协议的服务结合起来，提高无线频率的利用效率，提供包括卫星在内的全球覆盖，并实现有线和无线以及不同无线网络之间业务的无缝连接，以满足多媒体业务的要求，从而为用户提供更经济、内容更丰富的无线通信服务。但是，第三代移动通信系统的通信标准共有 WCDMA、CDMA2000 和 TD-SCDMA（我国于 2000 年推出的 3G 标准）三大分支，成员间存在相互兼容的问题，因此已有的移动通信系统不是真正意义上的个人通信和全球通信。再者，3G 的频谱利用率还比较低，不能充分利用宝贵的频谱资源。这些缺陷无法适应未来移动通信发展的需要，因此寻求一种既能解决现有问题，又能适应未来移动通信需求的新技术（即下一代移动通信技术）是必要的。

### 4．第四代移动通信系统（4G）

4G 是真正意义的高速移动通信系统，能够以 100Mbit/s 的速率下载，上传的速率也能达到 20Mbit/s，可满足几乎所有用户对于无线服务的要求。4G 支持交互多媒体业务、高质量影像、3D 动画和宽带互联网接入，是宽带大容量的高速蜂窝系统。2005 年初，日本 NTTDCM 公司（是目前世界上较大的移动通信公司）演示的 4G 移动通信系统在 20km/h 下实现 1Gbit/s 的实时传输速率，该系统采用 4X4 天线 MIMO 技术和 VSF-OFDM 接入技术。

在用户最为关注的价格方面，4G 与固定宽带网络的价格不相上下，而且计费方式更加灵活机动，用户完全可以根据自身的需求确定所需的服务。此外，4G 可以部署在DSL和有线电视调制解调器没有覆盖的地方，然后再扩展到整个地区。很明显，4G 有着不可比拟的优越性。

4G移动系统网络结构可分为 3 层，即物理网络层、中间环境层、应用网络层。物理网络层提供接入和路由选择功能，它们由无线和核心网的结合格式完成。中间环境层的功能有 QoS 映射、地址变换和完全性管理等。物理网络层与中间环境层及其应用环境之间的接口是开放的，它使发展和提供新的应用及服务变得更为容易，提供无缝高数据率的无线服务，并运行于多个频带。这一服务能自适应多个无线标准及多模终端能力，跨越多个运营者和服务，提供大范围服务。

第四代移动通信系统的关键技术包括信道传输，抗干扰性强的高速接入技术、调制和信息传输技术，高性能、小型化和低成本的自适应阵列智能天线，大容量、低成本的无线接口和光接口，系统管理资源，软件无线电、网络结构协议等。第四代移动通信系统主要是以正交频分复用（OFDM）为技术核心。OFDM 技术的特点是对网络结构可高度扩展，具有良好的抗噪声性能和抗多信道干扰能力，可以提供更高质量的无线数据技术（速率高、时延小）服务和更好的性能价格比，能为 4G 无线网提供更好的方案。例如无线区域环路（WLL）、数字音频广播（DAB）等，预计都采用 OFDM 技术。4G 移动通信对加速增长的广带无线连接的要求提供技术上的回应，对跨越公众的和专用的、室内和室外的多种无线系统和网络保证提供无缝的服务。通过对最适合的可用网络提供用户所需求的最佳服务，能应付基于因特网通信所期望的增长，增添新的频段，使频谱资源大扩展，提供不同类型的通信接口，运用路由技术为主的网络架构，以傅里叶变换来发展硬件架构实现第四代网络架构。移动通信会向数据化、高速化、宽带化和频段更高化方向发展，移动数据、移动 IP 预计会成为未来移动网的主流业务。

### 5．第五代移动通信系统（5G）

5G

5G 是最新一代蜂窝移动通信技术，也是 4G 系统之后的延伸。5G 的性能目标是高数据速率、减少延迟、节省能源、降低成本、提高系统容量和大规模设备连接。

（1）5G 发展历程

2013 年 5 月 13 日，韩国三星电子有限公司宣布，已成功开发第 5 代移动通信（5G）的核心技术。该技术可在 28GHz 超高频段以 1Gbit/s 以上的速度传送数据，且最长传送距离可达 2km。与 4G 技术的传送速度相比，5G 技术预计可提供比 4G 长期演进（LTE）快 100 倍的速度。利用这一技术，下载一部高画质（HD）电影只需 10s。

2016 年，由我国华为公司主导力推的 Polar 成为 5G 控制信道增强移动宽带（eMBB）场景编码的最终方案，并成功进入 5G 基础通信框架协议。Polar 码作为信道编解码领域的基础创新，它的引入使 5G 网络的用户体验有明显的提升，进一步提升 5G 标准的竞争力。

2019 年 9 月 6 日，华为在德国柏林消费电子展（IFA）上推出全球首款旗舰产品麒麟 990 5G，也是全球首款基于 7nm 和极紫外光刻（Extreme Ultraviolet Lithography，EUV）工艺的 5G 系统级芯片（System on Chip，SoC）。麒麟 990 5G 可实现 2.3Gbit/s 的下载峰值速率，1.25Gbit/s 的上行峰值速率。

2019 年 10 月，工业和信息化部颁发了国内首个 5G 无线电通信设备进网许可证，标志着 5G 基站设备正式接入公用电信商用网络。据统计，2019 年我国建成了 13 万个 5G 基站，预计到 2020 年底，5G 基站将超过 60 万个，覆盖全国所有地级以上城市。

随着 5G 的商用，在金融方面，人们能体验到 5G+无人银行；交通方面，5G 自动驾驶方兴未艾；在民生领域，远程医疗等 5G+医疗和 5G+环保等应用也已经闪亮登场。2019 年 10 月 19 日，北京移动助力 301 医院远程指导金华市中心医院完成颅骨缺损修补手术；在北京水源地密云水库，北京移动通过 5G 无人船实现了水质监测、污染通量自动计算、现场数据采集以及海量检测结果的分析和实时回传等。

（2）5G 的特点

1）高速度。由于 5G 基站大幅提高了带宽，因此 5G 能够实现更快的传输速率。同时 5G 使用的频率远高于以往的通信技术，能够在相同时间内传送更多的信息。

2）低延时。相对于 4G，5G 技术可以将通信延时降低到 1ms 左右，因此许多需要低延迟的行业将会从 5G 技术中获益，如自动驾驶等相关行业，采用 5G 网络后能提高自动驾驶的反应速度。

3）泛在网。5G 能够达到泛在网的概念，实现无死角的覆盖网络，在任何时间、任何地点都能畅通无阻地通信。有效改善 4G 网络下的盲点，实现全面覆盖。

4）低功耗。5G 网络采用高通的 eMTC 和华为的 NB-IoT 技术，实现了低功耗的需求，能够降低物联网设备的功耗，使得物联网设备能够长时间不换电池，有利于大规模部署物联网设备。

5）万物互联。与 4G 相比，5G 系统大幅提高了支持百亿甚至千亿数据级的海量传感器接入，能够很好地满足数据传输及业务连接需求。将人、流程、数据和事物结合一起，使连接更紧密。

相关技术

## 2.1.5 移动通信网结构与功能

移动通信网的基本结构：移动台（Mobile Station，MS）、基站子系统（Base Station Subsystem，BSS）和构成网络节点的移动交换中心（Mobile service Switching Center，MSC）等。

移动台一般由用户设备构成，用户使用这些设备可以接入蜂窝移动通信网得到所需服务。每个移动台都包括一个移动终端（Mobile Termination，MT）。根据通信业务的需要，移动台还可以包括各种终端设备（Terminal Equipment，TE）或是它们的组合以及终端适配器（Terminal Adapter，TA）等。移动台分为车载台、便携台和手持台等类型。

基站子系统由基站收发信台（BTS）和基站控制器（BSC）两部分组成。一方面它通过无线接口直接与移动台相接，负责无线收发和无线资源管理。另一方面，基站子系统与网络子系统（NSS）中的移动业务交换中心（MSC）相连，实现用户之间的通信连接，传送系统信号和用户信息等。

移动交换中心对位于其服务区内的移动台进行交换和控制，同时提供移动网与固定公众电信网的接口。作为交换设备，移动交换中心具有完成呼叫接续与控制的能力以及无线管理和移动性管理的能力。

移动用户和基站之间是通过公共空中接口协议建立的无线链路来连接的。基站系统同移动交换中心以及移动交换中心到公用电话网（Public Switched Telephone Network，PSTN）或其他网络的连接需要相应的网络策略和标准来支持。

图 2-1 所示是与 PSTN 相连的蜂窝移动通信系统框图。系统包括大量移动台（MS）、许多基站（Base Station，BS）、若干移动交换中心（MSC）及若干与 MSC 相连的数据库。MSC 通过与公用电话网 PSTN 的程控交换机（Exchanger，EX）相连，接入公用电话网。系统的基本功能是，移动台能与有线电话（Telephone，TEL）或其他移动台通话（或传输数据等信息）。移动通信示意图如图 2-2 所示。

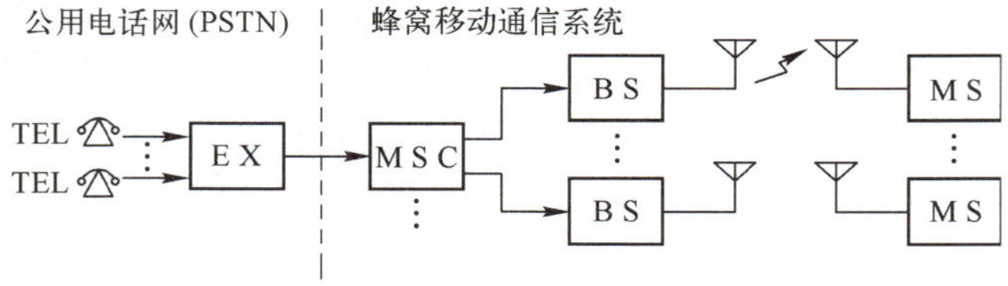


图 2-1　蜂窝移动通信系统框图

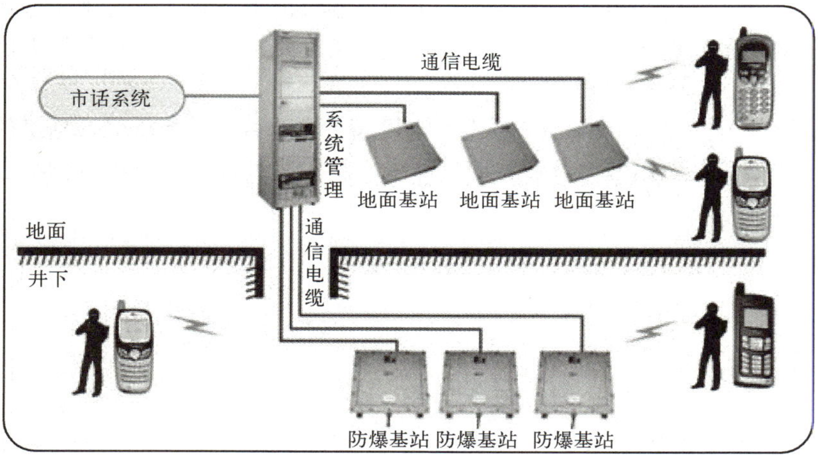


图 2-2　移动通信示意图

常用的移动通信系统主要有 4 类：蜂窝移动通信系统、集群移动通信系统、无绳电话系统和无线寻呼系统。它们的功能及应用场合各不相同，但其基本原理及技术是相同的。

### 2.1.6　移动通信网技术

#### 1. 调制技术

调制的目的是把要传送的模拟信号或数字信号变换成适合信道传输的信号，这种变换后的信号称为已调信号。

移动通信信道的基本特征是：①带宽有限；②干扰和噪声影响大；③存在着多径衰落。为了适应移动信道特征，已调信号应具有较高的频谱利用率和较强的抗干扰、抗衰落的能力。下面简单介绍无线通信/移动通信涉及的调制技术。

（1）幅度调制

首先给出两个概念——载波：信息的载体，意为承载信息的电波，一般为正弦或者余弦形式；基带调制信号：信息经过编码之后、加载到载波之前的形式。

幅度调制是正弦（或余弦）载波的幅度随基带调制信号做线性变化的调制方式。设 $t$ 代表时间，令余弦载波 $s(t)$为

$$s(t) = A\cos\left(\omega_c t + \varphi_0\right) \tag{2-1}$$

式中，$\omega_c$ 为载波角频率，$\varphi_0$ 为载波的初始相位，$A$ 为载波的幅度，均为常数。当基带调制信号为 $m(t)$时，可将幅度调制的已调信号 $S_m(t)$表示为

$$S_m(t) = Am(t)\cos\left(\omega_c t + \varphi_0\right) \tag{2-2}$$

由上式可知，$S_m(t)$的幅度 $Am(t)$随基带调制信号 $m(t)$的变化而变化，且这种变化是线性的。

幅度调制的调幅过程波形图分别如图 2-3～图 2-5 所示。在图 2-3 中，基带信号（即式（2-2）中的 $m(t)$）为一叠加了直流分量的低频正弦波形；图 2-4 所示为高频载波信号，表现为一个频率较高（根据采样定理，载波的频率应为基带信号最高频率的两倍以上）的余弦波形；图 2-5 显示的是按照式（2-2）计算出来的已调信号波形。将图 2-5 中已调信号波形的极值点用曲线拟合方法连接起来，得到图 2-6 中的虚线波形，即已调信号波形的包络线。将图 2-6 中的虚线和实线波形与图 2-3 和图 2-4 所示的波形比较后可看出，虚线的波形恰为基带信号的波形，而实线的波形疏密程度（可理解为频率）恰好与载波的疏密程度一致。这说明，已调信号以载波信号为载体，承载了基带信号的信息（频率、相位、幅度）。

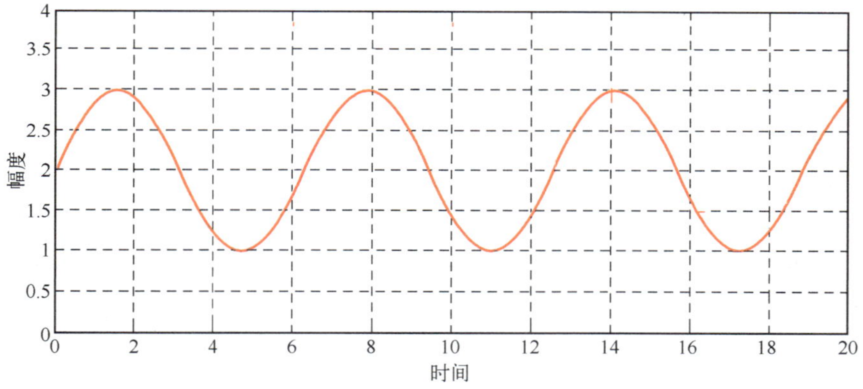


图 2-3　基带信号

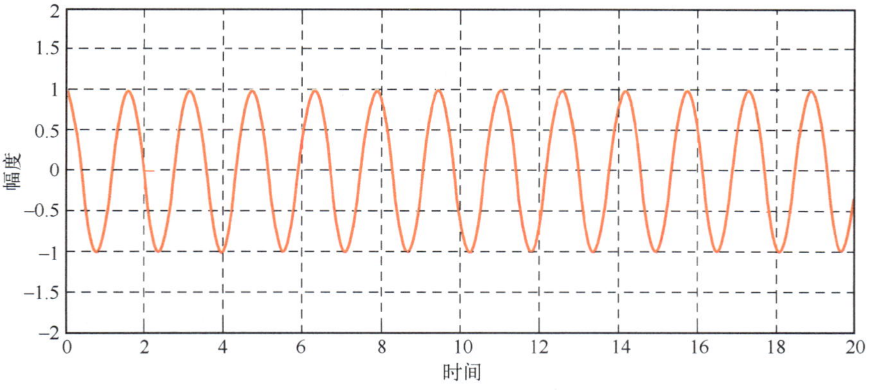


图 2-4　高频载波信号

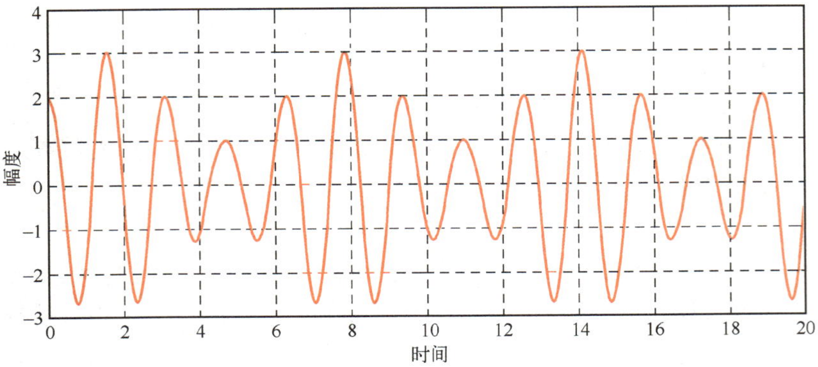

图 2-5　已调信号波形图

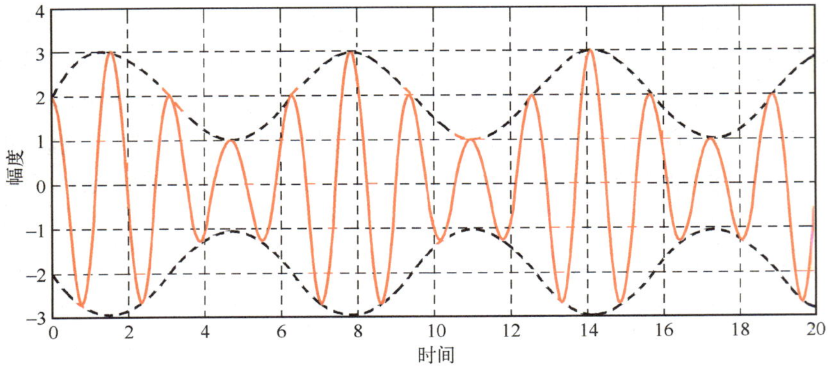

图 2-6　已调信号波形图及其包络线

（2）角度调制

由信息承载的方式可知，不仅幅度 $A$ 可作为信息的载体，式（2-1）中的 $(\omega_c t+\varphi_0)$ 部分也可作为信息的载体，只要它也能够随基带调制信号 $m(t)$的变化而变化——这就是角度调制的原理。将式（2-1）改写为

$$S_m(t)=A\cos[\omega_c t+\varphi(t)] \tag{2-3}$$

式中，$\varphi(t)$ 为瞬时相位偏移，$[\omega_c t+\varphi(t)]$ 称为瞬时相位。

当瞬时相位偏移 $\varphi(t)$ 承载信息时，即 $\varphi(t)$ 随基带调制信号 $m(t)$成比例变化时，有

$$\varphi(t)=K_p m(t) \tag{2-4}$$

式中，$K_p$ 为比例常数，称这种角度调制为相位调制，即可将已调信号表示为

$$S_m(t)=A\cos[\omega_c t+K_p m(t)] \tag{2-5}$$

当瞬时频率偏移 $\mathrm{d}\varphi(t)/\mathrm{d}t$ 随基带调制信号 $m(t)$成比例变化时，有

$$\frac{\mathrm{d}\varphi(t)}{\mathrm{d}t}=K_f m(t) \tag{2-6}$$

即

$$\varphi(t)=\int_{-\infty}^{t}K_f m(\tau)\mathrm{d}\tau \tag{2-7}$$

式中，$K_f$为比例常数，称这种角度调制为频率调制，即可将已调信号表示为

$$S_m(t)=A\cos\left[\omega_c t+\int_{-\infty}^{t}K_f m(\tau)\mathrm{d}\tau\right] \tag{2-8}$$

角度调制中的比例常数 $K_p$ 和 $K_f$ 分别称为调相系数和调频系数。

图 2–7 和图 2–8 分别为调频和调相之后的已调信号波形（图例中，$K_p = K_f = 3$），基带信号与载波信号继续选用了与图 2–3 和图 2–4 一致的波形。从这两张图可以看出，两个已调信号的波形完全一致，仅在时间上略有延迟，这说明调频和调相两种调制技术并没有本质上的区别。

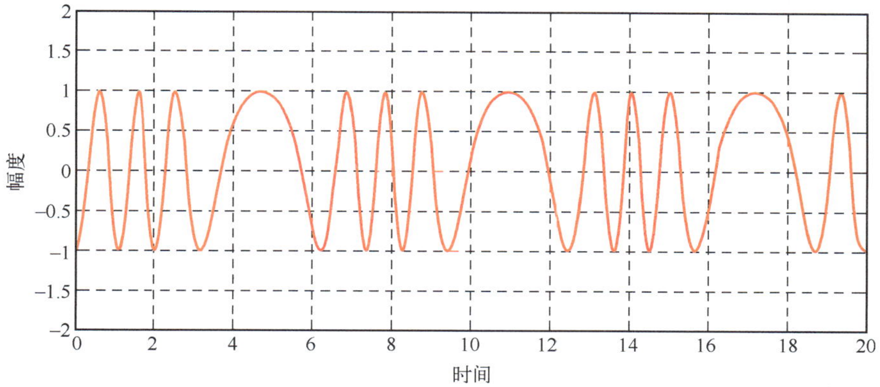


图 2–7 调频之后的已调信号波形图

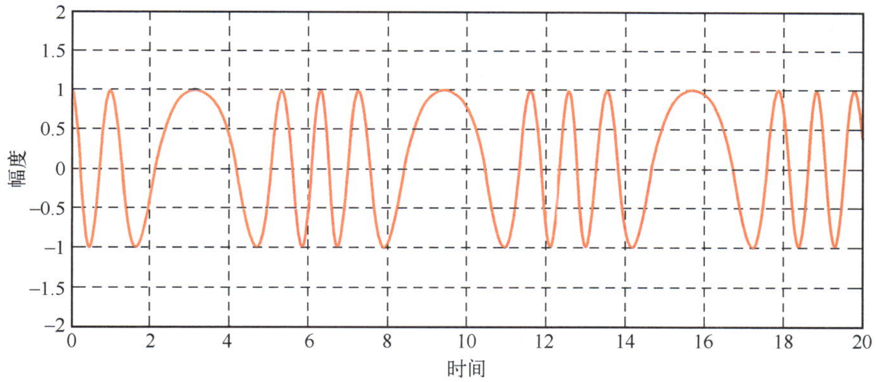


图 2–8 调相之后的已调信号波形图

（3）数字调制

以上介绍的均属于模拟调制技术，而在很多移动通信系统中，采用的大多是数字调制技术，这是由数字调制技术的优势所决定的。与模拟调制技术相比，数字调制具有许多优点，它抗噪声能力强，对信道扰动的鲁棒性高、安全性高，因此被广泛应用于移动通信系统。

下面以二进制调制系统为例，对应模拟调制中的幅度调制技术和角度调制技术，分别给出数字调制中的幅度调制和角度调制。

数字通信的目的是把数字信息（即“0”或“1”）如何准确而迅速地传输给对方。对于移动电话等系统，信息原是语音波形，可用语音编码技术把它变换为“0”与“1”的二值数字信息，发信端发送的信息是“0”与“1”的排列组合。但是“0”与“1”都不能被直接放在导线或电波上，因此，必须把这些数字信息变为相对应的信号波形，即表示“0”的波形与表示“1”的波形。

表示“0”与“1”的最直观且容易理解的波形，如图 2–9a 所示，即“0”是振幅为 0 的直流信号，“1”是振幅为 $A$ 的直流信号，其中，“0”与“1”的持续时间均为 $T$。图 2–9a 所示的这种波形称为不归零码（Not Return to Zero，NRZ）。还有其他各种方法，例如：归零码（Return to Zero，RZ）、曼彻斯特码（Manchester）、信号交替反相编码（Alternate Mark Inversion，AMI）等。在 AMI 码中，“0”依然用振幅为 0 的直流信号表示，但“1”是振幅为±$A$ 交替变化的直流信号，如图 2-9b 所示。

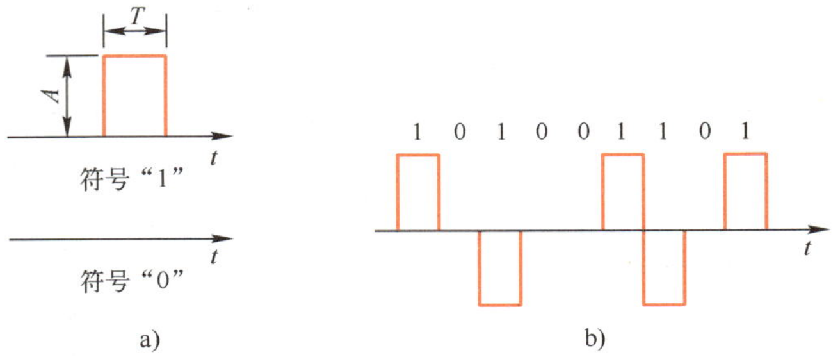


图 2-9　两种基带信号

a) NRZ　b) AMI

在二进制调制系统中，基带信号的取值只能有两个值（即 0 和 1），所以，载波信号的某个参数（幅度、频率或者相位）的状态也只有两种变化，分别对应基带信号的“0”和“1”。这种状态切换过程类似开关的切换，与通-断键控相当，因此在二进制调制系统中，数字调制技术的调幅、调频、调相被称为幅度键控、频移键控和相移键控。

为了叙述简便，以下部分忽略载波信号的初始相位，假定为零。

1）幅度键控（Amplitude Shift Keying，ASK）。令 $m(t)$仍表示基带信号、$s(t)$仍表示载波信号、$S_m(t)$仍表示已调信号，则 ASK 已调信号可表示为

$$S_m(t) = m(t)s(t) = m(t)\cos\omega_c t \tag{2-9}$$

式中，载波信号的角频率为$\omega_c$，且基带信号 $m(t)$不再是正弦或余弦波形，而是改为数字通信系统中常用的矩形脉冲序列，即

$$m(t) = \sum_n a_n g(t - nT_s) \tag{2-10}$$

式中，$n$ 代表脉冲序列的长度；$a_n$ 的取值为 0 或 1，为了叙述简便，假设 $a_n$ 等于 0 或 1 的概率均为 0.5；$g(t)$为一个持续时间为 $T_s$ 的矩形脉冲。假设数字基带信号序列为 1101100111，则该序列对应的基带矩形脉冲序列波形如图 2-10 所示。

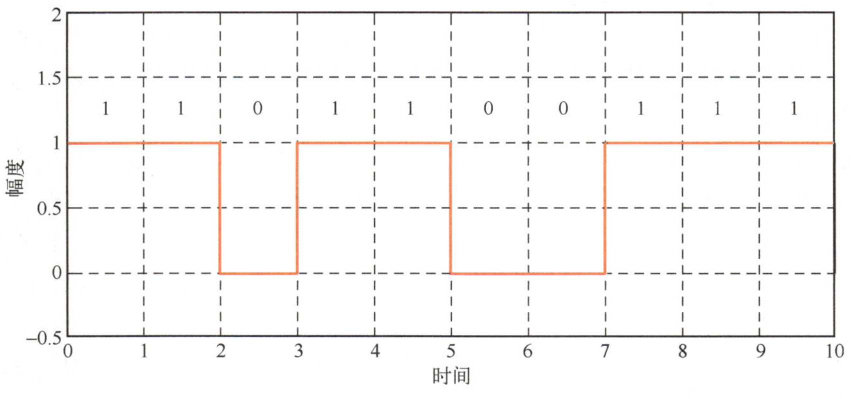


图 2-10　基带矩形脉冲序列波形图

若载波信号波形如图 2-11 所示，则按照式（2-9）计算得到的 ASK 已调信号波形如图 2-12 所示。可以看出，信号“0”代表无信号（在序列值“0”对应的时间间隔处，已调信号幅度为零），信号“1”则表示原波形保持不变。

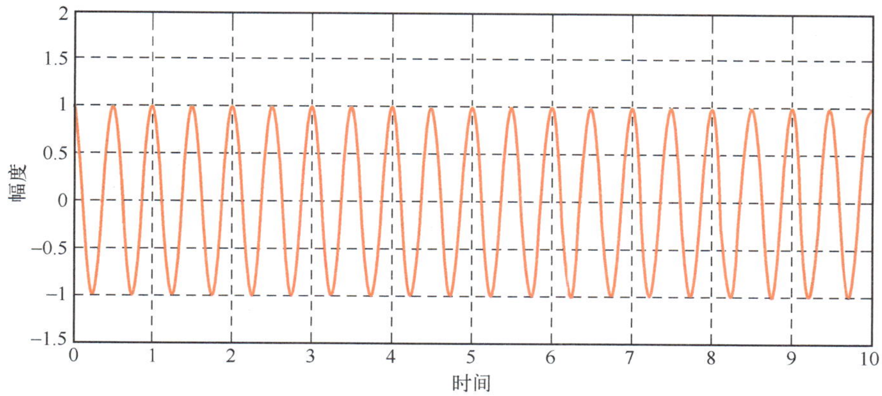


图 2-11　载波信号波形图

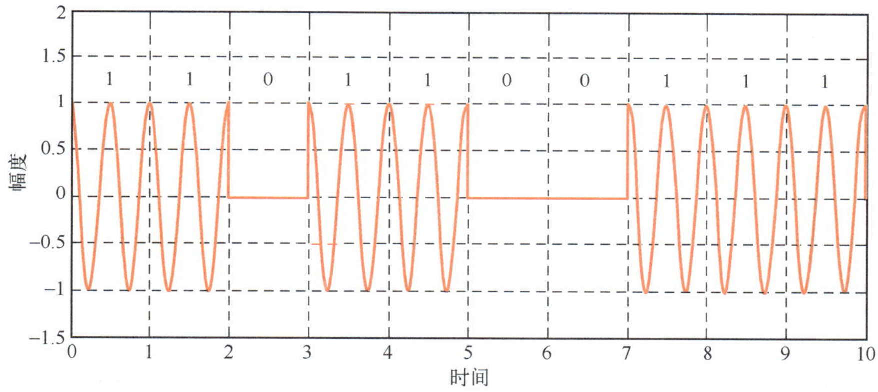


图 2-12　ASK 已调信号波形图

2）频移键控（Frequency Shift Keying，FSK）。与 ASK 类似，FSK 中信号“0”对应一种频率的载波信号，信号“1”对应另一种频率的载波信号，分别在各自的码元时间宽度内呈现各自对应的载波波形。如果信号“1”对应的载波角频率为 $\omega_1$，信号“0”对应的载波角频率为 $\omega_2$，则 FSK 已调信号可由下式表示为

$$S_m(t)=\cos\omega_1 t\sum_n a_n g(t-nT_s)+\cos\omega_2 t\sum_n \bar{a}_n g(t-nT_s) \tag{2-11}$$

式中，$\bar{a}_n$ 为 $a_n$ 的反码，即当 $a_n=0$ 时，$\bar{a}_n=1$；当 $a_n=1$ 时，$\bar{a}_n=0$。

可将载波 $\cos\omega_1 t$ 选取为图 2-11 所示的波形，载波 $\cos\omega_2 t$ 为图 2-13 所示的波形（频率低于图 2-11 所示的波形频率）。基带信号序列依然采用 ASK 中的例子，即 1101100111，根据式（2-11），可得出图 2-14 所示的 FSK 已调信号波形图。从该图可知，信号“1”对应的曲线波峰与波峰（或者波谷与波谷）的时间间隔较短；信号“0”对应的曲线波峰与波峰（或者波谷与波谷）的时间间隔较长。经过与图 2-11 和图 2-13 的对比可知，信号“1”恰好对应载波 $\cos\omega_1 t$，信号“0”恰好对应载波 $\cos\omega_2 t$。

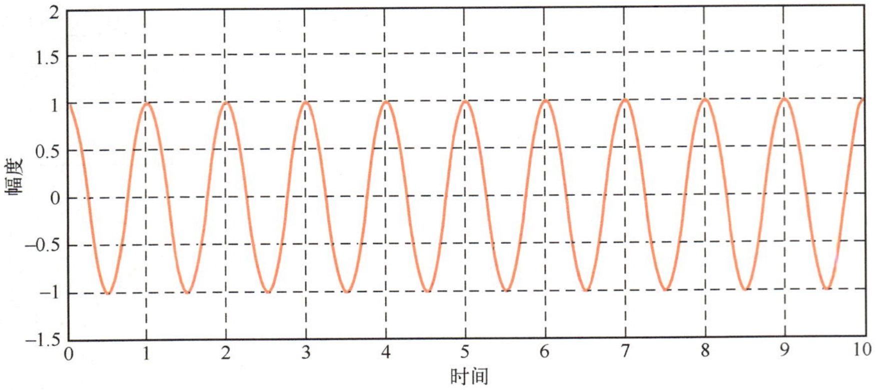


图 2-13　信号“0”对应的载波信号

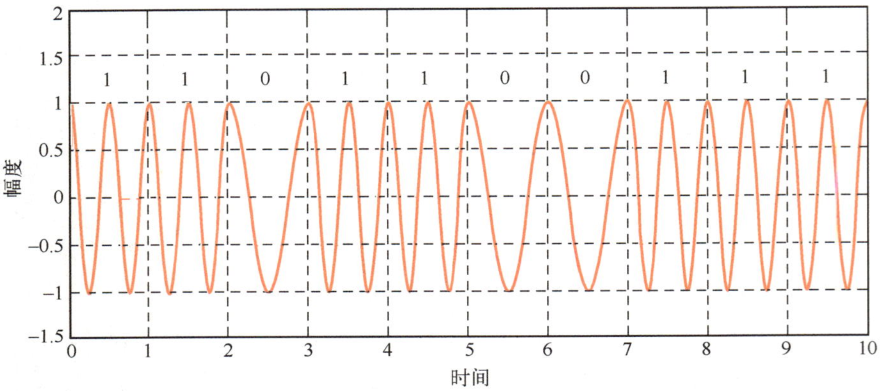


图 2-14　FSK 已调信号波形图

3）相移键控（Phase Shift Keying，PSK）。相移键控是受键控的载波相位根据基带信号矩形脉冲序列的变化而改变的一种数字调制方式。若各参数、符号代表的含义不变（与 ASK 中定义相同），则 PSK 已调信号可由下式表示为

$$S_m(t)=2\cos\omega_c t\left[\sum_n a_n g(t-nT_s)-\frac{1}{2}\right] \tag{2-12}$$

在式（2-12）中，由于$\sum\limits_n a_n g(t-nT_s)$的取值为 0 或 1，所以$2\left[\sum\limits_n a_n g(t-nT_s)-\frac{1}{2}\right]$的取值为 −1 或 +1，则式（2-12）可转化为如下形式，即

当$a_n=1$，即$2\left[\sum\limits_n a_n g(t-nT_s)-\frac{1}{2}\right]=1$时，有

$$S_m(t)=\cos\omega_c t \tag{2-13}$$

当$a_n=0$，即$2\left[\sum\limits_n a_n g(t-nT_s)-\frac{1}{2}\right]=-1$时，有

$$S_m(t)=-\cos\omega_c t=\cos(\omega_c t+\pi) \tag{2-14}$$

比较式（2-13）和式（2-14）可发现，当 $a_n$ 取不同值时，已调信号只相差 $\pi$ 相位，即信息“0”对应 $\pi$ 相位，信息“1”对应“0”相位。图 2-15 所示即针对基带信号序列 1101100111 的 PSK 已调信号波形图。可发现，载波相位依照基带信号的变化在 0 与 $\pi$ 之间不断跳变。

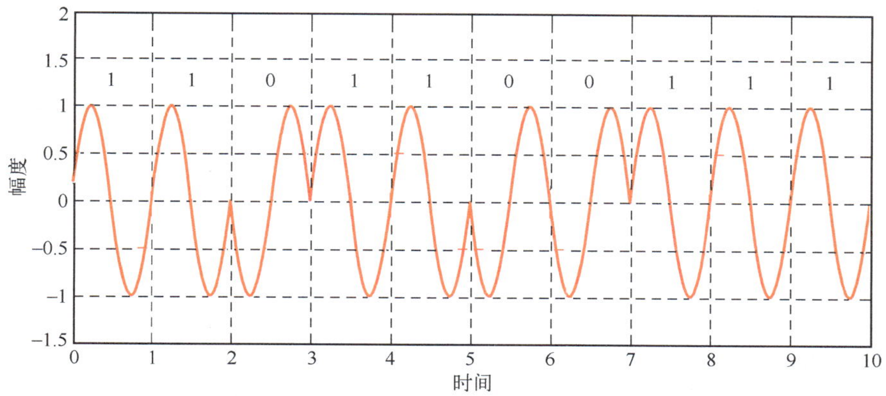


图 2-15　PSK 已调信号波形图

4）其他方式。除了 ASK、FSK、PSK 等数字调制方式，还有许多由这些基本调制方式改进或综合而得的新型数字调制技术，主要有以下几种方式。

① 线性调制技术，包括正交相移键控（Quadrature Phase Shift Keying，QPSK）、差分正交相移键控（Differential Quadrature Phase Shift Keying，DQPSK）、π/4-DQPSK 和多电平 PSK 等。

② 恒定包络调制技术，包括最小频移键控（Minimum Shift Keying，MSK）、高斯滤波最小频移键控（Gaussian Filtered Minimum Shift Keying，GMSK）、高斯频移键控（Gauss Frequency Shift Keying，GFSK）等。

③ 正交振幅调制（Quadrature Amplitude Modulation，QAM），这是一种将两种调制信号（ASK 和 PSK）汇合到一个信道的方法，因此会双倍扩展有效带宽。正交调幅信号用两个频率相同、相位相差 90° 的载波实现两路并行传输数字信息的目的。

载波本身只是单纯的正弦波，因此，信号频率除了角频率 $\omega_c$ 以外，不含有其他频率成分。然而，载波的振幅、频率与相位等要素是随时间变化的，必然会产生 $\omega_c$ 以外的频率成分，下面做简单介绍。

（4）载波信号的频谱分析

假设基带信号是 NRZ 波形，可以将其看成是多个持续时间为 $T$ 的孤立矩形脉冲波组成的。根据傅里叶变换（Fourier Transform）以及傅里叶级数理论，矩形脉冲波是多种频率不同正弦波的合成。当用正弦波的组合表示矩形脉冲波形时，可以采用傅里叶级数展开或傅里叶积分求得其各部分的系数，用这些系数对波形的频率成分进行分析。

对 NRZ 的单个矩形脉冲波（即图 2-16a 所示矩形波）的频谱分析可获得具有图 2-16b 所示频率成分的波形（即 NRZ 波形的频谱呈现为函数 $f(x)=\sin(x)/x$ 的曲线形状），其中，横轴为频率，纵轴为频谱密度。这样的曲线称为频谱曲线，可由频谱分析仪得到。若用频谱分析仪观察已调波信号波形的频谱（如图 2-16b 所示），考虑到横轴负半轴的波形与正半轴波形呈轴对称

（对称轴为纵轴），则有：中间部分称为主瓣，宽度为 $2/T$，旁边是若干宽度为 $1/T$ 的旁瓣，旁瓣的幅度逐渐变小，但不会变为零，始终震荡至无限大的频率。

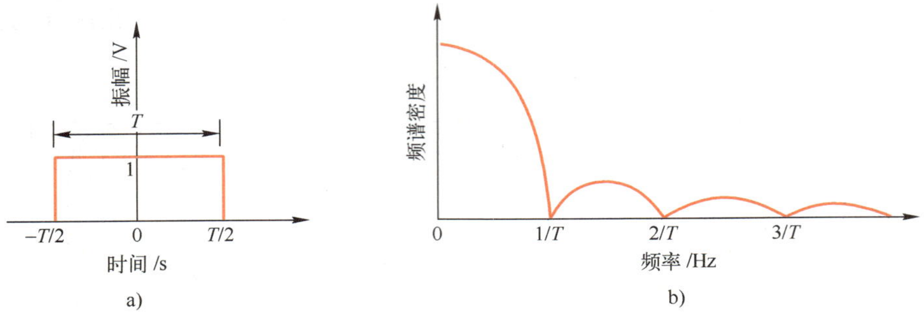


图 2-16　单个矩形脉冲波及其频谱

a) 单个矩形脉冲波　b) 频谱

基带信号被调制之后，在无限大的频率范围内都将有已调信号的频谱成分。但是，已调信号的频谱密度将沿着横轴正负无穷大的两个方向逐渐衰减。通常，距离载波中心频率较远处的已调信号频谱密度的幅值可以忽略不计。实际上，为避免旁瓣频谱对有用信号频谱的干扰，往往采用具有适当带宽的带通滤波器截去多余的旁瓣信号。这时，可由调制方式来决定应采用多大带宽的滤波器。另外，已调信号的频谱也按照基带信号的变化速率（即周期 $T$）来改变主瓣和旁瓣的宽度，因此，有必要定义已调信号的宽度。

（5）调制信号的带宽定义

定义信号频谱带宽有多种方法，最简易的方法就是把频谱的主瓣宽度定义为带宽。然而，由于调制方法不同，有时主瓣与旁瓣界限不明显，很难分开，这时采用的方法就是把中心频率处频谱幅度衰减 3dB 时的宽度定义为带宽，如图 2-17a 所示；另一种方法是，以中心频率处的频谱幅度值为长边画出矩形，使画出的矩形面积与实际频谱包围的面积相等，则该矩形的宽边长度即为带宽，也称为等效噪声带宽，如图 2-17b 所示。

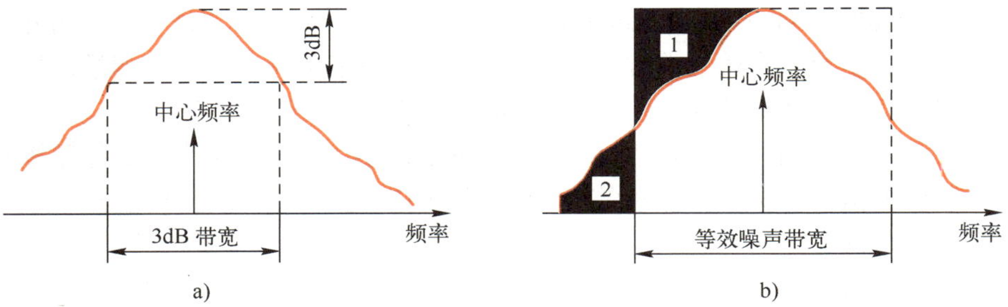


图 2-17　带宽定义方法

a) 3dB 等效带宽　b) 等效噪声带宽

### 2. 移动信道中电波传播特性的研究

移动信道的传播特性对移动通信技术的研究、规划和设计十分重要，历来是人们非常关注的研究课题。

在无线移动通信系统中，信号的电磁能由发射天线辐射到周围环境（大气、水、宇宙空间等）中，传播至接收天线后，信号的电磁能被转化为电能，最终由接收终端处理为有效信息。在移动信道中，发送到接收机的信号会受到传播环境中地形、地物的影响而产生绕射、反射或散射，因而形成多径传播。多径传播将使接收端的合成信号在幅度、相位和到达时间上发生随机变化，严重地降低接收信号的传输质量，这就是所谓的多径衰落。即使传播环境极为简单——仅有直线传播路径存在的情况下，信号也会受到诸如自由空间损耗、大气吸收（主要因素为氧气和水蒸气）、噪声等干扰而产生失真。这些因素将对信号造成各种各样的损伤，若无相应的解决方案，将导致接收端无法解析信号中的信息。

研究移动信道的传播特性，首先要弄清移动信道的传播规律和各种物理现象的机理以及这些现象对信号传输所产生的不良影响，进而研究消除各种不良影响的对策。为了给通信系统的规划和设计提供依据，人们通常通过理论分析或根据实测数据进行统计分析（或二者结合），来总结和建立有普遍性的数学模型，利用这些模型，估算一些传播环境中的传播损耗和其他有关的传播参数。

模型和参数的获得有助于改善信号的损伤程度，这个改善的过程被称为信号的补偿。由于多径衰落是信号在移动信道传播中受到的主要损伤，所以人们对多径衰落的补偿机制进行了深入研究。目前，常用的补偿机制主要有 3 种：前向纠错、自适应均衡、分集接收。

**3. 多址方式**

在移动通信系统中是以信道来区分通信对象的，每个信道只容纳一个用户进行通话，许多同时通话的用户，相互以信道来区分，这就涉及多址接入技术。

地面移动通信网中存在许多基站和移动台，BS 之间（包括 BS 与 MSC 之间等）的通信由专用的中继链路（可以是有线方式，也可以是无线方式）连接，没有多址接入问题。而 MS 之间、MS 与其他电信用户之间的通信要通过 BS 转接才能实现，因此，在一个 BS 和它所辖服务区内众多 MS 之间的通信存在多址接入问题。

“多址接入”可归纳为两个方面：一方面，在上行链路（MS→BS）上，要解决的问题是，BS 应如何识别出不同 MS 发来的信号，各 MS 应如何编排和发射自己的信号，以便 BS 能正确接收；另一方面，在下行链路（BS→MS）上，要解决的问题是，BS 应如何编排和发射发送给众多 MS 的信号以便每个 MS 都能正确接收，MS 应如何从 BS 发给众多移动台的混合信号中识别出发给自己的信号。

回顾移动通信的发展过程以及目前的技术实现条件，移动通信系统使用的多址接入方式主要有 FDMA、TDMA、CDMA 和 SDMA 这 4 种方式。当以传输信号载波频率的不同划分来建立多址接入时，称为频分多址方式（Frequency Division Multiple Access，FDMA）；当以传输信号存在的时间不同划分来建立多址接入时，称为时分多址方式（Time Division Multiple Access，TDMA）；当以传输信号的码型不同划分来建立多址接入时，称为码分多址方式（Code Division Multiple Access，CDMA）；当空间被划分为若干小块区域，每个用户分别占用其中一块区域时，称为空分多址方式（Spatial Division Multiple Access，SDMA）。

此外，正交频分复用多址技术（Orthogonal Frequency Division Multiple Access，OFDMA）由于其优异的性能，已经占据了 21 世纪初的几个重要的无线通信标准，如 WiMAX、LTE/LTE-A。由于正交频分复用技术能够很好地对抗无线传输环境中的频率选择性衰落，可获得很高的频谱利用率，所以非常适用于无线宽带信道下的高速传输。通过给不同的用户分配子载波，OFDMA 提供了天然的多址方式。OFDMA 将传输带宽划分成正交的互不重叠的一系列子载波集，将不同的子载波集分配给不同的用户实现多址。OFDMA 系统可动态地把可用带宽资源分配给需要的用户，很容易实现系统资源的优化利用。

（1）频分多址（FDMA）

FDMA 是移动通信中最早应用的多址方式。FDMA 中频分的方法是为每一个请求服务的用户分配一对专用载频（一对无线频道），在该用户接受服务期间，其他用户不能共享这对载频。图 2-18 是 FDMA 示意图，列举出的 4 个用户分别使用固定的频带，根据频率的差异来区分和识别不同的用户，并且不同用户的数据可在各自频带内同时传输。

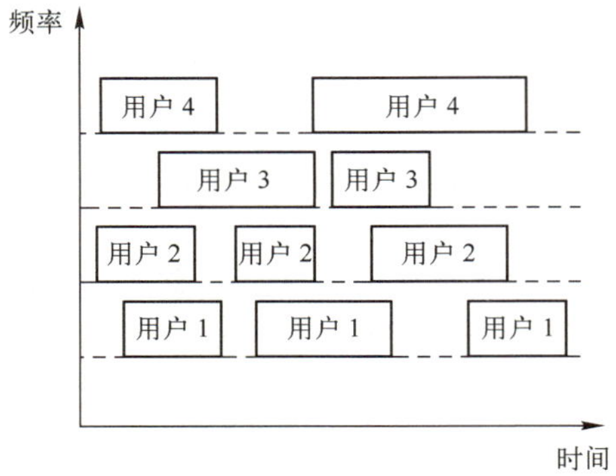


图 2-18　FDMA 示意图

1）FDMA 系统中的干扰问题。

① 互调干扰。互调干扰是指系统内由于非线性器件产生的各种组合频率成分落入本频道接收机通带内造成的对有用信号的干扰。

② 邻道干扰。邻道干扰是指相邻频道信号中存在的寄生辐射落入本频道接收机带内造成的对有用信号的干扰。

③ 同频道干扰。同频道干扰一般是指相同频率电台之间的干扰。在蜂窝系统中，同频道干扰是指相邻区群中同信道信号之间造成的干扰。它与蜂窝结构和频率规划密切相关。为了减少同频道干扰，需要合理地选定蜂窝结构与频率规划。

2）FDMA 系统的特点。

① 同频道干扰。

② 每信道占用一个载频，相邻载频之间的间隔应满足传输信号带宽的要求。

③ 符号时间与平均延迟扩展相比较是很大的。

④ 移动台较简单，与模拟的较接近。

⑤ 基站复杂庞大，重复设置收发信设备。

⑥ 对 FDMA 系统每载波单个信道的设计，使得在接收设备中必须使用带通滤波器允许指定信道里的信号通过，滤除其他频率的信号，从而限制邻近信道间的相互干扰。

⑦ 越区切换较为复杂和困难。

（2）时分多址（TDMA）

时分多址中的“址”是一个时隙。TDMA 是在一个载频上，把时间分成周期性的帧，每一帧又进一步被分成若干个时隙（在 GSM 中每一帧有 8 个时隙），帧和时隙在时间上均不重叠，每个时隙就是一个通信信道，当移动台需要收、发信息的时候，系统分配一个时隙给该移动台。TDMA 示意图如图 2-19 所示。每个移动台只能够在系统指定的时隙内向基站发送信号，在系统实现同步的条件下，基站可以在各时隙中正确收到移动台发来的信号。同样，在系统同步的条件下，各个移动台能够在系统指定的时隙内，从基站发射的各路信号中分离出发给自己的信号。TDMA 系统对于任何一个移动台的信息发射都不是连续的。

图 2-19　TDMA 示意图

TDMA 系统具有如下特点。

1）多用户共享单一载频，每个用户占用彼此不重叠的时隙。抗干扰能力强，频率利用率高，系统容量大。

2）数据不是连续的而是以突发的方式发射，因而耗电较少。

3）与 FDMA 信道相比，传输速率较高，需采用自适应均衡。

4）由于系统发射是不连续的，移动台可以在空闲的时隙里监听其他基站，从而使其越区切换简单，其过程大为简化。

5）TDMA 必须留有一定的保护时间（或相应的保护比特）。

6）TDMA 系统必须有精确的定时和同步，以保证各移动台发送的信号不会在基站发生重叠或混淆，并且能准确地在指定的时隙中接收基站发给它的信号。

7）TDMA 用不同的时隙来发射和接收，因此不需要双工器，基站复杂性减小。

（3）码分多址（CDMA）

码分多址是以不同的地址码字（对应到电路上就是不同的脉冲波形）来区分不同的基站和移动台的，这些地址码字在相位上彼此正交。多址的依据是码字的自相关与互相关，与频率、时间没有联系，CDMA 系统中各基站和移动台可以在相同的频率上，在相同的时刻同时发射和接收信号，也就是说，频率和时间对 CDMA 系统的信号发射没有约束。

CDMA 的关键是，所用扩频码有多少个不同的互相正交的码序列，就有多少个不同的地址码，也就有多少个码分信道。为了扩大系统容量，人们正在致力于这种正交码序列的编码研究。

CDMA 系统具有如下特点。

1）CDMA 系统的许多用户共享同一频率，不管使用的是时分双工（TDD）还是频分双工（FDD）技术。

2）通信容量大。

3）容量的软特性。

4）由于信号被扩展在一较宽频谱上，从而可以减小多径衰落。

5）在 CDMA 系统中，信道数据速率很高。

6）低信号功率谱密度。

（4）空分多址（SDMA）

顾名思义，空分多址是将空间进行划分，以获得更多的用户地址。SDMA 在 3G 标准 TD-SCDMA 中大放异彩，是智能天线技术的集中体现。SDMA 以智能天线技术为基础，智能天线给每个用户分配一个点波束，这样根据用户的空间位置就可以区分每个用户的无线信号，完成多址的划分。在相同的频带和时间间隙内，即使地址码相同，也可根据信号传播路径的差异来区分不同的用户。所以，在频率资源受限的条件下，可高效传递信息；而且在相同的时间间隙内，可传输多路信号，进一步提高传输效率。空分多址系统可使系统容量成倍增加，使得系统在有限的频谱内可以支持更多的用户，从而成倍提高频谱使用效率。举例来说，在一个卫星上使用多个天线，各个天线的波束分别射向地球表面的不同区域。这样，地面上不同区域的地球站即使在同一时间使用相同的频率进行通信，也不会彼此形成干扰。

SDMA 的优势是，提高天线增益，使得功率控制更加合理有效，显著提升系统容量，削弱外界干扰。空分多址还可以与其他多址方式相互兼容，从而实现组合的多址技术，例如空分-码分多址（SD-CDMA）等。

#### 4. 抗干扰措施

抗干扰历来是无线电通信的重点研究课题。在移动信道中，除存在大量的环境噪声和干扰外，还存在大量电台产生的干扰，如邻道干扰、共道干扰和互调干扰等。网络设计者在设计、开发和生产移动通信网络时，必须预计到网络运行环境中会出现的各种干扰（包括网络外部产生的干扰和网络自身产生的干扰）强度，并采取有效措施，保证网络在运行时，干扰电平与有用信号相比不超过预定的门限值，或者保证传输差错率不超过预定的数量级。

1）利用信道编码进行检错和纠错来降低通信传输的差错率，例如前向纠错（Forward Error Correction，FEC）、自动重传请求（Automatic Repeat reQuest，ARQ）等。

2）采用分集技术（如空间分集、频率分集、时间分集和 RAKE 接收技术等）、自适应均衡技术和选用具有抗码间干扰和时延扩展能力的调制技术（如多电平调制、多载波调制等）来克服由多径干扰所引起的多径衰落。

3）采用扩频和跳频技术来提高通信系统的综合抗干扰能力。

4）采用扇区天线、多波束天线和自适应天线阵列来减少蜂窝网络中的共道干扰。

5）采用干扰抵消和多用户信号检测器技术来减少 CDMA 通信系统中的多址干扰。

#### 5. 语音编码技术

系统数字化首先要对语音数字化，提高系统容量和频率利用率都需进行高效语音编码。

（1）波形编码

将波形直接变换成数字码流。特点是，比特率较高、解码后质量较高、延时较小。可以分为时域波形编码，如脉冲编码调制（Pulse Code Modulation，PCM）、自适应差分脉冲编码调制（Adaptive Differential Pulse Code Modulation，ADPCM）、增量调制（Delta Modulation，DM）等；频域波形编码，如子带编码（Sub-Band Coding，SBC）、自适应变换编码等。

（2）参数编码

从信源信号的某个域中提取特征参数，并变换成数字码流。特点是，比特率较低，解码后质量较低，延时较大。如各种声码器。

（3）混合编码

将以上两种方法混合，特点是，以较低的比特率获得较高的质量，延时适中，复杂。如：G723.1、G728、G729、GSM 的语音编码、IS-95 的语音编码等。

### 6. 组网技术

移动通信网的组网技术主要包括以下几方面内容：区域覆盖、网络结构、信令、频率规划、多信道共用方式、交换技术和信道自动选择方式等。移动通信网的组网技术可解决移动通信的体制、服务区域的划分、区群构建、信道结构、接入方式、信令、路由以及多信道共用等一系列问题。

（1）区域覆盖

根据服务区域覆盖方式的不同，可将移动通信网划分为大区制和小区制。

所谓大区制是指在一个大服务区域内（例如一个城市）只有一个或者几个基站负责移动通信的连接和控制。

所谓小区制是指把整个服务区域划分为若干个小区（即 Cell），在每个小区设置一个基站，负责本小区内移动通信的连接和控制。这些基站在 MSC 的统一控制下，实现小区之间移动通信的转接以及移动用户与市话用户的连接。

（2）移动通信的网络结构

在移动通信网络中，最基本的网络连接形式有两种，第一种是从移动终端到固定网络终端的连接形式，即移动终端→基站→交换机→固定网络→固定网络终端；第二种是从移动终端到移动终端的连接形式，即移动终端→基站→交换机→基站→移动终端。

（3）信令

在移动通信网络中，信令是保证网络传输有效性和可靠性的关键控制环节，涉及信道分配、用户登记管理、呼叫与应答、越区切换等方面。这些与通信有关的控制信号就是信令。

信令可分为控制信令、选呼信令和拨号信令 3 种。

1）控制信令。用于控制基站与移动终端之间的连接、断开以及信道的转换。

2）选呼信令。用于控制移动终端以各自身份识别码接入系统。

3）拨号信令。用于移动用户通过基站呼叫其他移动用户或者固定网络用户。

（4）频率规划

一个 9 频点蜂窝网络如图 2-20 所示，各基站均使用 3 副 120° 角定向天线，这样，一个小区就被划分为 3 个 120° 的扇区，每个扇区分别使用一个频点。经过合理的频率规划，可降低信道的同频干扰，提高信道的复用次数，进而使系统容量明显提高。

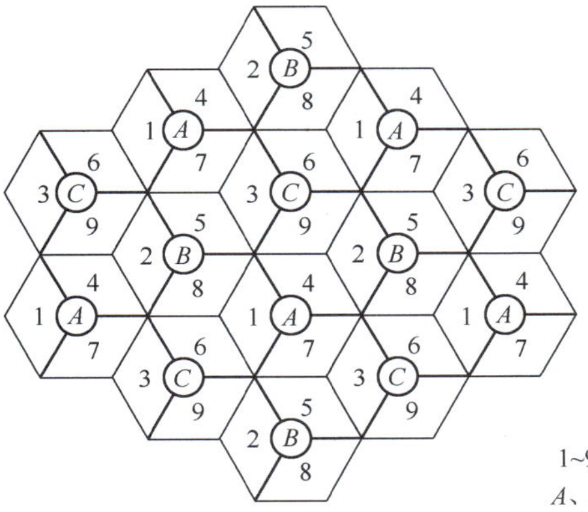

1~9：频点
*A*、*B*、*C*：基站

图 2-20　一个 9 频点蜂窝网络图

## 2.2 子学习情境 2 互联网

子学习情境 2 描述

本情境主要介绍互联网概况、特点、发展历史以及互联网组网技术、组网协议及其应用技术。

相关知识

### 2.2.1 互联网概况

互联网，即广域网、局域网及单机按照一定的通信协议组成的国际计算机网络。互联网是指将两台计算机或者是两台以上的计算机终端、客户端、服务端通过计算机信息技术的手段互相联系起来，使人们可以与远在千里之外的朋友相互发送邮件、共同完成一项工作、共同娱乐。

### 2.2.2 互联网特点

互联网之所以发展如此迅速，被称为 20 世纪末最伟大的发明，是因为互联网从一开始就具有的开放、自由、平等、免费和合作等特性，正是这些特性，使得互联网称为 21 世纪的商业“聚宝盆”。

1）开放。互联网是世界上最开放的计算机网络。任何一台计算机只要支持 TCP/IP 就可以被连接到互联网上，实现信息等资源的共享。

2）自由。互联网是一个无国界的虚拟自由王国，在上面信息的流动自由、用户的言论自由、用户的使用自由。

3）平等。互联网上是“不分等级”的，一台计算机与其他任何一台一样好，没有哪一个人比其他人更好。在互联网内，你是怎样的人仅仅取决于你通过键盘操作而表现出来的你。如果你说的话听起来像一个聪明而有趣的人说的，那么你就是这样一个人。你是老是少，长得如何，或者是否是学生、商界管理人士还是建筑工人，是否是残疾人等都没有关系。个人、企业、政府组织之间也是平等的、无等级的。

4）免费。在互联网内，虽然有一些付款服务（将来无疑还会增加更多），但绝大多数的互联网服务都是免费提供的，而且在互联网上有许多信息和资源也是免费的。

5）合作。互联网是一个没有中心的自主式的开放组织。互联网上的发展强调的是资源共享和双赢的发展模式。

6）交互。互联网作为平等自由的信息沟通平台，信息的流动和交互是双向式的，信息沟通双方可以平等与另一方进行交互，而不管对方是大还是小，是弱还是强。

7）虚拟。互联网一个重要特点是它通过对信息的数字化处理和信息的流动来代替传统实物流动，使得互联网通过虚拟技术具有许多传统现实中具有的功能。

8）个性。互联网作为一个新的沟通虚拟社区，它可以鲜明突出个人的特色，只有有特色的信息和服务，才可能在互联网上不被信息的海洋所淹没，互联网引导的是个性化时代。

9）全球。互联网从一开始商业化运作，就表现出无国界性，信息流动是自由的无限制的。因此，互联网从一诞生就是全球性的产物，当然全球化同时并不排除本地化，如互联网上主流语言是英语，但对于中国人习惯的还是汉语。

10）持续。互联网是一个飞速旋转的涡轮，它的发展是持续的，今天的发展给用户带来价值，推动着用户寻求进一步发展带来更多价值。互联网是 Intel 公司前总裁安德鲁夫所称为的“十倍速力量”。

### 2.2.3 互联网发展

可将互联网的发展分为以下几个阶段。

（1）20 世纪 60 年代

互联网始于1969 年，美军在阿帕网（ARPA，美国国防部研究计划署）制定的协定下将美国西南部的大学加利福尼亚大学洛杉矶分校（UCLA）、斯坦福大学研究学院（Stanford Research Institute）、加利福尼亚大学（UCSB）和犹他州大学（University of Utah）的 4 台主要的计算机连接起来。到1970 年6 月，麻省理工学院（MIT）、哈佛大学（Harvard）、加州圣达莫尼卡系统发展公司（Systems Development Corpin Santa Monica）加入进来。到1972 年1 月，斯坦福大学（Stanford University）、麻省理工学院的林肯实验室（MIT’s Lincoln Lab）、卡内基梅隆大学（Carnegie-Mellon）和 Case-Western ReserveU 加入进来。紧接着的几个月内国家航空和宇宙航行局（NASA/Ames）、Mitre、Burroughs、兰德公司（RAND）和伊利诺利州大学（University of Illinois）也加入进来。1983 年，美国国防部将阿帕网分为军网和民网，渐渐扩大为今天的互联网，之后有越来越多的公司加入。

互联网最初的目的是提供一个通信网络，即使一些地点被核武器摧毁也能正常工作。如果大部分的直接通道不通，路由器就会指引通信信息经由中间路由器在网络中传播。

最初的网络是给计算机专家、工程师和科学家用的。那个时候还没有家庭和办公计算机，并且任何一个用它的人，无论是计算机专家、工程师还是科学家，都不得不学习非常复杂的系统。以太网——大多数局域网的协议出现在 1974 年，它是哈佛大学学生 BobMetcalfe 在“信息包广播网”上的论文的副产品。这篇论文最初因为分析不够而被学校驳回。后来他又加进一些因素，才被接受。

随着 TCP/IP 体系结构的发展，互联网在 20 世纪 70 年代迅速发展起来，这个体系结构最初是由 BobKahn 在 BBN 提出来的，然后由斯坦福大学的 Kahn 和 VintCerf 和整个 20 世纪 70 年代的其他人进一步发展完善。20 世纪 80 年代，美国国防部（Defense Department）采用了这个结构，到 1983 年，整个世界普遍采用了这个体系结构。

（2）20 世纪 70～80 年代

1978 年，UUCP和 UNIX 拷贝协议（UNIX）由贝尔实验室提出。1979 年，在 UUCP 的基础上新闻组网络系统发展起来。新闻组（集中某一主题的讨论组）紧跟着发展起来，它为在全世界范围内交换信息提供了一个新的方法。然而，新闻组并不被认为是互联网的一部分，因为它并不共享TCP/IP，它连接着遍布世界的 UNIX 系统，并且很多互联网站点都充分地利用新闻组。新闻组是网络世界发展中的非常重大的一部分。

同样，一种连接世界教育单位的计算机网络（BITNET）连接到世界教育组织的 IBM 的大型机上，同时，1981 年开始提供邮件服务。Listserv软件和后来的其他软件被开发出来用于服务这个网络。网关被开发出来用于 BITNET 与互联网的连接，同时提供电子邮件传递和邮件讨论列表。这些 Listserv 和其他的邮件讨论列表形成了互联网发展中的又一个重要部分。

第一个检索互联网的成就是在 1989 年发明出来，由 PeterDeutsch 和他的全体成员在 Montreal 的 McFillUniversity 创造，他们为 FTP 站点建立了一个档案，后来命名为 Archie。这个软件能周期性地到达所有开放的文件下载站点，列出其文件并且建立一个可以检索的软件索引。检索 Archie 命令是 UNIX 命令，所以只有利用 UNIX 知识才能充分利用它的性能。

McFill 大学是拥有第一个Archie的大学，发现每天从美国到加拿大的通信中有一半的通信量访问 Archie。学校关心的是管理程序能否支持这么大的通信流量，因此只好关闭外部的访问。幸运的是当时有很多的 Archie 可以利用。

大约在同一时期，BrewsterKahle 发明了广域网信息服务（WAIS），能够检索一个数据库下所有文件和允许文件检索。根据复杂程度和性能情况不同有很多版本，但最简单的可以让网上的任何人可以利用。在它的高峰期，智能计算机公司维护着在全世界范围内能被 WAIS 检索的超过 600 个数据库的线索，包括所有在新闻组里的常见问题文件和所有正在开发中的用于网络标准的论文文档等。与 Archie 一样，由于它的接口并不是很直观，所以要想很好地利用它也得花费很大的工夫。

（3）20 世纪 90 年代

1991 年，第一个连接互联网的友好接口在 Minnesota 大学被开发出来。当时学校只是想开发一个简单的菜单系统，这个系统可以通过局域网访问学校校园网上的文件和信息。紧跟着大型主机信徒和支持客户-服务器体系结构的拥护者们的争论开始了。开始时，大型主机系统的追随者占据了上风，但自从客户-服务器体系结构的倡导者宣称他们可以很快建立起一个原型系统之后，他们不得不承认失败。客户-服务器体系结构的倡导者们很快做了一个先进的示范系统，这个示范系统叫作 Gopher。这个 Gopher 被证明是非常好用的，之后的几年里，全世界范围内出现 10000 多个 Gopher。它不需要 UNIX 和计算机体系结构的知识。在一个 Gopher 里，只需要敲入一个数字选择想要的菜单选项即可。

当内华达州立大学（University of Nevada）的 Reno 创造了通过 Gopher 使用的一种自动检索服务（Very Easy Rodent-Oriented Netwide Indexto Computerized Archives，VERONICA）时，Gopher 的可用性大大加强了。它被称为遍布世界的 Gopher 像网一样搜集网络连接和索引。它如此受欢迎，以致很难连接上它们，但尽管如此，为了减轻负荷，大量的 VERONICA 被开发出来。类似的单用户的索引软件也被开发出来，称作 JUGHEAD（Jonays Universal Gopher Hierachy Excavation And Display）。

1989 年，在普及互联网应用的历史上又一个重大的事件发生了。TimBerners 和其他在欧洲粒子物理实验室的人——这些人在欧洲粒子物理研究所非常出名，提出了一个分类互联网信息的协议。这个协议在 1991 年后称为 World Wide Web，基于超文本协议——在文字中嵌入另一段文字链接的系统，当你阅读这些页面的时候，你可以随时用他们选择一段文字链接。尽管它出现在Gopher之前，但发展十分缓慢。

由于最开始互联网是由政府部门投资建设的，所以它最初只是限于研究部门、学校和政府部门使用。除了以直接服务于研究部门和学校的商业应用之外，其他的商业行为是不允许的。20 世纪 90 年代初，当独立的商业网络开始发展起来时，这种局面才被打破。这使得从一个商业站点发送信息到另一个商业站点而不经过政府资助的网络中枢成为可能。

Dephi 是最早的为他们的客户提供在线网络服务的国际商业公司。1992 年 7 月开始电子邮件服务，1992 年 11 月开展了全方位的网络服务。在 1995 年 5 月，当国际科学基金会（NFS）失去了互联网中枢的地位，所有关于商业站点的局限性的谣传都不复存在了，并且所有的信息传播都依赖商业网络。美国在线（AOL）、Prodigy 和美国在线服务机构（Compu Serve）也开始了网上服务。在这段时间里，由于商业应用的广泛传播和教育机构自力更生，NFS 投资成本的损失无法估量。今天，NSF 已经放弃了资助网络中枢和高等教育组织，一方面开始建立 K-12 和当地公共图书馆建设，另一方面研究提高网络大量高速的连接。

微软全面进入浏览器、服务器和互联网服务提供商（ISP）市场的转变已经完成，实现了基于互联网的商业公司。1998 年 6 月，微软的浏览器和 Windows 98 很好的集成桌面计算机显示出 BillGates 在迅速成长的互联网上投资的决心。

在互联网迅速发展壮大的时期，商业走进互联网的舞台对于寻找经济规律是不规则的。免费服务已经把用户的直接费用取消了。Dephi 公司目前提供免费的主页、论坛和信息板。在线销售也迅速成长，例如书籍、音乐、家用电器和计算机等，并且与价格比较来说，他们的利润是非常少的，然而公众对于在线销售的安全性仍然不放心。

（4）21 世纪

进入到 21 世纪，全球物联网逐渐从孤立化应用阶段进入跨界融合的新阶段，物联网应用渗透到众多领域。IDC 全球半年度物联网支出指南指出，到 2023 年，全球物联网支出可能达到 1.1 万亿美元。在物联网设备连接方面，NB-IoT（窄带物联网）解决了移动物联网普及的障碍，将促进物联网连接数量迅猛增长。

随着“工业 4.0”等战略的提出，企业的竞争力正在被重新定义。工业产品在物联网采用率方面领跑所有行业，采用率达到 45%，而基于物联网的工厂生产效率及整体盈利能力均有提升。

车联网是物联网的一个重要分支。随着主要车企及科技公司不断推出新的自动驾驶技术，世界各国都在积极制定自动驾驶普及路线图，放宽无人驾驶汽车相关法律法规，主要集中在道路测试和规划、驾驶分级、汽车制造等方面。

物联网云平台是物联网网络架构和产业链条中的关键枢纽。IBM、Amazon 等巨头们的物联网平台提供了多层的解决方案，简化了物联网基础设施和企业数据的设计、创建、集成和管理，帮助公司和政府大规模地构建、连接和管理支持物联网的技术。IDC 预测，到 2020 年底，企业新建的物联网应用将近 50%将利用物联网平台，提供基于综合分析功能的以结果为导向的功能。

物联网产业发展涵盖工业物联网、无人驾驶汽车、5G、物联网平台、信息安全五大领域。随着 5G 的商用，新一代移动通信技术将开启全球物联网万物互联的新时代，各行业对物联网的应用将不断加深，智慧城市已成为物联网新一轮增长点，低功耗广域物联网技术、人工智能、区块链将与物联网深度融合，创造出更绚烂的蓝图。

相关技术

## 2.2.4　互联网组网技术

互联网组网技术就是网络组建技术，它分为以太网组网技术和 ATM 局域网组网技术。以太网组网非常灵活和简便，可使用多种物理介质，以不同拓扑结构组网，是目前国内外应用最为广泛的一种网络，已成为网络技术的主流。以太网按其传输速率又被分成 10Mbit/s、100 Mbit/s、1000 Mbit/s。细缆以太网10 BASE-2 采用的是IEEE 802.3 标准，它是一种典型的采用细缆为传输介质、通过 T 型接头与网卡上的 BNC 接口相连的总线型网络。

## 2.2.5　互联网网络协议

互联网网络协议是网络上所有设备（网络服务器、计算机及交换机、路由器和防火墙等）之间通信规则的集合，它规定了通信时信息必须采用的格式和这些格式的意义。大多数网络都采用分层的体系结构，每一层都建立在它的下层之上，向它的上一层提供一定的服务，而把如何实现这一服务的细节对上一层加以屏蔽。一台设备上的第 $n$ 层与另一台设备上的第 $n$ 层进行通信的规则就是第 $n$ 层协议。在网络的各层中存在着许多协议，接收方和发送方同层的协议必须一致，否则一方将无法识别另一方发出的信息。网络协议使网络上各种设备能够相互交换信息。常见的协议有 TCP/IP、IPX/SPX 协议、NetBEUI 协议等。

TCP/IP（Transmission Control Protocol/ Internet Protocol）称为传输控制/网际协议，又称为网络通信协议，这个协议是 Internet 国际互联网络的基础。

TCP/IP 是网络中使用的基本的通信协议。虽然从名字上看 TCP/IP 包括两个协议，传输控制协议（TCP）和网际协议（IP），但 TCP/IP 实际上是一组协议，它包括上百个各种功能的协议，如远程登录、文件传输和电子邮件等，而 TCP 和 IP 是保证数据完整传输的两个基本的重要协议。TCP/IP 是用于计算机通信的一组协议，通常说 TCP/IP 是 Internet 协议族，而不单单是 TCP 和 IP。

TCP/IP 是 20 世纪 70 年代中期美国国防部为其 ARPANET 广域网开发的网络体系结构和协议标准，以它为基础组建的 Internet 是目前国际上规模最大的计算机网络，正因为 Internet 的广泛使用，使得 TCP/IP 成了事实上的标准。TCP/IP 包括的协议名称及英文对应如表 2-2 所示。

从协议分层模型方面来讲，TCP/IP 由 4 个层次组成，即网络接口层、网络层、传输层和应用层。TCP/IP 协议族的 4 个层次如图 2-21 所示。

表 2-2　TCP/IP 包括的协议名称及英文对应表

| 英文缩写 | 对应英文 | 协议名称 |
|---|---|---|
| TCP | Transmission Control Protocol | 传输控制协议 |
| IP | Internet Protocol | 网际协议 |
| UDP | User Datagram Protocol | 用户数据报协议 |

（续）

| 英文缩写 | 对应英文 | 协议名称 |
|---|---|---|
| ICMP | Internet Control Message Protocol | 互联网控制信息协议 |
| SMTP | Simple Mail Transfer Protocol | 简单邮件传输协议 |
| SNMP | Simple Network Manage Protocol | 简单网络管理协议 |
| FTP | File Transfer Protocol | 文件传输协议 |
| ARP | Address Resolution Protocol | 地址解析协议 |

| | |
|---|---|
| 应用层 | Telnet、FTP 和 E-mail 等 |
| 传输层 | TCP 和 UDP |
| 网络层 | IP、ICMP 和 IGMP |
| 网络接口层 | 设备驱动程序及接口卡 |

图 2-21　TCP/IP 协议族的 4 个层次

1）网络接口层是 TCP/IP 软件的最底层，负责接收 IP 数据报并通过网络发送，或者从网络上接收物理帧，抽出 IP 数据报，交给 IP 层。

2）网络层负责相邻计算机之间的通信，其功能包括以下 3 个方面。

① 处理来自传输层的分组发送请求。收到请求后，将分组装入 IP 数据报，填充报头，选择去往信宿机的路径，然后将数据报发往适当的网络接口。

② 处理输入数据报。首先检查其合法性，然后进行寻径——假如该数据报已到达信宿，则去掉报头，将剩下部分交给适当的传输协议；假如该数据报尚未到达信宿，则转发该数据报。

③ 处理路径、流控、拥塞等问题。

3）传输层提供应用程序间的通信，其功能包括格式化信息流和提供可靠传输。为实现后者，传输层协议规定接收端必须发回确认，并且假如分组丢失，必须重新发送。

4）应用层向用户提供一组常用的应用程序，比如电子邮件、文件传输访问、远程登录等。远程登录 Telnet 使用 Telnet 协议提供在网络其他主机上注册的接口。Telnet 会话提供了基于字符的虚拟终端。文件传输访问 FTP，使用 FTP 来提供网络内机器间的文件拷贝功能。

下面来看相对于 7 层协议参考模型，TCP/IP 是如何实现网络模型的。表 2-3 所示为 OSI 参考模型与 TCP/IP 协议族的对应关系。在表中，数据链路层包括了硬件接口和协议 ARP、RARP，这两个协议主要是用来建立送到物理层上的信息和接收从物理层上传来的信息。

表 2-3　OSI 参考模型与 TCP/IP 协议族的对应关系表

| OSI 模型 | 功　能 | TCP/IP 协议族 |
|---|---|---|
| 应用层 | 文件传输、电子邮件、文件服务、虚拟终端 | TFTP、HTTP、SNMP、FTP、SMTP、DNS、Telnet、Gopher |
| 表示层 | 数据格式化、代码转换、数据加密 | 没有协议 |
| 会话层 | 解除或建立与别的接点的联系 | 没有协议 |
| 传输层 | 提供端对端的接口 | TCP、UDP |

（续）

| OSI 模型 | 功　　能 | TCP/IP 协议族 |
|---|---|---|
| 网络层 | 为数据包选择路由 | IP、ICMP、RIP、OSPF、BGP、IGMP |
| 数据链路层 | 传输有地址的帧以及错误检测功能 | SLIP、CSLIP、PPP、ARP、RARP、MTU |
| 物理层 | 以二进制数据形式在物理媒体上传输数据 | ISO2110、IEEE802、IEEE802.2 |

网络层中的协议主要有 IP、ICMP、IGMP 等，由于它包含了 IP 模块，所以它是所有基于 TCP/IP 网络的核心。在网络层中，IP 模块完成大部分功能。ICMP 和 IGMP 以及其他支持 IP 的协议帮助 IP 完成特定的任务，如传输差错控制信息以及主机/路由器之间的控制电文等。网络层掌管着网络中主机间的信息传输。

传输层上的主要协议是 TCP 和 UDP。正如网络层控制着主机之间的数据传递，传输层控制着那些将要进入网络层的数据。两个协议就是它管理这些数据的两种方式：TCP 是一个基于连接的协议；UDP 则是面向无连接服务的管理方式的协议。

应用层位于协议栈的顶端，它的主要任务就是应用。上面的协议当然也是为了这些应用而设计的，具体说来一些常用的协议功能如下。

Telnet：提供远程登录（终端仿真）服务。

FTP：提供应用级的文件传输服务（说得简单明了点就是远程文件访问等服务）。

SMTP：电子邮件协议。

TFTP：提供小而简单的文件传输服务，实际上从某个角度上来说，这是对 FTP 的一种替换。

SNTP：简单网络管理协议。

DNS：域名解析服务，也就是如何将域名映射成 IP 地址的协议。

HTTP：超文本传输协议。

### 2.2.6　互联网应用技术

互联网应用技术发展基本可以分成 3 个阶段。第一阶段的特点是，互联网只提供基本的网络服务功能；第二阶段的特点是，Web 技术促进互联网在电子政务、电子商务、远程医疗与远程教育等方面得到快速发展；第三阶段的特点是，基于 P2P 网络应用将互联网应用又推向一个新的更高的阶段。

## 2.3　子学习情境 3　专用网络

子学习情境 3 描述

本情境主要介绍专用网络概况、特点及其组网技术。

相关知识

### 2.3.1　专用网络概况

专用网络作为公用网络的补充，是指两个企业间的专线连接，这种连接是两个企业的内部网之间的物理连接，以满足企业内部及企业间进行组织管理、安全生产、指挥调度等需求。专线是两点之间永久的专用电话线连接。与一般的拨号连接不同，专线是一直连通的。这种连接的最大优点就是安全。除了这两个合法连入专用网络的企业，其他任何人和企业都不能进入该网络。所以，专用网络保证了信息流的安全性和完整性。

虚拟专用网络（Virtual Private Network，VPN）技术是一种在公用互联网络上构造企业专用网络的技术。通过 VPN 技术，可以实现企业不同网络的组件与资源之间的相互连接，它能够利用 Internet 或其他公共互联网络的基础设施为用户创建隧道，并提供与专用网络一样的安全和功能保障的。虚拟专用网络允许远程通信方、销售人员或企业分支机构使用 Internet 等公共互联网络的路由基础设计，以安全的方式与位于企业内部网内的服务器建立连接。

“虚拟”的概念是相对传统私人专用网络的构建方式而言的，对于广域网连接，传统的组网方式是通过远程拨号和专线连接来实现的，而 VPN 是利用网络服务提供商所提供的公共网络来实现远程的广域网连接的。虚拟专用网络的结构如图 2-22 所示。图中 POP 指入网点，即 Point of Presence。企业可以以更低的成本连接它们的远地办事机构、出差工作人员以及业务合作伙伴。

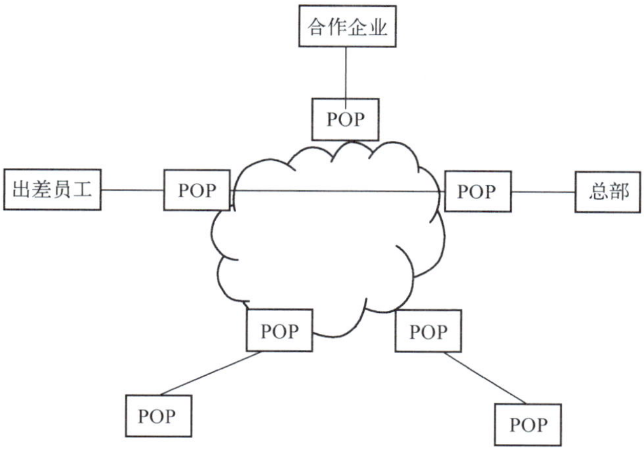


图 2-22　虚拟专用网络的结构图

## 2.3.2　专用网络特点

专用网络具有如下 4 个特点。

1）使用 VPN 可降低成本。通过公用网来建立 VPN，就可以节省大量的通信费用，而不必投入大量的人力和物力去安装和维护广域网（Wide Area Network，WAN）设备和远程访问设备。

2）传输数据安全可靠。虚拟专用网产品均采用加密及身份验证等安全技术，保证连接用户的可靠性及传输数据的安全和保密性。

3）连接方便灵活。用户如果想与合作伙伴联网，没有虚拟专用网，双方的信息技术部门就必须协商如何在双方之间建立租用线路或帧中继线路，然而，在有了虚拟专用网之后，只需双方配置安全连接信息即可。

4）完全控制。虚拟专用网使用户可以利用互联网服务提供商（Internet Service Provider，ISP）的设施和服务，同时又完全掌握着自己网络的控制权。用户只利用 ISP 提供的网络资源，对于其他的安全设置、网络管理变化可由自己管理。在企业内部也可以自己建立虚拟专用网。

### 2.3.3 专用网络发展

专用网络技术发展经历了近 40 年。美国于 20 世纪 60 年代建立了世界上第一个专用网络。随着通信网络技术的发展，用于构建专用网络的通信技术越来越多，如帧中继、异步传输模式（Asynchronous Transfer Mode，ATM）等，而 VPN 成为目前专用网络构建中应用最为广泛的技术，众多研究机构和国际标准化组织都致力于 VPN 标准的制定和推广，对于 VPN 的研究正处于高速发展的阶段。

VPN 是互联网技术和通信需求迅猛发展的产物——互联网应用领域的飞速扩展，企事业单位对安全数据通信的需求的迫切性，均从客观上促进了虚拟专用网络的发展。越来越多的政府部门、军队、公司开始考虑利用廉价且成熟的公用网络基础设施来构建虚拟专用网络，以保障数据的安全传输。

VPN 适用于那些位置众多、用户分布范围较广，特别是远程办公室站点多的企业和彼此之间的距离远、遍布全球各地的用户；还有那些要求对所传输的信息进行保密并保证信息准确性的用户。Internet 的迅猛发展为 VPN 提供了良好的网络基础，全球化的企业为 VPN 提供了广阔的市场，这都使 VPN 的发展与普及成为必然，VPN 将具有巨大的发展前景。

随着虚拟运营商进入 VPN 服务领域，国内企业也逐步加深了对 VPN 的认识。目前，国内的 VPN 应用已经出现向银行、保险、运输、大型制造与连锁企业迅速扩散的趋势，这既是一种技术的跟进，也是市场发展的必然。当然，目前 VPN 还有很多不足之处需要不断完善，VPN 协议多样化，没有统一标准，产品之间的兼容性还有待解决。在不远的将来，VPN 技术将伴随着 Internet 的不断发展一起成长、成熟，成为广域网建设的最佳解决方案。

相关技术

### 2.3.4 专用网络组网技术

VPN 网络可以利用 IP 网络、帧中继网络和 ATM 网络建设。VPN 的具体实现是采用隧道技术，将企业内的数据封装在隧道中进行传输。

利用 VPN 技术可以建设用于 Internet 交易的专用网络，它可以在两个系统之间建立安全的信道，用于电子数据交换（EDI）。在 VPN 中通信的双方彼此都较熟悉，这意味着可以使用复杂的专用加密和认证技术，只要通信的双方默认即可，没有必要为所有的 VPN 进行统一的加密和认证。现有的或正在开发的数据隧道系统可以进一步增加 VPN 的安全性，因而能够保证数据的保密性和可用性。

实现 VPN，最关键的部分是在公网上建立虚信道，而建立虚信道是利用隧道技术实现的，IP 隧道的建立可以是在链路层和网络层。第 2 层隧道主要是点到点协议（PPP）连接，如 PPTP、L2TP，其特点是协议简单，易于加密，适合远程拨号用户；第 3 层隧道是 IPinIP，如 IPSec，其可靠性及扩展性优于第 2 层隧道，但没有前者简单直接。

VPN 建立结构如图 2-23 所示，建立 VPN 的过程如下。

1）用户通过 PSTN 网拨入 ISP 的网络接入服务（Network Access Server，NAS）。

2）NAS 服务器通过用户名或接入号码识别出该用户是否为 VPN 用户。

3）若是，就与用户的目的 VPN 服务器建立一条连接，称为隧道。

4）将用户数据包封装成 IP 报文。

5）从该隧道传送给 VPN 服务器。

6）VPN 服务器收到数据包并拆封。

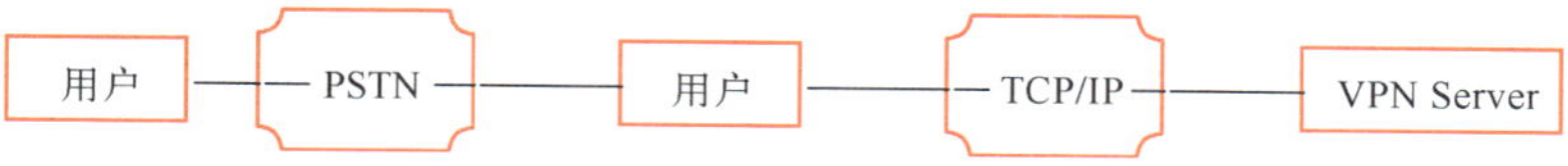


图 2-23　VPN 建立结构图

现代计算机网络都是基于包交换（亦称为分组交换）的，不同类型的网络支持不同的网络通信协议，传送不同格式的包。隧道技术（又称为封装）是将一个网络传出的数据包加一个新的包头（可能还要加一个新的包尾），这样原先的数据包就成了新的数据包的负载，就可能在新的网络中继续通行了。VPN 中的隧道技术是一种通过使用互联网络的基础设施在私用网络之间或私用网络与特定主机之间传递数据的方式。这里所说的互联网络可以是任何类型的公共互联网络，也可以是一个连接了多个子网的规模较大的企业内部网络。当然，通过不同互联网络的数据隧道会有不同的数据包格式和不同的处理方式。

1）隧道是利用一种协议传输另一种协议的技术，即用隧道协议来实现 VPN 功能。为创建隧道，隧道的客户机和服务器必须使用同样的隧道协议。

2）点到点隧道协议（PPTP）是一种用于让远程用户拨号连接到本地的 ISP，通过因特网安全远程访问公司资源的新型技术。它能将 PPP 帧封装成 IP 数据包，以便能够在基于 IP 的互联网上进行传输。PPTP 使用传输控制协议（TCP）创建控制通道来发送控制命令，并使用通用路由封装（GRE）将 PPP 帧封装成隧道数据。被封装后的 PPP 帧的有效载荷可以被加密或者压缩或者同时被加密与压缩。

3）L2TP 协议。L2TP 是 PPTP 与第 2 层转发（L2F）的一种综合技术。

4）IPSec 协议。IPSec 是一个标准的第 3 层安全协议，它是在隧道外面再封装，保证了在传输过程中的安全。IPSec 的主要特征在于它可以对所有 IP 级的通信进行加密。

使用隧道传递的数据（或负载）可以是不同协议的数据帧或包。隧道协议将这些其他协议的数据帧或包重新封装在新的包头中发送。新的包头提供了路由信息，从而使封装的负载数据能够通过互联网络传递。被封装的数据包在隧道的两个端点之间通过公共互联网络进行路由。被封装的数据包在公共互联网络上传递时所经过的逻辑路径称为隧道。一旦到达网络终点，数据将被解包并转发到最终目的地。这里所说的隧道技术是指包括数据封装、传输和解包在内的全过程。

除了 Internet，隧道所使用的传输网络还可以是任何类型的公共互联网络，在企业内部网络中同样可以创建隧道，用来保护敏感部门的数据。

近几年不断出现了多种不同的隧道技术，下面主要介绍其中的 3 种。

1）点对点隧道协议（PPTP）。PPTP 允许对 IP、IPX 或 NetBEUI 数据流进行加密，然后封装在 IP 包头中通过企业 IP 网络或公共互联网络发送。

2）第 2 层隧道协议（L2TP）。L2TP 允许对 IP、IPX 或 NetBEUI 数据流进行加密，然后通过支持点对点数据包传递的任意网络发送，如 IP、X.25、帧中继或 ATM。

3）安全 IP（IPSec）隧道模式。IPSec 隧道模式允许对 IP 负载数据进行加密，然后封装在 IP 包头中通过企业 IP 网络或公共 IP 互联网络（如 Internet）发送。使用 IPSec 方案的负载封装，如图 2-24 所示。

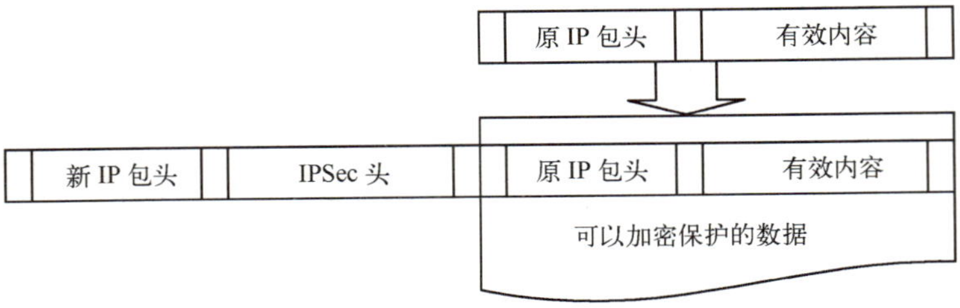


图 2-24　使用 IPSec 方案的负载封装图

按照开放系统互联参考模型划分，上述隧道技术中 PPTP 和 L2TP 都是建立在网络体系结构的第 2 层（数据链路层）上，使用帧作为数据交换单位的，都是将数据封装在点对点协议（PPP）帧中通过互联网络发送，都可称为第 2 层隧道协议。IPSec 协议建立在网络体系结构的第 3 层（即网络层或 IP 层），使用包（IP 数据包）作为数据交换单位，它把原来的数据（不论是 IP 数据包还是其他数据分组）都封装到附加的 IP 包头中，形成新的 IP 包，再通过 IP 网络传送出去，所以称为第 3 层隧道协议。此外，还有建立在高层的隧道协议。隧道技术可以分别以第 2 层、第 3 层隧道协议或高层协议为基础。为创建隧道，隧道两端的客户机和服务器必须使用相同的隧道协议。

### 2.3.5　专用网络应用技术

VPN 主要包括以下 4 个方面的技术，即用户身份的验证、数据的压缩与加密、密钥管理、数据传输技术。

（1）用户身份的验证

隧道技术首先要求对用户身份进行验证。不同的隧道协议及不同的 VPN 实现有不同的验证方法。第 2 层隧道协议继承了 PPP 的用户验证方式。第 3 层隧道协议 IPSec 协议则由 Internet 安全连接和密钥管理协议（ISAKMP）协商进行隧道端点之间的相互验证。

一种常用的用户验证协议叫作“挑战-握手验证协议（CHAP）”。CHAP 是一种加密的验证方式，能够避免建立连接时传送用户的真实密码。网络接入服务器（NAS）向远程用户发送一个挑战口令，其中包括会话本次通信的编号（ID）和一个随机生成的挑战字串。远程用户必须使用 MD5 散列算法返回用户名和加密的挑战口令、会话 ID 以及用户口令，其中用户名以非散列方式发送。

CHAP 不直接通过链路发送明文口令，而是使用挑战口令以散列算法对口令进行加密。因为服务器端存有用户的明文口令，所以服务器可以重复用户端进行的操作，并将结果与用户返回的口令进行对照。CHAP 为每一次验证随机生成一个挑战字串来防止受到重放攻击（Replay Attack）。在整个连接过程中，CHAP 将不定时的向用户端重复发送挑战口令，从而避免第三方冒充远程用户进行攻击。

例如，中国建设银行网站的用户验证方法就是一种 CHAP 协议。建设银行用户在登录上网时如果直接从互联网上传送证件号码和密码，很容易被截获者在线路上截获、并用来假冒。现在采用 CHAP 机制，用户把证件号码、密码和附加码（即随机生成的挑战字串）输入后，客户端系统把它们作为一个整体用散列算法运算，得到一个 128 位的散列值。通过互联网，把散列值传送到服务器端。服务器端用保存在数据库里的用户证件号码、密码和刚才发给用户的附加码备份用同样的散列算法运算，也得到一个 128 位的散列值。如果用户传过来的散列值与服务器算出的相同，则通过验证。由于散列函数单向不可逆，截获者不可能反推出证件号码和登录密码，而附加码仅一次有效，所以散列值也仅一次有效，这样就保证了用户密码不可能从网络上泄露。

（2）数据的压缩与加密

隧道技术对要传送的数据压缩与加密。第 2 层隧道协议支持基于 PPP 的数据压缩和加密方式。IPSec 通过 ISAKMP/Oakley 协商确定数据压缩和加密方法。保障隧道用户端和服务器之间数据流的安全。

（3）密钥管理

第 2 层协议验证用户是生成的密钥，并定期对其更新。IPSec 在 ISAKMP 交换过程中公开协商公用密钥，同样对其进行定期更新。

（4）数据传输

完成了安全连接与密钥管理等协商，就可以开始在连接的对等双方之间转发数据。如果选择使用数据压缩和加密，就会在传送之前先进行压缩和加密。点对点隧道协议（PPTP）是一个第 2 层的协议，将 PPP 数据帧封装在 IP 数据报内通过 IP 网络（如 Internet）传送。PPTP 使用一个 TCP 连接对隧道进行维护，使用通用路由封装（GRE）技术把数据封装成 PPP 数据帧通过隧道传送。可以对封装 PPP 帧中的负载数据进行加密或压缩。

一个 IPSec 隧道由一个隧道用户和隧道服务器组成，两端都配置使用 IPSec 隧道技术，采用协商加密机制。为实现在专用或公共 IP 网络上的安全传输，IPSec 隧道模式使用的安全方式封装和加密整个 IP 包。然后将加密的负载再次封装在明文 IP 包头内通过网络发送到隧道服务器端。隧道服务器对收到的数据报进行处理，在去除明文 IP 包头、对内容进行解密之后，获得最初的负载 IP 包。负载 IP 包在经过正常处理之后，被路由到位于目标网络的目的地。

## 2.4 子学习情境 4 M2M 平台

### 子学习情境 4 描述

本情境主要讲述 M2M 平台的概念、特点、发展及其用到的技术和应用。

### 相关知识

### 2.4.1 M2M 平台概念

M2M 是机器对机器（Machine to Machine）通信的简称。目前，M2M 重点在于机器对机器的无线通信，存在以下 3 种方式，即机器对机器、机器对移动电话（如用户远程监视）、移动电话对机器（如用户远程控制）。

预计未来用于人对人通信的终端可能仅占整个终端市场的 1/3，而更大数量的通信是机器对机器（M2M）的通信业务。事实上，目前机器的数量至少是人类数量的 4 倍，因此 M2M 具有巨大的市场潜力。

M2M 的潜在市场不仅限于通信业。由于 M2M 是无线通信和信息技术的整合，它可用于双向通信，如远距离收集信息、设置参数和发送指令，因此 M2M 技术可有不同的应用方案，如安全监测、自动售货机和货物跟踪等。

在 M2M 中，GSM/GPRS/UMTS 是主要的远距离连接技术，其近距离连接技术主要有 802.11b/g、BlueTooth、ZigBee、RFID 和 UWB。此外，还有一些其他技术，如 XML 和 Corba 以及基于 GPS、无线终端和网络的位置服务技术。

### 2.4.2 M2M 平台特点

机器类型通信是一种一个或多个网络实体不需要人为参与的数据通信形式。机器类型通信对于通信网络的要求与人人通信对于网络的要求不同。相对于人人通信，机器类型通信具有以下的通信特点。

1）不同的市场环境。

2）不是以语音业务为主，而是数字业务，M2M 业务需求具备多样性。

3）更加低的通信成本。

4）相对于语音终端，MTC 通信终端具有非常大的潜在数量，M2M 设备数量众多。

5）每一个终端占有的网络资源非常少，但 M2M 业务峰值负载远远大于平均负载。

### 2.4.3 M2M 平台发展

M2M 这一概念来自英文“Machine to Machine”，即“机器对机器”的缩写，当然也包括 Machine to Server（也是 Machine）的大集成（Grand Integration）和展示。在某些情况下，M2M 也常被用来指代“Machine to Man”，即“机器对人”的数据交换；在无线应用中也可被理解为 Mobile to Mobile，即“无线装置对无线网络”。

M2M 这个词最早是谁提出来的无从考证，但 2003 年 Nokia 产品经理 Damian Pisani 在题为《M2M 技术——让你的机器开口讲话》的白皮书中提到“M2M 旨在实现人、设备、系统间的连接”，此后“人、设备、系统的联合体”便成为了 M2M 的特点标签，这个事件也成为 M2M 发展史上一个重要的里程碑和转折点。在国内，同方股份可能是第一家倡导和全面开展 M2M 业务的厂商，M2M 的理念在 2003 年底就被引入到 ezIBS/ezONE 产品的开发设计之中。

一些人们早已熟悉的业务范畴，如企业资源计划（Enterprise-Resource Planning，ERP）、制造业执行系统（Manufacturing Execution System，MES）、计算机集成制造系统（Computer Integrated Manufacturing System，CIMS）、厂级监控信息系统（Supervisory Information System in Plant Level，SIS）、产品设计管理（Product Design/Data Management，PDM）、产品生命周期管理（Product Lifecycle Management，PLM）、供应链管理（Supply Chain Management，SCM）、测量系统分析（Measurement Systems Analysis，MSA）、IDM

（Intelligent Device Management，如移动基站的联网与运维、空调机组的售后服务联网、Kodak 洗相设备的全球联网与运维）智能设备管理等，基本上属于 M2M 的上游应用，需要 M2M 控制器、通信设备和 M2M 中间件软件集成末端设备（如通过 DCS、PLC、GPRS/CDMA、RFID Reader 等连接和管理的设备）数据作为输入，才能更大限度地发挥作用，同时提升自动化管理水平。

在 2008 全球 NGN 高层论坛上，中国工程院副院长邬贺铨在演讲时指出，截止到 2007 年 12 月底，中国的移动电话普及率为 41.6%，全球为 48%。《未来世界》杂志主席 Wolfgang Grulke 说："这个连接人和人的无线通信网络市场将很快达到饱和。此时，与之相比的最大市场契机便会成为人类与其他有硅生命体相连——某些将通过固定链接相连，另一些将通过蜂窝网络实现连接。截至 2005 年，大多数物品被提供以完整的移动连接器。这个市场潜力是巨大的——目前地球上已经存在超过 500 亿台各式各样的机器。"

2008 年初，中国政府将信息产业部并入新成立的工业和信息化部，更加体现了要将直接增加国民生产总值的工业等领域进行彻底信息化改造的决心，工业化部与信息产业部提出的"两化融合"的理念，体现了 M2M 的核心理念。如重点企业"三一重工"就提出了"以装备数字化为重点，大力推进企业信息化"的口号。目前在中国，中国移动、中国联通、中国电信等移动运营商是 M2M 的主要推动者之一，中国电信的 M2M 平台从 2007 年就开始搭建，目前已经基本收尾；中国移动搭建了 M2M 营运平台，要求所有与设备相关的 GPRS 数据流量都通过 M2M 平台。同方股份可能是中国非移动运营商企业中最早提出 M2M 理念的，按 M2M 理念倒推回去，有同方高管认为同方股份就是做 M2M"起家"的。同方在早期做人工环境、楼宇自控等都属于现在的 M2M 业务。目前同方股份在能源环境、楼宇自控、光电照明、水处理、市政热网、轨道交通等 M2M 应用领域都处于国内领先或先进水平。

上述业务，几乎都覆盖着国民生活的方方面面，在通往高效、安全、节能、环保的理想社会的道路上，M2M 技术的发展必将起到越来越重要的作用。

相关技术

### 2.4.4 M2M 平台技术

M2M 平台涉及的技术主要包括门户管理技术、流量控制技术、通信接入技术、安全管理技术和数据库管理技术等。

（1）流量控制技术

随着通信技术和物联网技术的发展，M2M 业务系统将获得大规模的应用：M2M 终端的种类繁多，投入应用的 M2M 终端数量将获得爆发性的增长；这些都导致 M2M 业务系统的流量出现几何式的增长，需要有效的技术对这些流量进行控制。流量控制技术可以使 M2M 平台对终端上传信息的流量进行计算，在高流量情况下根据其业务的优先级和服务质量（QoS）减少对不重要信息的处理，首先处理实时性要求高的信息；系统在流量出现瞬间高峰时也可以通知系统管理员，对信息的处理进行人工干预。

根据无线接入技术的不同，M2M 业务系统中存在着各种各样的 M2M 终端，主要包括 2/3G 终端、LTE 终端、Wi-Fi 终端、WiMAX 终端等。这些终端具有不同的上/下行传输速率、不同的移动业务接入方式，承载着不同的 M2M 应用。可以将目前的 M2M 业务系统中具有代表性的应用归纳为如下几类业务。

1）实时持续视频类业务，如智能交通 M2M 系统中的实时视频监控。

2）实时瞬时大数据量传输业务，如灾害预防监控 M2M 系统中的数据传输。

3）周期性小的数据量传输业务，如智能抄表 M2M 系统中的数据传输。

4）非实时瞬时的小数据量传输业务，如 M2M 终端位置更新等参数上报。

5）非实时视频类传输业务，如环境监测 M2M 系统中视频回放数据传输。

为了对上述不同种类的业务设计一套有效的 QoS 参数，以便进行统一的流量控制，可以对各种业务的特性参数进行提取、归纳，如业务的突发数据率、每个业务突发数据量、业务发生频率、延迟要求、结点密度、时延抖动等参数。

（2）通信接入技术

M2M 业务系统中的通信接入技术包括有线和无线两大类，其中无线接入技术又包括 2G/3G/LTE、Wi-Fi/WiMAX 以及 LTE-A 等。目前 M2M 业务系统中使用最多的通信接入技术是 2/3G 技术；随着 LTE 网络的逐步投入运营以及 Wi-Fi 网络覆盖的日益广泛，LTE 和 Wi-Fi 接入技术将占据主导地位。

3GPP 负责制定、发布有关的 2/3G 移动接入技术、LTE 移动接入技术标准。对于 M2M 业务系统，3GPP 并不研究所有的机器通信，只研究具有蜂窝通信模块、通过蜂窝网络进行数据传输的机器通信，称之为机器式通信（Machine Type Communication，MTC）；现阶段 3GPP 只是针对 M2M 业务系统的特点和需求，对已有的移动接入技术进行优化。

3GPP 通过对 MTC 的典型应用、业务模型和优化对象等进行研究，确定重点解决无线接入网络拥塞和由大量 MTC 设备接入导致的核心网过载问题。对于无线接入网络拥塞问题，如大量 MTC 设备同时接入引起的随机接入拥塞问题，可以通过在应用层控制 MTC 设备的接入时间来解决，比如：在智能抄表类的业务中，可以通过在应用层设置不同的上报时间来避免大量智能水/电表同时触发业务上报。3GPP 共确认了 6 种解决随机接入拥塞的无线侧候选方案，包括：接入控制方案、资源划分方案、动态随机接入信道（RACH）资源分配方案、MTC 特定的随机接入回退（Backoff）方案、MTC 特定时隙接入方案和 Pull 方案。

对于核心网过载问题，3GPP 为终端引入一个“DelayTolerant”指示，当终端使用此指示时，表明其可以在网络拥塞时忍受较长的延迟。当核心网处于拥塞状态时，eNB 可以拒绝或释放掉那些对时延容忍度比较高的连接，并反馈一个等待时间值（最大值为 1 800s）。在终端收到上述消息后，会在终端侧按照这个等待时间启动一个计时器，在计时器到期前，相应的 MTC 应用不再发起无线资源控制协议（RRC）连接。

### 2.4.5 M2M 平台应用

M2M 与社会的发展和人们的生活、工作密切相关，其应用遍布各个领域，主要包括：交通领域（交通监控、定位导航）、电力领域（远程抄表和负载监控）、农业领域（大棚监控、动物溯源）、智慧城市（电梯监控、路灯控制）、安全领域（城市和企业安防）、环保领域（污染监控、水土检测）和智能家居（老人/小孩看护、智能安防）等。

## 2.5 子学习情境 5 工业互联网

### 2.5.1 工业互联网概念

工业互联网（Industrial Internet of Things，IIoT）是指互联网和新一代信息技术与工业系统全方位深度融合所形成的产业和应用生态，是工业智能化发展的关键综合信息基础设施。其本质是以机器、原材料、控制系统、信息系统、产品以及人之间的网络互联为基础，通过工业数据的全面深度感知、实时传输交换、快速计算处理和高级建模分析，实现智能控制、运营优化和生产组织方式变革。

工业互联网

#### 1. 工业互联网的核心

工业互联网的本质和核心是通过工业互联网平台把设备、生产线、工厂、供应商、产品和客户紧密地连接融合起来，帮助制造业拉长产业链，形成跨设备、跨系统、跨厂区、跨地区的互联互通，从而提高效率，推动整个制造服务体系智能化。还有利于推动制造业融通发展，实现制造业和服务业之间的跨越发展，使工业经济各种要素资源能够高效共享。工业互联网平台功能架构如图 2-25 所示。

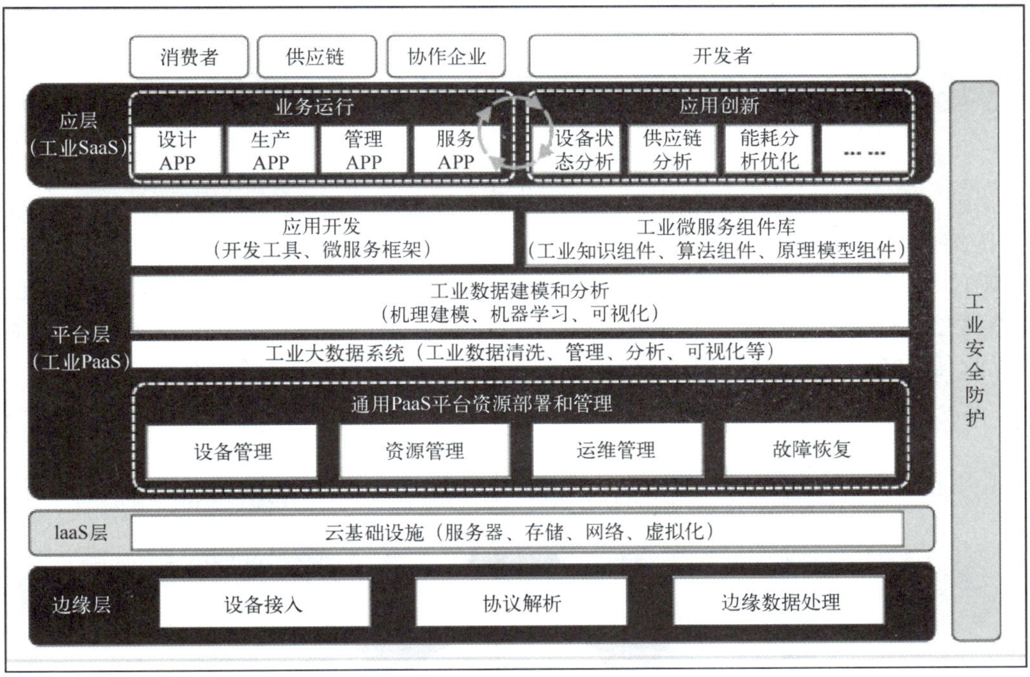


图 2-25 工业互联网平台功能架构

工业互联网的核心是基于全面互联而形成数据驱动的智能，网络、数据、安全是工业和互联网两个视角的共性基础和支撑。其中，“网络”是工业系统互联和工业数据传输交换的支撑基础，包括网络互联体系、标识解析体系和应用支撑体系；“数据”是工业智能化的核心驱动，包括数据采集交换、集成处理、建模分析、决策优化和反馈控制等功能模块；“安全”是网络与数据在工业中应用的安全保障，包括设备安全、网络安全、控制安全、数据安全、应用安全和综合安全管理。

#### 2. 工业互联网的特点

工业互联网是互联网发展的新领域，是在互联网基础之上、面向实体经济应用的演进升级。通常所说的互联网一般是指消费互联网，与之相比，工业互联网有三个明显特点。

（1）连接对象不同

消费互联网主要连接人，应用场景相对简单，工业互联网实现人、机、物等工业经济生产要素和上下游业务流程更大范围的连接，连接的种类、数量更多，场景复杂。

（2）技术要求不同

消费互联网网络技术特点突出体现为“尽力而为”的服务方式，对网络时延、可靠性等要求相对不是特别严格。但工业互联网既要支撑对网络服务质量要求很高的工业生产制造，也要支撑高覆盖高灵活要求的网络化服务与管理，因此在网络性能上要求时延更低、可靠性更强，同时由于直接涉及工业生产，工业互联网安全性要求更高。

（3）发展模式不同

消费互联网应用门槛较低，发展模式可复制性强，完全由谷歌、脸书、亚马逊、阿里、腾讯等互联网企业主导驱动发展。工业互联网涉及应用行业标准复杂、专业化要求高，难以找到普适性的发展模式，通用电气、西门子、航天科工等制造企业发挥至关重要的作用。同时，互联网产业多属于轻资产，投资回收期短，对社会资本吸引大。而工业互联网相对重资产，资产专用性强，投资回报周期长，且还存在一些认知壁垒。

### 2.5.2 工业互联网发展

“工业互联网”的概念最早由GE（美国通用电气公司）研发部门在2012年提出，GE前CEO伊梅尔特坚信它是工业的未来。从M2M（机器间通信）、以太网标准化、万维网（WWW）、用于PLC的TCP/IP发展起来，到凯文·阿什顿提出物联网概念，以太网在工业环境中已经无所不在了。而伴随着IT标准进入工业自动化领域，工业互联网的未来渐露雏形。工业互联网的发展历程如图2-26所示。

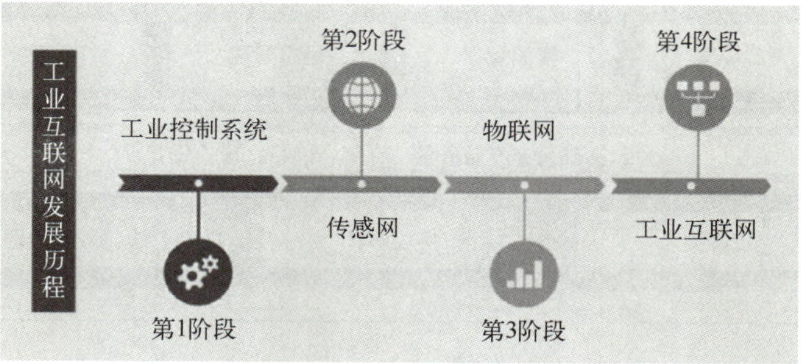


图2-26 工业互联网发展历程

在上一轮全球化发展热潮中，美、德、日为首的发达国家纷纷实施“去工业化”战略，将价值链中附加值较低的加工、组装等环节转移到低成本国家和地区，在本国主要聚焦研发、关键零部件生产及品牌营销等高附加值环节，通过全球资源的整合分工实现最大收益。但随着全球竞争和分工的形势变化，尤其是国际金融危机的发生，使发达国家重新意识到制造业的重要性，急需在新兴国家不断成长和数字化转型需求高涨的情况下寻找新出路，建立新优势。这种战略转向需求与各国的产业实际相结合，形成了各具特色的不同发展路径。

### 1. 美国工业互联网发展持续领跑全球

自 2014 年美国 GE、IBM、Cisco 等龙头企业主导的工业互联网联盟（IIC）成立以来，美国政府及联盟组织成员动向一度成为全球工业互联网发展的风向标。在推进策略上，美国更加注重以创新为驱动，发挥互联网、信息通信、软件等优势，利用信息技术“自上而下”重塑制造业。

（1）政府大力实施再工业化战略

2008 年国际金融危机之后，美国意识到“去工业化”所带来的“产业空心化”问题，将重振制造业作为长远发展的重要战略，密集而持续地出台了一系列政策措施。美国政府组织实施了“先进制造业伙伴计划”，构建“国家制造业创新网络”，重点突破信息物理系统、先进传感与控制、大数据分析、可信网络、高性能计算、信息安全等工业互联网关键技术，为工业互联网的发展和应用提供有力支撑。通过这些措施，意在通过生产关系、生产方式以及技术革新，使工业重新焕发强大生命力和竞争力，并通过新一轮技术革命的成果引领和改造其他产业，推动产业优化升级，加速第四次工业革命进程。

（2）领军企业引领美国工业互联网发展

GE 作为美国传统制造业的巨头，率先意识到数字化转型的重要性，于 2013 年推出 Predix 工业互联网平台，大力推动工业互联网发展。随后 GE 投入大量资源以 Predix 为核心成立新的业务部门 GE Digital，将其作为 GE 战略的关键部分。GE 还与微软、思科、IBM 等巨头建立合作关系，共同推动工业互联网发展，强化平台服务能力。2018 年 12 月，GE 正式宣布将向私募基金公司银湖出售部分 GE Digital 业务，并将投入 12 亿美元成立新的工业互联网公司，独立运营 Predix 平台及相关数字化业务，在工业互联网发展道路上进行新一轮的尝试。此外，美国参数技术公司（PTC）凭借 ThingWorx 平台，2018 年被多家研究公司评为 2018 年全球工业互联网市场技术领导者，2019 年，公司被 Compass Intelligence 和 Quadrant Knowledge Solution 评为 2019 年全球工业物联网（IIoT）市场领袖。ThingWorx 已成为全球应用最为广泛的工业互联网平台企业。

（3）优秀初创企业获得资本青睐

2014 年成立的 Uptake 公司在短短 4 年间获取超过 2.5 亿美元融资，市场估值高达 23 亿美元。提供边缘智能软件的 FogHorn 公司目前累计融资 4750 万美元。独角兽企业 C3IoT 基于工业互联网平台开发了一系列工业 APP，目前接入设备数已超过 7000 万，估值达 14 亿美元。

（4）积极打造工业互联网发展生态

2014 年 3 月，GE、AT&T、Cisco、IBM、Intel 5 家企业联合成立工业互联网联盟（IIC），推动工业互联网技术标准化和试点应用，打造工业互联网生态体系。2015 年 IIC 发布工业互联网参考架构，系统性界定工业互联网架构体系。2016 年 3 月，工业互联网联盟和“工业 4.0”平台代表在瑞士苏黎世探讨分别推出的“工业 4.0 参考架构模型”和“工业互联网参考架构”的潜在一致性。

### 2. 德国工业互联网建设步伐不断加快

德国制造业装备领先全球，为应对新一轮科技和产业革命带来的挑战，德国更加注重发挥自身在制造装备、自动化系统、工艺流程等方面优势，利用互联网等信息技术“自下而上”改造制造业，提出工业 4.0 战略，其本质也是通过连接打通生产机器构成的“真实”世界和互联网构成的“虚拟”世界，基于工业互联网重塑新型生产制造服务体系，提高资源配置效率。

（1）政府出台一系列战略部署

在德国国家工程院、弗劳恩霍夫协会等研究机构的推动下，德国政府将工业 4.0 上升为国家战略，试图通过信息网络与工业生产系统的充分融合，打造数字工厂，实现价值链上企业间的横向集成，网络化制造系统的纵向集成以及端对端的工程数字化集成，强调机器与互联网的相互连接以改变当前的工业生产与服务模式。2019 年德国进一步提出“国家工业战略 2030”发展战略，并将中美两国在“平台经济互联网公司全球独揽”作为德国工业发展的挑战之一，意在通过加大政府政策的附加力量，巩固新形成的相对优势。从德国系列战略部署来看，其目的是进一步打造工业生产全要素、全价值链、全产业链全面连接的生产制造服务体系。

（2）领先企业积极推动工业互联网布局

西门子数字化业务年收入高达 140 亿欧元，在其发布的“公司愿景 2020+”战略中将“数字化工业”作为未来三大运营方向之一，并启动“火箭俱乐部”全球初创企业计划，推出 MindSphere 平台 3.0 版本，联合库卡、Festo、艾森曼集团等 18 家合作伙伴共同创建“MindSphereWorld”，打造围绕 MindSphere 平台的生态系统，并扩展其全球影响力。西门子还收购了低代码技术公司 Mendix，大幅降低应用开发门槛，从而使基于平台的工业 APP 开发效率大幅提升。SAP 将在 HANA 平台基础上构建涵盖边缘计算、大数据处理与应用开发功能的 Leonardo 平台。

### 3. 其他国家和地区紧跟推出发展战略

其他国家和地区结合本国或本地区制造业发展现状及优势，也纷纷出台工业互联网发展战略。

（1）各国打造本土工业互联网体系

英国出台“制造 2050”，法国制定“新工业法国”战略，紧跟全球工业互联网发展动向，加大对本国工业互联网技术突破、产业布局、金融服务的支持力度。日本提出了“互联工业”战略，试图将人、设备、系统、技术等相互连接起来，以创造新的附加值和解决相关的社会问题。韩国将机器人、人工智能、自动驾驶和 3D 打印确立为智能制造产业发展的主攻方向。

（2）国际合作与交流日趋紧密

2019 年初工业互联网联盟与澳大利亚物联网联盟（IoTAA）达成协议，共同协调工业互联网发展，帮助改善数字经济。2018 年，印度尼西亚与新加坡实施第四次工业革命缔结合作，支持印尼工业 4.0 振兴食品和饮料、纺织品和服装、汽车、化工产品等 5 个领域。此外，印度的印孚瑟斯、塔塔等几大软件企业与美、德、日等多国制造企业广泛合作，深度参与工业互联网联盟等国际组织。

纵观全球各主要国家的工业互联网实践，基本形成了一条“政府引导、市场主导、企业主体、联盟支撑”的发展道路，在技术攻关、产业布局、资本服务等方面，加大产学研用合作力度，形成合力共同推动工业互联网创新发展。

#### 4. 我国工业互联网发展历程

我国工业互联网云平台产业演进过程如图 2-27 所示。

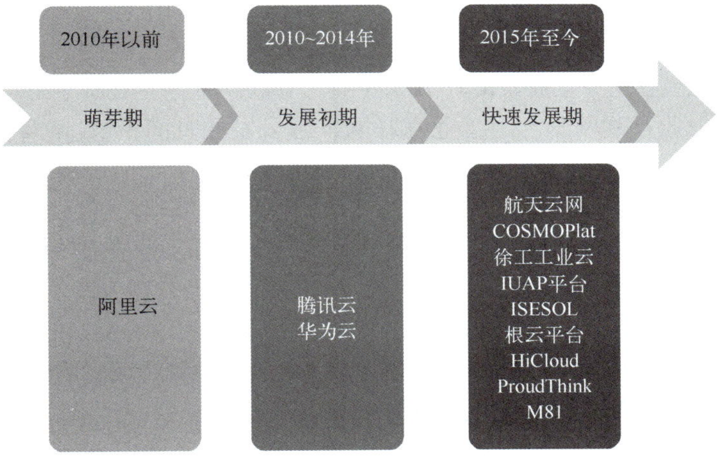


图 2-27 我国工业互联网云平台产业演进过程

我国的工业互联网平台发展经历了以下几个时期。

（1）工业互联网萌芽期（2010 年以前）

2009 年，阿里公司率先开展云平台的研究，并逐步与制造、交通、能源等众多领域的领军企业合作，成为一些工业企业搭建云平台的重要推手。

（2）发展初期（2010—2014 年）

2010 年，腾讯开放平台接入首批应用，腾讯云正式对外提供云服务。2011 年，华为公司依托其资本和云计算研发实力，发布华为云平台，面向互联网增值服务运营商、大中小型企业、政府、科研院所等广大企事业用户提供包括云主机、云托管、云存储等基础云服务、超算、内容分发与加速、视频托管与发布、企业 IT、应用托管等服务和解决方案。

（3）快速发展期（2015 年至今）

2015 年以后，国内企业积极开展布局，航天云网、三一重工、海尔、富士康等企业依托自身制造能力和规模优势，推出工业平台服务，并逐步实现由企业内应用向企业外服务的拓展；和利时、用友、沈阳机床、徐工集团等企业则基于自身在自动化系统、工业软件与制造装备领域的积累，进一步向平台延伸，尝试构建新时期的工业智能化解决方案。当然，客观地说，目前我国工业互联网云平台产业的发展仍处于初级阶段。

### 2.5.3 工业互联网平台

当前，全球工业互联网正处在产业格局未定的关键期和规模化扩张的窗口期，发达国家围绕核心标准、技术、平台等加速布局。美、德两国保持领跑，日本、韩国、法国、印度、巴西等国纷纷加快追赶步伐。

美国将工业互联网作为先进制造的重要基础，其主导的工业互联网联盟，正试图成为全球工业互联网发展枢纽。德国将工业互联网平台作为工业 4.0 的关键支撑，聚集龙头企业推进标准、开发、试验等工作，已成为全球工业互联网发展的重要推动力量。两大阵营正在加快双方对接，实现强强联合。

同时，工业互联网平台成为全球竞争焦点，呈现井喷式发展，目前已超 150 个。跨国巨头积极打造“国际品牌+高端产品+先进平台”立体新优势，通用电气 Predix 平台覆盖风电、航空等领域，集聚 2 万开发者，已开发 160 余种 APP。

目前，全球制造业龙头企业、ICT 领先企业、互联网主导企业基于各自优势，从不同层面与角度搭建了工业互联网平台。工业互联网平台虽发展时间不长，但均有迅速扩张的趋势，正积极探索技术、管理、商业模式等方面规律，并取得了一些进展。

工业互联网平台呈现 IaaS 寡头垄断，PaaS 以专业性为基础拓展通用性，SaaS 专注专业纵深的发展态势。IaaS、PaaS、SaaS 建设成熟度不一致，IaaS 发展成熟度较高、技术创新迭代迅速，亚马逊 AWS、微软 Azure、阿里云、腾讯云、华为云等占据了全球主要市场，IaaS 主流服务商集中在中美两国。当前多数工业 PaaS 在工业 know-how 和专业技术方面积淀不足，受消费互联网横向整合大获成功的影响，忽视制造与消费领域之间专业性的巨大差异，容易导致战略方向和发展路径的误判，工业 PaaS 开发建设应在专业性基础上向提供通用能力方向发展。SaaS 发展受 PaaS 赋能不足的约束，潜力尚未发挥出来，均处于萌芽阶段。SaaS 正逐步深入制造业细分行业领域，中小型企业的 SaaS 应用需求最迫切、服务量最大、价值创造最直接。

被誉为工业互联网平台操作系统的 PaaS 正逐渐成为平台发展的聚焦点和关键突破口，商业价值仍处于探索阶段。一方面，工业互联网平台架构 IaaS 和 PaaS 逐渐趋于松耦合，互相影响渐弱。另一方面，PaaS 是 SaaS 的赋能平台，只有 PaaS 成熟度和能力大幅提升，SaaS 才有繁荣的可能。目前，工业 PaaS 建设处于起步阶段，需要制造业和 ICT 行业在技术、管理、商业模式等方面深度融合。一是 PaaS 平台既需要特定领域制造技术的深厚积累，还需要把行业知识经验通过 ICT 技术转化为数字化的通用制造技术规则。GE Predix 平台的技术和成本两道门槛限制了平台用户和开发者数量，可用性、易用性成为平台急需解决的共性问题。二是 PaaS 市场体系尚未建立，平台主要完成传统服务与流程的云迁移，主营业务仍为线下解决方案，从传统渠道转移的固有用户占九成以上。三是商业模式不清晰，平台大多处于投入期，交易成本高，交易标准化、安全保障、用户信用体系等方面的探索尚未展开或刚刚起步。例如，Predix 应用成本过高，GE 正调整其业务架构，平台商业前景不明；MindSphere 主要为西门子客户提供服务，开放性问题尚未解决；树根互联主要依靠后服务市场盈利，平台核心服务推进相对缓慢。

信息化水平高的制造业龙头企业同时具备制造技术、管理技术和信息技术应用等方面的知识和经验，是 PaaS 建设的主力军。一方面，GE、西门子等信息化水平高的龙头制造企业设备数字化率、联网率具有领先优势，具备更多设备接入基础。另一方面，龙头制造企业具备深厚的工业积淀，在研发设计、生产工艺、过程优化等工业领域专业背景深厚，能够为工业 PaaS 服务能力开发提供更多规则化、软件化的行业知识经验。

领先的 ICT 和互联网企业是工业 PaaS 的共性关键使能技术的开拓者。ICT 企业掌握的共性关键使能技术能够解决制造技术软件化、平台化的关键问题，提高平台专业纵深能力和横向资源整合能力。例如，PTC 等提供数据采集、平台使能等相关软件，华为等提供设备网络能力，互联网企业和电信运营商提供大数据处理能力。互联网企业在平台的管理和商业模式方面具备更多经验优势，亚马逊、阿里、腾讯在消费互联网平台的运营、市场等方面都已形成较为成熟的模式，可为平台管理运营和商业模式提供更多经验。中国互联网企业异军突起，基于中国互联网生态优势可能会成为工业 PaaS 的另一支主力军。

工业互联网平台是以数据为驱动、制造能力为核心的专业服务平台，其发展趋势如下。

一是数据是平台的核心要素，基于数据能力合作是平台业务发展和模式创新的动力源泉。全球主要的工业互联网平台都在积极争夺数据资源和数据能力合作，如 GE 收购了 Bit Stew Systems 和 Wise.io，PTC 收购了 Coldlight 等。

二是打造开放共享的价值网络是工业互联网平台发展的基础。目前还没有一家公司能够独立提供工业互联网平台“云基础设施+终端连接+数据分析+应用服务”等端到端的解决方案，构建合作伙伴关系和生态系统是平台发展的主要途径。GE、西门子、施耐德、航天云网等公司通过与平台商、组件商、集成商合作以弥补差距，为客户提供更强大的服务。

三是从以平台功能和产品为中心逐步向以共创价值为中心转变。随着平台逐步具备自动量化服务价值的能力，平台将围绕市场需求，实现从销售产品或服务到销售可量化价值结果的转变，带动服务定价方式、金融工具、风险防控机制发生变化，重新定义竞争格局和产业结构。

### 2.5.4 工业互联网应用

新技术是经济转型的根本动因。物联网、互联网、人工智能、云计算、传感器等核心技术的捆绑发力创造了数据驱动的新型智能产品和新型自动化设备，改变了旧的生产方式和运输方法，产生了新市场，形成了新型工业组织和数字化人才。这种变化是宏观结构上的转型，而不是微观领域的改善与循环。也就是说，在新的工业体系里，每一个传统的工业基石都发生了结构性的改变。

工业互联网就是支撑这种结构性工业经济改变的新工业技术基础。工业互联网对不同垂直行业来说有不同的范畴和核心内涵。从以产品和服务为核心的家电行业到以物理资产为核心的钢铁制造业，工业互联网的范畴跨越了工业领域、商务领域到消费领域。垂直行业工业互联网的核心内涵也从工业物联网、商业物联网跨越到消费物联网。

下面列举三类行业中工业互联网的典型应用。

#### 1. 家电行业的应用

家电行业发展到现在，随着新一代信息技术的不断成熟和应用以及新的商业模式的成功演变，行业产品对工业互联网有着以下几点需求。

工业 4.0——家电个性化

（1）产品智能化需求

通过硬件的升级和软件技术完成整合、互联，使各种智能产品互联互通，并依托云计算和大数据实现人和产品之间、产品与产品之间的交互，最终构建一体化智慧家庭；再者通过与消费者的持续交互，不断结合消费者细节需求、情感需求、关爱需求，更新迭代产品功能，为消费者提供个性化、贴心的管家服务。

（2）广泛连接的需求

智能冰箱、洗衣机、电视、空调等各类家电产品能够通过互联网相互连接，包括通过移动互联网、PC 互联网对其进行整体控制与管理，并且家电产品自身与电网、放置的物品、使用者等能够物物相连，通过智能感知，实现人们追求的低碳、健康、舒适、便捷的生活方式。

（3）大数据挖掘应用的需求

数字经济是一个以数据驱动的满足消费者新需求的时代，移动化、数字化、社会媒体、物联网技术、云计算、人工智能捆绑发力引发的技术趋势，彻底颠覆了人们的生活和消费方式，用户需求变得更加个性化，用户表达的社交平台更多，用户活跃度显著提升，用户需求数据变得可视化与量化，消费者从以前被动接受服务的角色逆转成为需求的主动提出者。

（4）用户参与全流程交互和体验的需求

大部分家电行业产品的最终用户是消费者，消费者的使用体验和对产品的评价将直接影响家电产品的市场生命力。该需求得到实现的前提是产品需提供与用户交互的入口，同时产品本身需要具备边缘计算及通信的能力。

工业 4.0——时装定制

**2．机械制造行业的应用**

机械制造企业的生产模式是典型的离散制造模式，生产的主要特点是：离散为主、流程为辅、装配为重点。

（1）机械制造企业面临的问题

机械制造企业普遍面临三方面问题。

1）机械制造行业企业生产物流效率低下。绝大多数机械制造企业的生产特点是产品由多种零部件构成，再将制成的零部件组装、总装为成品，在这个过程中，各零部件的加工生产过程相互独立，互不配合，生产工艺及过程离散，生产环节不能有效衔接，造成了各生产环节的库存积压。

2）机械制造企业管理普遍存在诸多问题。离散制造模式的特点是：产品品种多、生产批量小、每批次产品复杂、生产周期长、大型设备单台套生产周期长达半年甚至一年；工艺复杂，包括磨、切、钻、铣、焊接、喷砂、油漆、装配等多道工艺处理；组织生产难度大，既有自己组织生产，又有大量采购，还有很多外协加工。大多数工程机械企业普遍存在由于计划、管理不善造成的库存在制品储备高，资金占用大，不能准时交货等问题。

3）智能化已成为机械制造行业的主要趋势和发展方向。随着工业转型升级需求释放、生产力成本上升等问题的凸显，再加上科技进步后的工业机器人性价比临近拐点，接受度渐增，工业机器人在不少领域已隐隐形成替代人工的趋势，而在工程机械行业这一趋势同样适用。

（2）机械制造行业对工业互联网的需求

机械制造行业对工业互联网有着以下几点需求。

1）提升生产过程智能制造水平，提高装备核心零部件生产效率与质量稳定性。核心自主研制零部件是产品功能、安全的重要保障，如何通过产品线的互连改造、智能控制、大数据分析，缩短核心零部件新产品研制周期、有效降低不良品率、提升生产效率，提高设备能源利用水平，成为当务之急。

2）实现人、机、料、管理流程、管理系统的广泛互联，提高流程效率，降低运营成本。随着企业全球化业务的发展和产品市场占有率的提高，产品的种类越来越多，客户对产品的个性化定制需求越来越广泛，零部件种类和供应渠道也越来越多，物流模式越来越复杂，如何实现跨业务模块的流程优化、多信息化平台的高效集成应用，公司与客户、代理商、供应商、第三方物流公司之间的横向端对端集成，其需求越来越迫切。

3）高度离散场景下，用户个性定制化需求不断增加。对于复杂的工程机械等大型产品如何有效地基于用户的需求研发设计，如何高效地将客户的需求转换成可供生产使用的制造工艺技术文件，以及如何在有限的成本范围内快速地交付小批定制化产品，是工程机械行业面临的新命题。

4）智能化服务能力提升是实现工程机械可持续发展的必要前提。装备制造厂商在主机市场渐趋饱和的环境下，实现企业可持续发展，必须严格控制主机故障率，延长设备服役时间，降低工厂生产设备及工程机械产品能耗。而运用大数据分析、互联网、物联网等手段，加强服务全生命周期管理，促进主机合理使用及设备残值再利用，完全符合市场、政府导向及环境需求。

### 3. 电子信息行业的应用

工业互联网是由智能机器、网络、工业互联网平台及应用等构成的系统，能够实现机器与机器、机器与人、人与人之间的全面连接与交互。这种互联不仅是数据信息流的简单传递，而且融合了智能硬件、大数据、机器学习等技术，使单一机器、部分关键环节的智能控制延伸至生产全过程。工业互联网为生产数字化、网络化、智能化发展提供支撑，是实现智能制造的关键基础，也是生产制造发展的新阶段。

传统工业企业的生产过程协同只能在企业内部各个部门之间、不同车间之间实现小范围协同。工业互联网突破了时空界限，集成了供应链、客户关系、制造执行、企业资源等系统，为整个供应链上的企业和合作伙伴搭建了信息共享平台，将生产过程协同扩大到了全供应链条甚至是跨供应链条上，实现了全生产过程资源的网络化配置，可实现社会化协同生产。传统工业生产极大地依赖固定生产线，能源、原材料、机器、设备组和其他生产设施均按照最大生产需求配置，在闲置生产时段易造成极大浪费，生产过程中也无法灵活调整分配。在工业互联网条件下，通过互联将智能控制链条延伸至生产的各个环节，推动生产流程向可通过软件定义、管理和执行的智能化方向转变，实现生产动态调整。

传统电子信息产品制造中自动化生产、单元生产、手工生产方式与工业互联网相结合，将通信技术与电子信息产品制造相融合，实现机器设备健康管理、人机一体化协同作业、生产过程质量追溯、产品生命周期质量管理，从而优化对装备和资源的使用，推动生产和运营的智能化，创造新的经济成效和社会价值。

在电子信息产品制造中，自动化流水线制造模式，实现大批量、标准化、持续不断的生产，需要依赖于大量生产装备进行，其对设备运行状态、维护状态、保养情况等，都需要进行严格的管理和监控；一旦因设备管理不善导致生产停机、贵重设备提前报废、产品质量隐患或安全事故，对企业造成的损失往往是巨大和难以承受的，为使这些设备保持健康运行状态，帮助企业降低生产制造成本和提高产品质量，实现企业的可持续和健康发展，就需要对设备进行健康管理。

通过工业互联网采集设备运行状态信息，对设备运行状态进行实时监测，并结合采集到的设备故障信息，实现对设备的健康管理和可预测性维护，以较少的投入，大大延长设备的技术寿命、经济寿命和使用寿命，为企业增加检修效益、增产效率和安全效益，使企业保持良好的经济效益。

# 实训项目

## 实训 4　无线网络搭建与传输实训

### 实训 4-1　智能网关 boa 服务器移植实训

#### 1. 实训目的

掌握 boa（Web 服务）应用、构建和移植。

#### 2. 实训条件

（1）硬件环境要求

1）PC 一台：2GHz 以上主频；2GB 以上内存；500MB 以上硬盘空间；4 个以上的 USB 口，一个串行接口，一个以太网接口。

2）大雅新科技的 Smart Gateway_II 智能网关一台：Cortex A8 主处理器，板载 ZigBee、Wi-Fi 等无线功能模块，一个 SD 卡接口，两个 mini USB 接口，一个以太网接口，一个串行接口。智能网关设备实物如图 2-28 所示。

图 2-28　智能网关设备实物图

（2）软件环境要求

1）操作系统：Ubuntu 10.04 操作系统。

2）应用软件：Vi 编辑器或 GEDIT 编辑器。

3）软件包：boa-0.94.13.tar.gz 软件包，arm-linux-gcc-4.51 交叉编译工具链，嵌入式 Linux 映象软件包。

#### 3. 实训原理

整个网络由智能网关、路由器、PC 以 Wi-Fi 或以太网的通信方式组成一个基本的局域网，手机或平板电脑以 Wi-Fi 的通信方式可以动态地加入到这个局域网中，PC 是开发系统的主体，PC 除以 Wi-Fi 或以太网方式与智能网关进行通信外，还需要以串行接口的方式与智能网关进行通信，以串行接口方式通信的主要作用是登录到智能网关的系统中，为开发者提供一个与智能网关的人机交互界面，同时也为开发者提供一个小文件下载的通道。网络结构如图 2-29 所示。

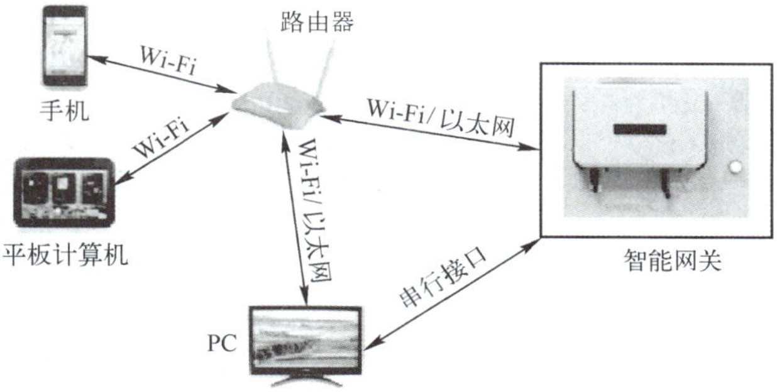

图 2-29　网络结构图

### 4. 实训内容

配置和编译 boa 服务器并构建一个小型的网页服务器。

### 5. 实训步骤

（1）ARM 交叉工具链的搭建

1）把 arm-linux-gcc-4.5.1.tar.gz 工具链文件复制到 Ubuntu 10.04 操作系统的“opt”目录下。由于 Ubuntu 操作系统权限问题，所以先需设置“root”权限。

2）打开 Ubuntu 系统的命令行终端，在命令行下输入“su”，再输入“root”用户的密码，然后把准备好的 ARM 交叉工具链文件“arm-linux-gcc-4.5.1.tar.gz”复制到“opt”目录下。具体操作如图 2-30 所示。

图 2-30　复制 ARM 交叉工具链文件到 opt 目录

3）在“opt”目录下输入“tar xzvf arm-linux-gcc-4.5.1.tar.gz”，开始安装交叉工具链，如图 2-31 所示。

图 2-31　安装交叉工具链

4）为了使交叉工具在任何目录下都可随时被调用，现在需要把交叉工具所在的目录加入到系统的环境变量中。输入“cd/etc”进入到“etc”目录下，输入“vi profile”，开始编辑“profile”文件，在“profile”文件中加入“export PATH=/opt/toolschain/4.5.1/bin:$PATH”，如图 2-32 所示。

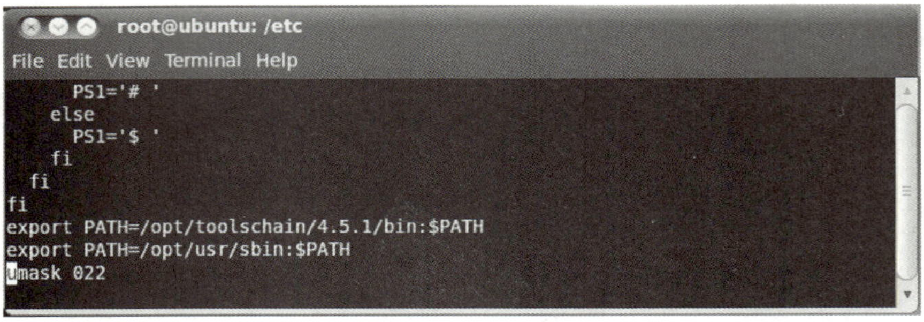


图 2-32　环境变量文件的修改

5）修改完后，保存“profile”文件，然后重启 Ubuntu 系统，打开 Ubuntu 系统的命令行终端，输入“which arm-linux-gcc”，就可以看到交叉工具链所在的路径，如图 2-33 所示。

图 2-33　交叉工具链所在的路径

（2）准备 boa 源代码

1）到 boa 网站 http://www.boa.org 下载 boa-0.94.13.tar.gz 源代码；把 boa-0.94.13.tar.gz 复制到 Ubuntu 系统的“home/peter/Work/LinuxDemo”工作目录下。下载 Boa 源码如图 2-34 所示。

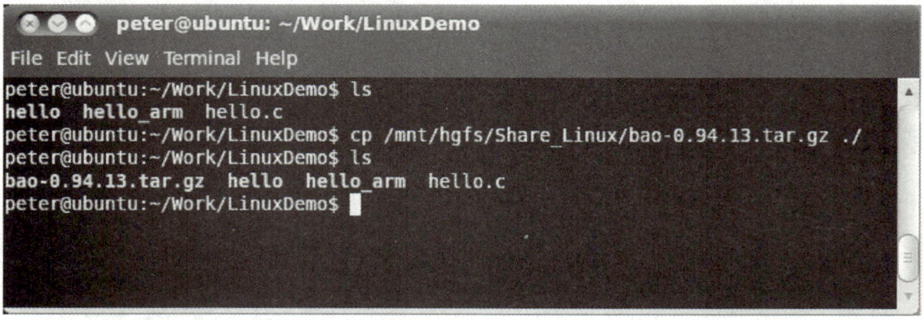


图 2-34　下载 Boa 源码

2）在命令行输入“tar xzvf boa-0.94.13.tar.gz”解压 boa 软件包，如图 2-35 所示。

（3）编译源代码

1）解压后生成一个 boa-0.94.13 的文件夹，进入该文件夹下的 src 目录，编译源代码，如图 2-36 所示。

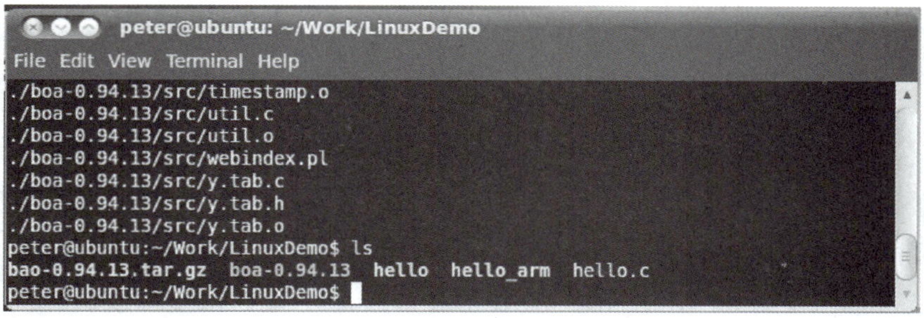


图 2-35　解压 boa 软件包

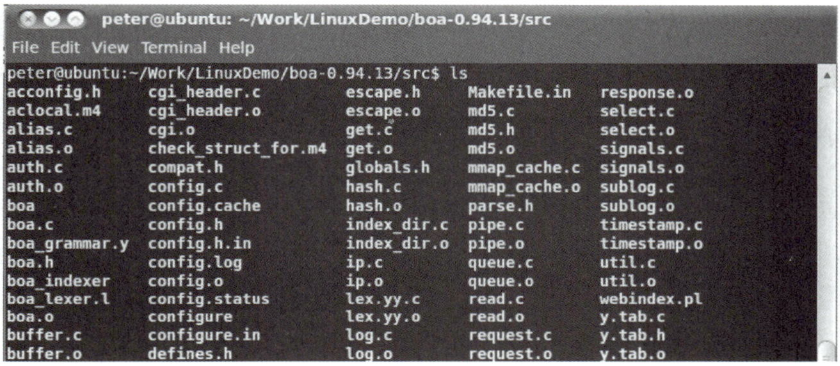


图 2-36　进入 boa-0.94.13 软件包的 src 目录

2）解压后 src 目录下有 Makefile.in 文件，但没有 Makefile 文件，为了编译源代码，需要先生成 Makefile 文件（如图 2-37 所示），在 src 目录下运行 configure 命令即可。

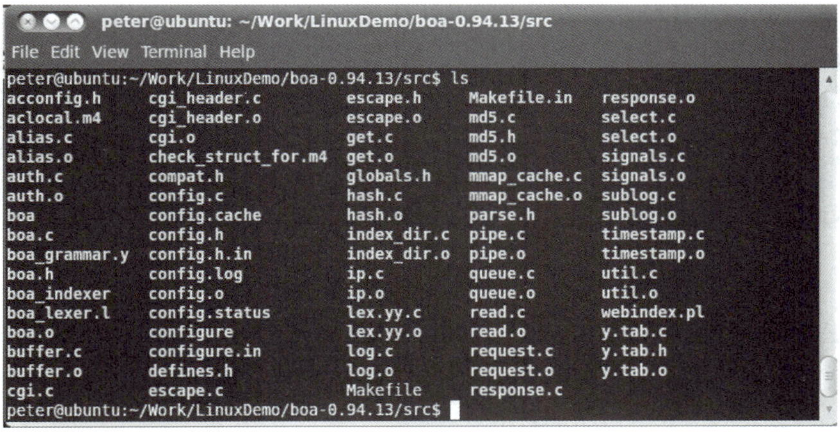


图 2-37　生成 Makefile 文件

3）执行 configure 命令后生成的 Makefile 文件是针对 X86 平台的，为了生成能够在 ARM 上运行的 boa，需要修改 Makefile 文件。将 Makefile 的 31 和 32 行中的 gcc 改成交叉编译的命令，Makefile 文件被修改前后分别如图 2-38 和图 2-39 所示。

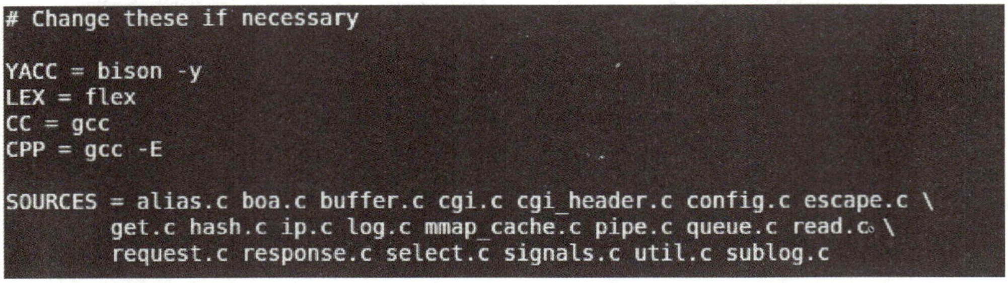


图 2-38　Makefile 文件被修改前

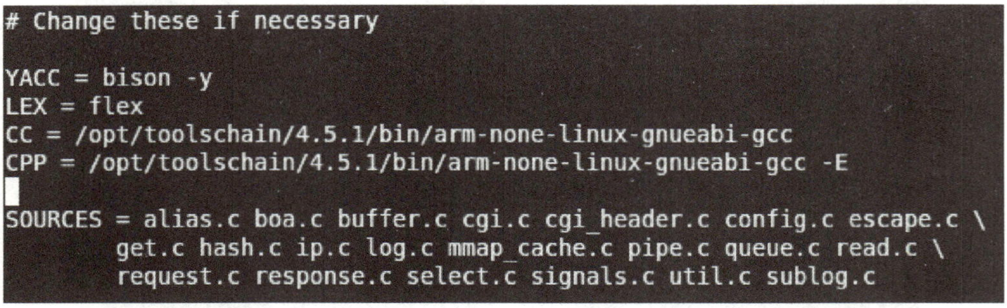


图 2-39　Makefile 文件被修改后

4）在命令行执行 make 命令进行编译，生成 boa 文件。

5）如果 Ubuntu 系统中没有“bison”和“flex”软件包，则需要安装这两个软件包，安装命令为“apt-get install bison flex”，如图 2-40 所示。

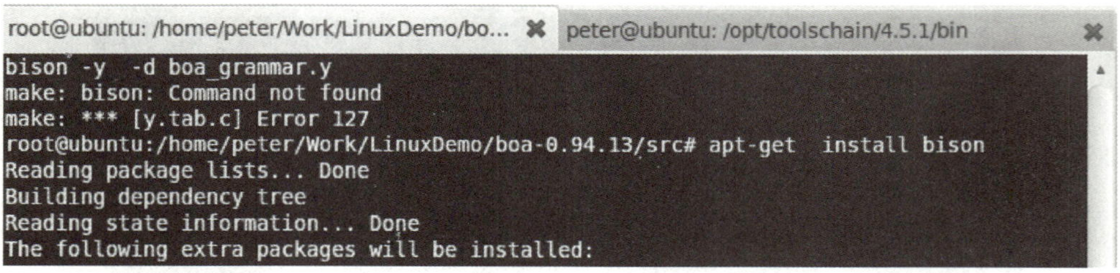


图 2-40　Bison 软件包的安装

6）如果出现错误：boa.c:228 - icky Linux kernel bug!: No such file or directory，解决方法是修改 src/boa.c，即

将 if（setuid（0）！=-1）{

DIE（“icky Linux kernel bug！”）；

}这句注释掉；

7）在 PC 上将/etc/mime.types 文件通过 FPT 方式下载到开发板的/etc 目录下，如图 2-41 所示。

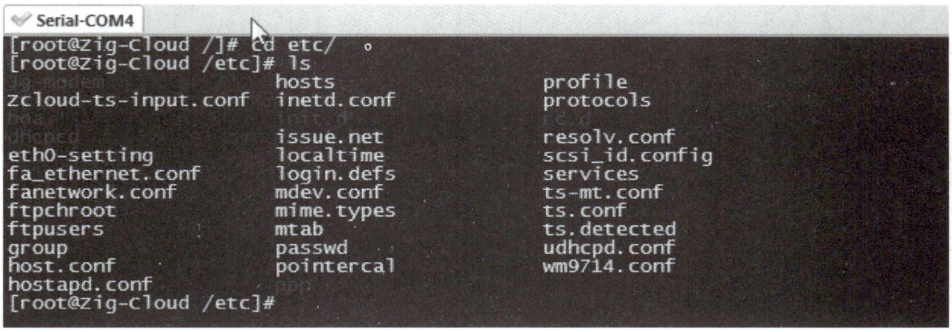


图 2-41　mime.types 文件复制

8）在开发板上创建目录/etc/boa，如图 2-42 所示，并把 PC 上之前生成的 boa 和 boa.conf 文件通过 FPT 方式下载到/etc/boa 目录下。

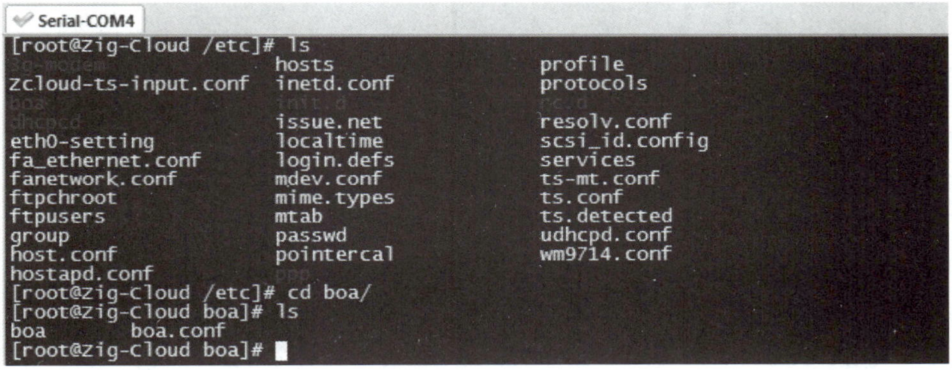


图 2-42　创建目录/etc/boa

9）在开发板上创建 HTML 文档的主目录/www，如图 2-43 所示，并新建一个主页 index.html。

图 2-43　创建 HTML 文档的主目录/www

10）在开发板上创建 CGI 脚本所在目录/www/bin，如图 2-44 所示。

图 2-44　创建 CGI 脚本所在目录/www/bin

11）重启后在命令行输入./boa，启动 boa 服务，如图 2-45 所示，可以通过 ps 命令查看服务是否开启。

图 2-45　启动 boa 服务

12）登录 boa 服务器，如图 2-46 所示，在 PC 浏览器地址栏输入智能网关的 IP 地址，访问存在于目标系统中的网页。

图 2-46　登录 boa 服务器

### 6. 思考题

移植和安装 boa 时需要注意哪些问题？

## 实训 4-2　智能网关 JSON 库移植实训

### 1. 实训目的

掌握 JSON 库的构建和移植。

### 2. 实训条件

（1）硬件环境要求

1）PC 一台：2GHz 以上主频；2GB 以上内存；500MB 以上硬盘空间；4 个以上的 USB 口，一个串行接口，一个以太网接口。

2）大雅新科技的 Smart Gateway_II 智能网关一台：Cortex A8 主处理器，板载 ZigBee、

Wi-Fi 等无线功能模块，一个 SD 卡接口，两个 mini USB 接口，一个以太网接口。

（2）软件环境要求

1）操作系统：Ubuntu 10.04 操作系统。

2）应用软件：Vi 编辑器或 GEDIT 编辑器。

3）软件包：json-c-0.9.tar.gz 软件包，arm-linux-gcc-4.51 交叉编译工具链，嵌入式 Linux 映象软件包。

### 3. 实训内容

交叉编译 JSON 库源代码，并将其移植到开发板中，测试能否使用。

### 4. 实训步骤

1）ARM 交叉工具链的搭建，具体操作过程请参考“实训 4-1 智能网关 boa 服务器移植实训”。

2）准备 Json 库源代码。

① 从网上下载 json-c-0.9.tar.gz 软件包到 PC 上。

② 复制 json-c-0.9.tar.gz 软件包到 Ubuntu 操作系统工作目录下，如图 2-47 所示。

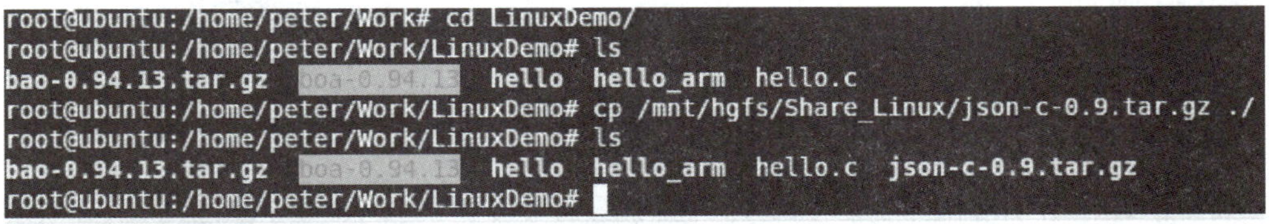


图 2-47　复制 json-c-0.9.tar.gz 软件包到 Ubuntu 操作系统工作目录下

③ 在 Ubuntu 操作系统命令行输入“tar-xzvf json-c-0.9.tar.gz”，解压 json-c-0.9.tar.gz 软件包，如图 2-48 所示。

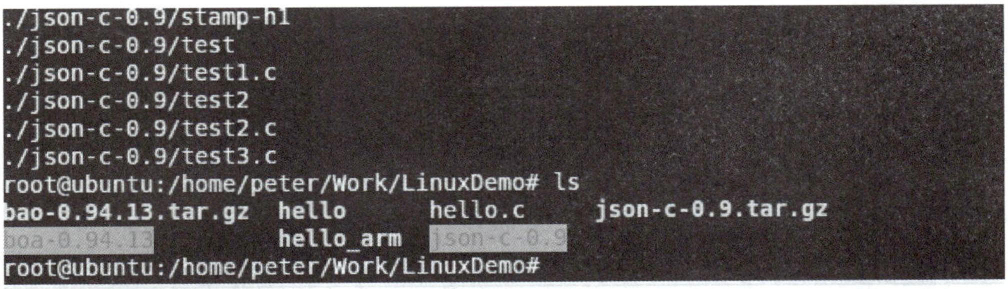


图 2-48　解压 json-c-0.9.tar.gz 软件包

3）编译 json-c-0.9.tar.gz 软件包。

① 解压后生成一个 json-c-0.9 的目录，进入该目录下输入命令：./configure CC=arm-none-linux-gnueabi-gcc-host=arm-none-linux –build=i686-pc-linux，配置编译选项，如图 2-49 所示。

② 打开生成的 Makefike 文件，修改里面的内容，如图 2-50 所示，将 AR=ar 改成 AR=arm-none-linux-gnueabi-ar。

```
root@clh-desktop:~/Desktop/json-c-0.9# ./configure CC=arm-none-linux-gnueabi-gcc
 -host=arm-none-linux -build=i686-pc-linux
checking for a BSD-compatible install... /usr/bin/install -c
checking whether build environment is sane... yes
checking for a thread-safe mkdir -p... /bin/mkdir -p
checking for gawk... gawk
checking whether make sets $(MAKE)... yes
checking for arm-none-linux-strip... no
checking for strip... strip
configure: WARNING: using cross tools not prefixed with host triplet
checking for style of include used by make... GNU
```

图 2-49　配置编译选项

```
ACLOCAL = ${SHELL} /root/Desktop/json-c-0.9/missing --run aclocal-1.10
AMTAR = ${SHELL} /root/Desktop/json-c-0.9/missing --run tar
AR = ar
AUTOCONF = ${SHELL} /root/Desktop/json-c-0.9/missing --run autoconf
AUTOHEADER = ${SHELL} /root/Desktop/json-c-0.9/missing --run autoheader
AUTOMAKE = ${SHELL} /root/Desktop/json-c-0.9/missing --run automake-1.10
AWK = gawk
CC = arm-none-linux-gnueabi-gcc
```

图 2-50　修改 Makefile 文件 1

③ 将 STRIP=strip 改成 STRIP= arm-none-linux-gnueabi-strip，如图 2-51 所示。

```
SHELL = /bin/bash
STRIP = strip
VERSION = 0.9
abs_builddir = /root/Desktop/json-c-0.9
abs_srcdir = /root/Desktop/json-c-0.9
abs_top_builddir = /root/Desktop/json-c-0.9
abs_top_srcdir = /root/Desktop/json-c-0.9
```

图 2-51　修改 Makefile 文件 2

④ 将 RANLIB=ranlib 改成 RANLIB= arm-none-linux-gnueabi-ranlib，如图 2-52 所示。

```
PATH_SEPARATOR = :
RANLIB = ranlib
SED = /bin/sed
SET_MAKE =
SHELL = /bin/bash
STRIP = strip
VERSION = 0.9
abs_builddir = /root/Desktop/json-c-0.9
abs_srcdir = /root/Desktop/json-c-0.9
abs_top_builddir = /root/Desktop/json-c-0.9
```

图 2-52　修改 Makefile 文件 3

⑤ 打开 config.h.in 文件，修改里面的内容，如图 2-53 所示，即将#undef malloc 和#undef realloc 这两句屏蔽掉。

```
/* Define to rpl_malloc if the replacement function should be used. */
//#undef malloc

/* Define to rpl_realloc if the replacement function should be used. */
//#undef realloc

/* Define to `unsigned int' if <sys/types.h> does not define. */
#undef size_t
```

图 2-53　修改 config.h.in 文件

⑥ 在命令行输入 make，等其执行完后再输入 make install，至此交叉编译完毕；安装 JSON 头文件在 PC 的/usr/local/include/json 目录下，如图 2-54 所示。

```
root@clh-desktop:/# cd /usr/local/include/json/
root@clh-desktop:/usr/local/include/json# ls
arraylist.h  debug.h  json_object.h          json_tokener.h  linkhash.h
bits.h       json.h   json_object_private.h  json_util.h     printbuf.h
root@clh-desktop:/usr/local/include/json#
root@clh-desktop:/usr/local/include/json#
root@clh-desktop:/usr/local/include/json#
```

图 2-54　安装 JSON 头文件

⑦ 交叉编译后的 JSON 动态库文件被安装在/usr/local/lib 目录下，如图 2-55 所示。

```
root@clh-desktop:/usr/local/include/json# cd /usr/local/lib/
root@clh-desktop:/usr/local/lib# ls
alsa_lib                libgettextpo.la          libjson.so.0
libasprintf.a           libgettextpo.so          libjson.so.0.0.1
libasprintf.la          libgettextpo.so.0        libmad.a
libasprintf.so          libgettextpo.so.0.5.0    libmad.la
libasprintf.so.0        libgettextsrc-0.18.so    libmad.so
libasprintf.so.0.0.0    libgettextsrc.la         libmad.so.0
libgettextlib-0.18.so   libgettextsrc.so         libmad.so.0.2.1
libgettextlib.la        libjson.a                pkgconfig
libgettextlib.so        libjson.la               preloadable_libintl.so
libgettextpo.a          libjson.so               python2.6
root@clh-desktop:/usr/local/lib#
```

图 2-55　安装 JSON 动态库文件

4）Json 库的使用。

① 编译 JSON 源码中自带的例子，交叉编译时一定要指定–std=c99。

② 进入“json-c-0.9”的目录，如图 2-56 所示。

③ 在命令行输入 arm-none-linux-gnueabi-gcc –ljson –I/usr/local/include/json/-L/usr/local/lib -o test2 test2.c-std=c99。

④ 编译通过后会在当前目录生成一个 test2 的可执行文件。

⑤ 将 PC/usr/local/lib 目录下的 libjson.*和 pkgconfig 目录都复制到开发板的 lib 目录下，将 test2 复制到开发板上，并运行。

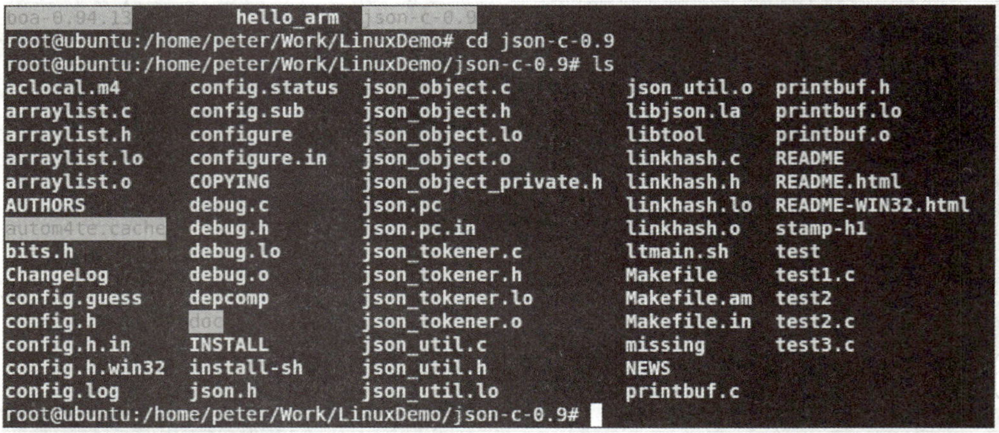


图 2-56　进入“json-c-0.9”的目录

#### 5. 思考题

写 makefile 来编译执行 test2.c，该怎么写？

### 实训 4-3　智能网关服务器搭建实训

#### 1. 实训目的

了解 CGI 的工作流程。

#### 2. 实训条件

（1）硬件环境要求

1）PC 一台：2GHz 以上主频；2GB 以上内存；500MB 以上硬盘空间；4 个以上的 USB 口，一个串行接口，一个以太网接口。

2）大雅新科技的 Smart Gateway_II 智能网关一台：Cortex A8 主处理器，板载 ZigBee、Wi-Fi 等无线功能模块，一个 SD 卡接口，两个 mini USB 接口，一个以太网接口。

（2）软件环境要求

1）操作系统：Ubuntu 10.04 操作系统。

2）应用软件：Vi 编辑器或 GEDIT 编辑器。

3）软件包：智能网关 CGI 的源码包，智能网关 server_center 源码包，arm-linux-gcc-4.51 交叉编译工具链，嵌入式 Linux 映象软件包。

#### 3. 实训原理

CGI 全称是公共网关接口（Common Gateway Interface），是 HTTP 服务器与你的或其他机器上的程序进行“交谈”的一种工具，其程序需被运行在网络服务器上。CGI 主要的功能是在 WWW 环境下，由用户端传递一些信息给 WWWServer，再由 WWWServer 去启动所指定的程式码来完成特定的工作。在物理上，CGI 是一段程序，它运行在 Server 上，提供同用户端 Html 页面的接口。

#### 4. 实训内容

通过 PC 的浏览器，查看智能网关上 CGI 的数据。

#### 5. 实训步骤

（1）serverDYX 文件结构

1）serverDYX 是最终的智能网关服务器文件，进入到 serverDYX 目录中，如图 2-57 所示。

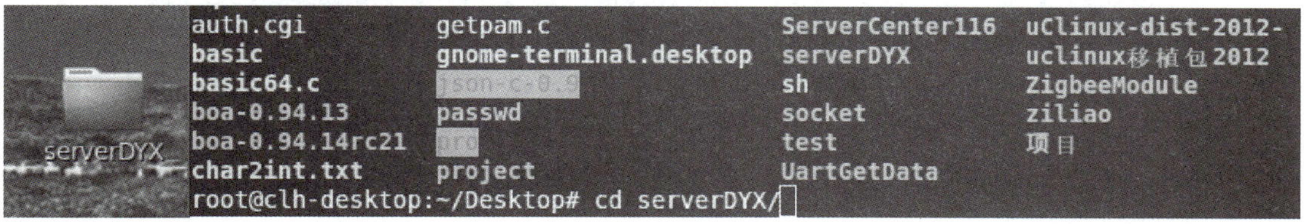


图 2-57　进入到 serverDYX 目录

2）serverDYX/CGI/这个目录存放生成的 cgi 脚本文件，serverDYX/ServerCenter/这个目录是智能网关服务器文件，serverDYX/socket/目录是放 socket 服务器文件的，serverDYX 目录结构如图 2-58 所示。

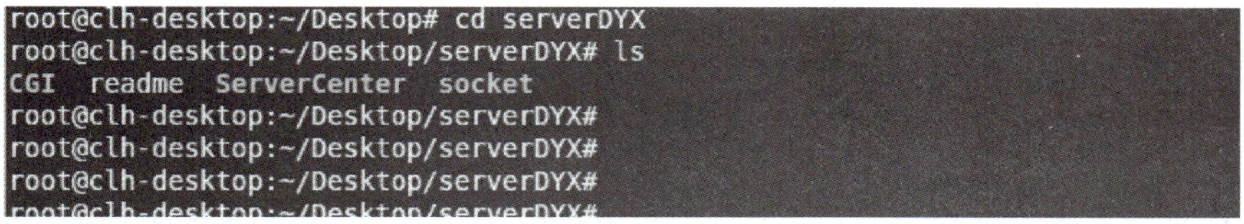


图 2-58　serverDYX 目录结构

（2）CGI 的编译与使用

1）cd 到 CGI 目录中，分别编译以下 5 个文件（进入到其目录中直接 make 即可）生成对应的 cgi 脚本程序，如图 2-59 所示。

图 2-59　生成对应的 cgi 脚本程序

2）编译 action_cgi，如图 2-60 所示。

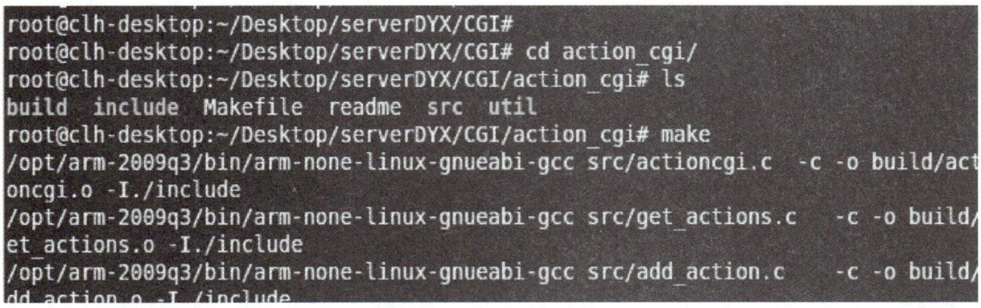


图 2-60　编译 action_cgi

3）将生成的 cgi 脚本程序通过 ftp 服务器传送到智能网关/WWW/bin/目录下。下载 egi 脚本程序如图 2-61 所示。

```
or cross-compilation
root@clh-desktop:~/Desktop/serverDYX/CGI/action_cgi# ls
action.cgi  build  include  Makefile  readme  src  util
root@clh-desktop:~/Desktop/serverDYX/CGI/action_cgi# ftp 192.168.1.203
Connected to 192.168.1.203.
220 FriendlyARM FTP server (Version 6.4/OpenBSD/Linux-ftpd-0.17) ready.
Name (192.168.1.203:root): plg
331 Password required for plg.
Password:
230 User plg logged in.
Remote system type is UNIX.
Using binary mode to transfer files.
ftp> put action.cgi
local: action.cgi remote: action.cgi
200 PORT command successful.
150 Opening BINARY mode data connection for 'action.cgi'.
226 Transfer complete.
18101 bytes sent in 0.00 secs (5868.8 kB/s)
ftp>
```

图 2-61　下载 cgi 脚本程序

4）智能网关中的/WWW/bin/目录（注意更改权限），如图 2-62 所示。

```
[root@Zig-Cloud /www]# cd bin
[root@Zig-Cloud bin]# ls
action.cgi      fifo2           node.cgi
condition.cgi   model.cgi       rule.cgi
[root@Zig-Cloud bin]#
```

图 2-62　智能网关中的/WWW/bin/目录

5）分别进入到 serverDYX/ServerCenter/和 serverDYX/socket/目录进行编译，如图 2-63 和图 2-64 所示。

```
root@clh-desktop:~/Desktop/serverDYX# ls
CGI  readme  ServerCenter  socket
root@clh-desktop:~/Desktop/serverDYX# cd ServerCenter/
root@clh-desktop:~/Desktop/serverDYX/ServerCenter# ls
build  include  Makefile  server_center  src  tools
root@clh-desktop:~/Desktop/serverDYX/ServerCenter#
root@clh-desktop:~/Desktop/serverDYX/ServerCenter#
```

图 2-63　ServerCenter 的编译

```
root@clh-desktop:~/Desktop/serverDYX# ls
CGI  readme  ServerCenter  socket
root@clh-desktop:~/Desktop/serverDYX# cd socket/
root@clh-desktop:~/Desktop/serverDYX/socket# ls
build  include  Makefile  socket_server  src  util
root@clh-desktop:~/Desktop/serverDYX/socket#
root@clh-desktop:~/Desktop/serverDYX/socket#
root@clh-desktop:~/Desktop/serverDYX/socket#
```

图 2-64　Socket 的编译

6）将生成的 server_center 和 socket_server 通过 ftp 传送到开发板的/root/tmp/智能网关目录下（注意 server_center 和 socket_server 要有可执行权限），如图 2-65 所示。

```
[root@Zig-Cloud /]# cd root/tmp/
[root@Zig-Cloud tmp]# ls
data.db         fifo3           server_center
fifo1                           socket_server
[root@Zig-Cloud tmp]#
```

图 2-65　下载 server_center 和 socket_server

7）在开发板的命令行输入 vi /etc/init.d/rcS，打开 rcS 文件添加 server_center 和 socket_server 为开机后自动后台运行（在 rcS 文件的最下面添加/root/tmp/server_center &和/root/tmp/socket_server &），修改 rcS 文件如图 2-66 所示。

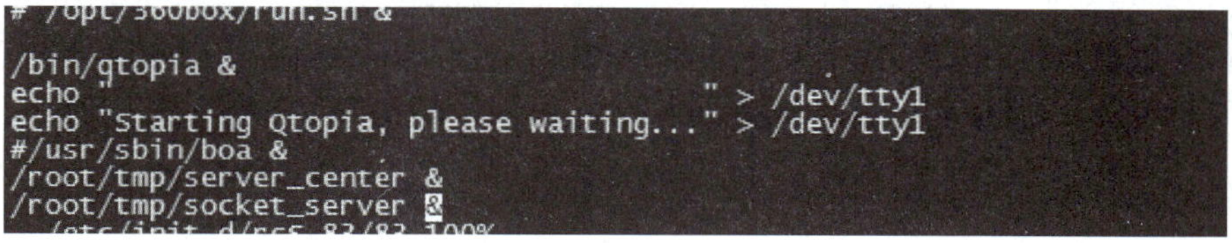


图 2-66　修改 rcS 文件

8）重启智能网关和几个 ZigBee 节点后，在 PC 的浏览器中直接输入http://192.168.1.203/bin/action.cgi?method=getActions就可以访问智能网关服务器，并从中获取相应的信息，如图 2-67 所示。

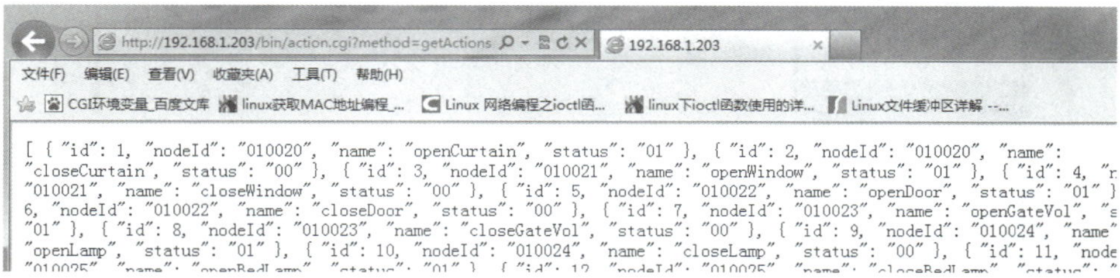


图 2-67　CGI 数据的访问

## 实训 4-4　智能网关客户端搭建实训

### 1. 实训目的

掌握智能网关客户端搭建

### 2. 实训条件

（1）硬件环境要求

1）PC 一台：2GHz 以上主频；2GB 以上内存；500MB 以上硬盘空间；四个以上的 USB 口，一个串行接口，一个以太网接口。

2）大雅新科技的 Smart Gateway_II 智能网关一台：Cortex A8 主处理器，板载 ZigBee、Wi-Fi 等无线功能模块，一个 SD 卡接口，两个 mini USB 接口，一个以太网接口。

（2）软件环境要求

1）操作系统：Windows 7 操作系统。

2）软件包：智能网关客户端软件包，嵌入式 Linux 映象软件包。

### 3. 实训内容

通过 PC 或手持设备的浏览器，查看智能网关上服务器的数据。

### 4. 实训步骤

1）确认智能网关的服务器系统已搭建完成。

2）进入到智能网关的“www”目录下，通过 FTP 方式把智能网关用户端软件包的所有文件下载到智能网关的“www”目录下，如图 2-68 所示。

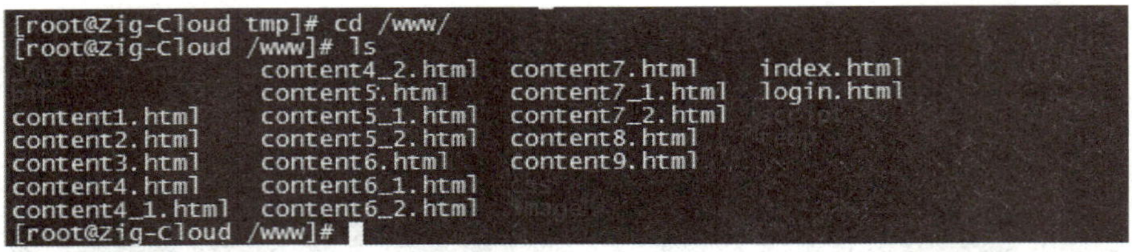


图 2-68　智能网关用户端软件包下载

3）在 PC 或手持设备浏览器地址栏输入智能网关的 IP 地址，访问存在于目标系统中的用户端页面，其实时监控窗口和智能控制窗口分别如图 2-69 和图 2-70 所示。

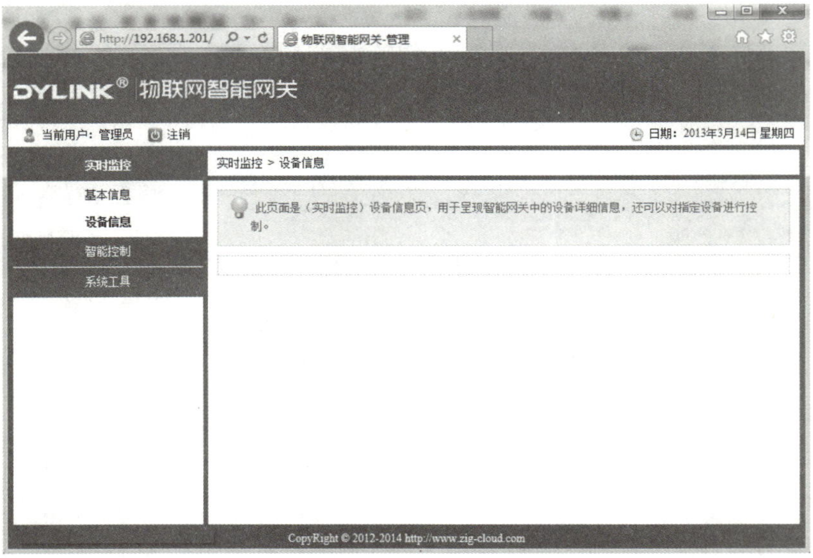


图 2-69　用户端实时监控窗口

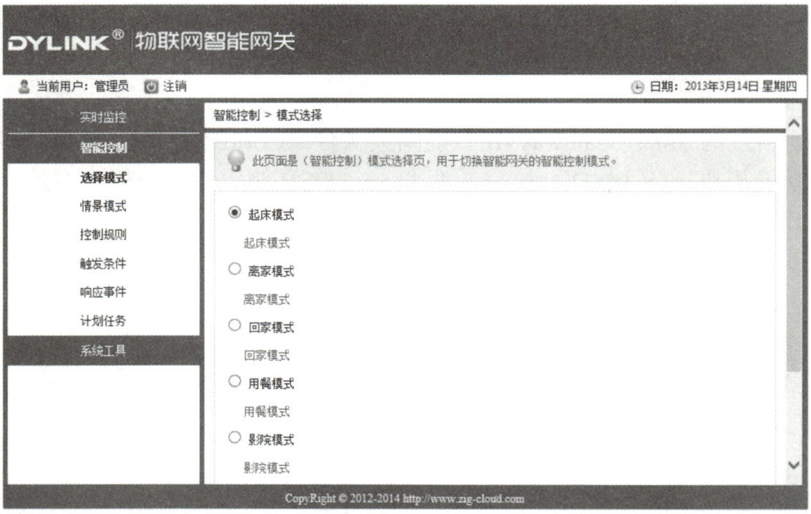


图 2-70　用户端智能控制窗口

## 实训 5　M2M 平台调研实训

### 1. 实训目的

1）掌握设备状态检测的原理。

2）掌握设备控制的原理。

### 2. 实训条件

（1）硬件环境要求

1）PC 一台：2GHz 以上主频；2GB 以上内存；500MB 以上硬盘空间；4 个以上的 USB 口，一个串行接口，一个以太网接口。

2）大雅新科技的 Smart Gateway_II 智能网关：Cortex A8 主处理器，板载 ZigBee、Wi-Fi 等无线功能模块，一个 SD 卡接口，两个 mini USB 接口，一个以太网接口，一个串行接口。智能网关实物如图 2-71 所示。

3）大雅新科技的 Smart Switch-101-I 智能开关：CC2530 主处理器，mini USB 程序下载接口，小功耗电流检测、220V 继电器输出。智能开关实物如图 2-72 所示。

图 2-71　智能网关实物图

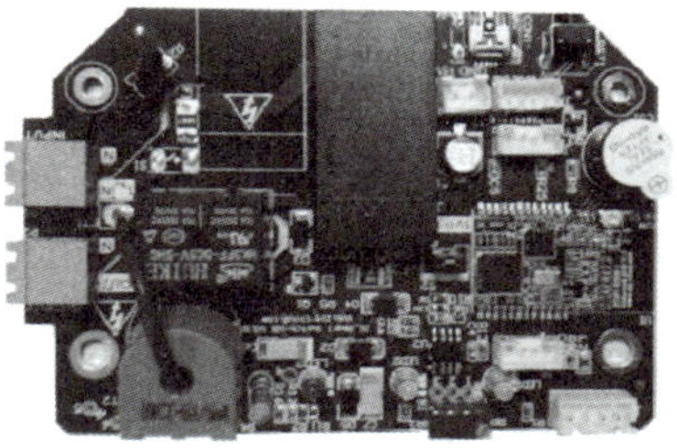

图 2-72　智能开关实物图

4）带 Wi-Fi 功能的平板计算机或手持设备一台。

5）无线网络接入点（Access Point，AP）和小功耗 LED 灯一个。

（2）软件环境要求

1）操作系统：Windows7 或 Windows XP 操作系统。

2）应用软件：IAR 集成开发环境。

3）软件包：ZStack 开发包，智能开关软件包，智能网关程序包，Chome 软件包。

### 3. 实训原理

整个网络由智能网关、路由器、智能开关、平板计算机或手持设备等以 ZigBee 和 Wi-Fi 或以太网的通信方式组成一个基本网络，可以得手持设备或平板计算机以 Wi-Fi 通信方式动态地加入到这个网络中，也可以将智能开关以 ZigBee 无线通信方式动态加入到这个网络中，它的作用是，一方面检测灯的开关状况，被智能开关检测到的灯的状态信息，通过 ZigBee 无线通信方式传输给智能网关，智能网关通过 Wi-Fi 网络，把灯的状态信息传输给终端设备（平板计算机或手机），并在该终端设备的应用软件界面中呈现；另一方面控制灯的开关，灯的控制信号是由手机或平板计算机发起，灯的控制信号通过 Wi-Fi 网络传输给智能网关，该控制信号被智能网关处理后，通过 ZigBee 网络传感给智能开关，从而远程地控制灯的开关。网络结构如图 2-73 所示。

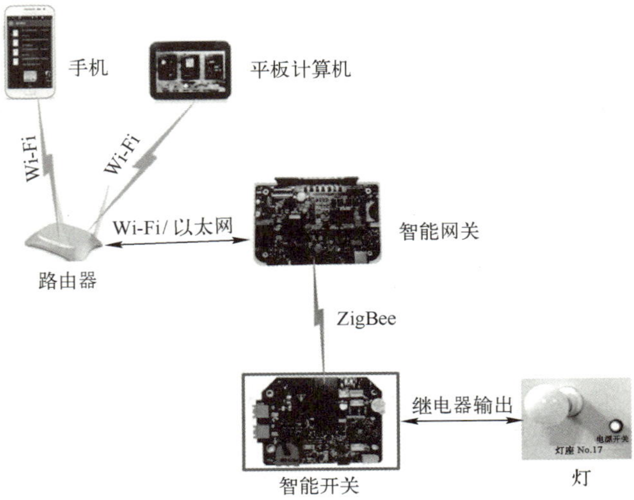


图 2-73　网络结构图

## 4. 实训内容

1）通过手机远程控制灯的开关。

2）在手机上远程查看灯的开关状况。

## 5. 实训步骤

（1）组网

1）打开无线路由和智能网关的电源，用以太网线连接好无线路由和智能网关（其实物分别如图 2-74 和图 2-75 所示）。

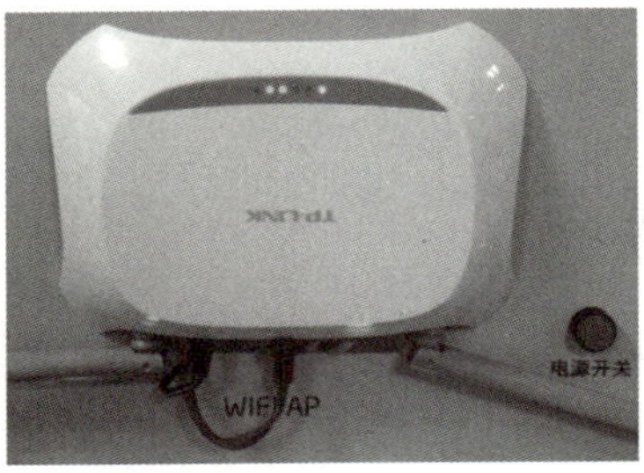

图 2-74　无线路由实物图

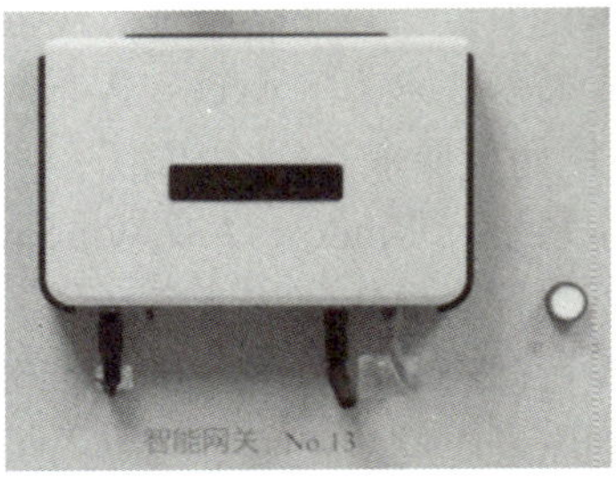

图 2-75　智能网关实物图

2）打开手机的 Wi-Fi 功能，并接入由无线路由组成的网络中。

3）打开实训台的 No.17 的智能灯电源，如图 2-76 所示。

4）整个系统结构如图 2-77 所示。

（2）程序下载

1）把智能网关程序包，通过 SD 下载方式下载到智能网关中。

2）用 CC-Debugger 仿真器连接好 PC 与实训台，通过实训台程序下载区的“设备选择按钮”选择 NO.17 节点，程序下载区 No.17 的指示灯会亮，如图 2-78 所示。

3）用 IAR 软件，打开智能灯软件包，如图 2-79 所示。

图 2-76　智能灯

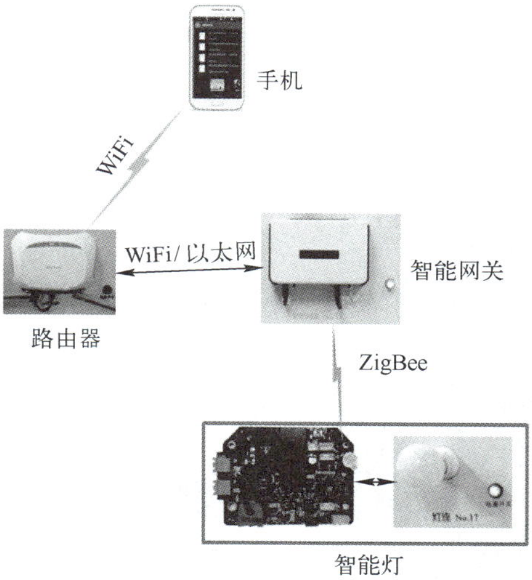


图 2-77　整个系统结构图

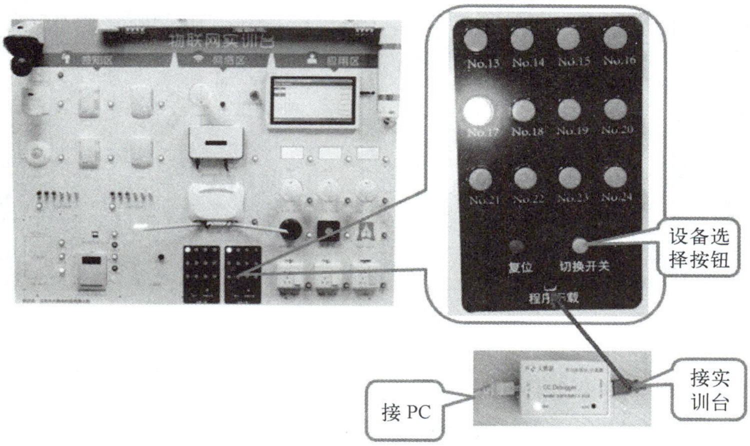


图 2-78　节点选择

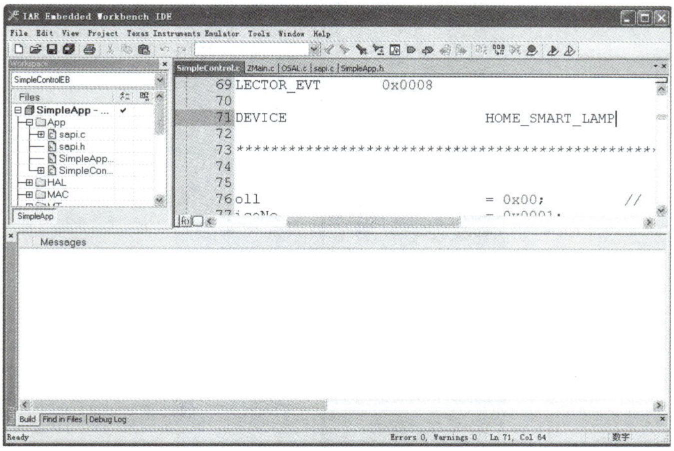


图 2-79　智能灯工程

4）重启智能灯（No.17）。

（3）手机的 APP 安装

1）在 PC 中安装好 91 助手。

2）用 USB 线连接好 PC 与手机。

3）用鼠标双击“ZigCloudAndroid.apk”软件，把该软件安装到手机中。

（4）系统的使用

1）打开 DYLINK 智能家居软件，登录系统的主界面，如图 2-80 所示。

2）在主界面中选择“我的房间”，进入到设备列表中，如图 2-81 所示。

图 2-80　系统的主界面

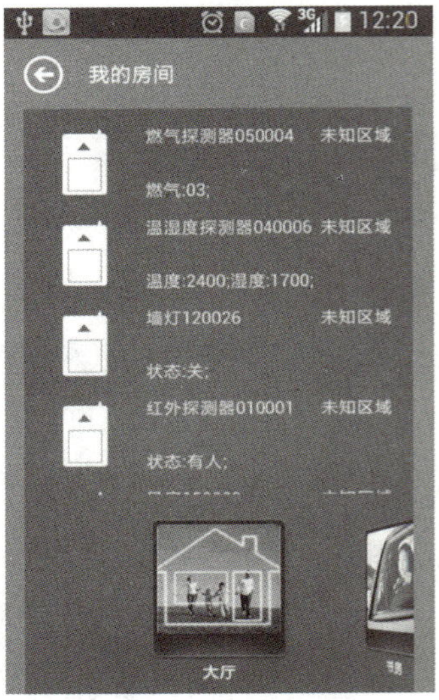


图 2-81　设备列表

3）选择“墙灯”，进入设备控制界面，如图 2-82 所示。

图 2-82　设备控制界面

4）单击图 2-82 中的“打开”按钮，实训台的 No.17 灯会点亮，同时软件中的设备状态会显示“开”。

## *学习情境小结

通过本情境的学习，使学生掌握以下知识：移动通信网的特点、分类、结构、功能及应用；互联网特点、组网方式及应用；专用网络的特点及应用；M2M 平台的定义、结构、所用到的技术及应用。

## ▼思考题

### 1. 填空题

1）移动通信网的基本结构为（　　　　　　）、（　　　　　　）和（　　　　　　）。

2）互联网网络常用协议为（　　　　　　）、（　　　　　　）和（　　　　　　）。

3）专用网络组网技术包括（　　　　　　）、（　　　　　　）\（　　　　　　）、（　　　　　　）和（　　　　　　）。

4）近距离连接技术主要有（　　　　　　）、（　　　　　　）\（　　　　　　）、（　　　　　　）和（　　　　　　）。

### 2. 简答题

1）简述移动通信网技术。

2）简述互联网应用技术发展的 3 个阶段。

3）简述专用网络的特点。

4）简述 M2M 平台的应用领域。

# ※学习情境 3　信息智能处理

## ▲学习情境 3　描述

信息智能处理学习情境描述如表 3-1 所示。

表 3-1　信息智能处理学习情境描述

| 学 习 情 境 | 信息智能处理（28 学时） |
| --- | --- |
| 实训项目 | 智能家居中的信息智能处理：<br>1）智能家居系统设计<br>2）智能家居系统软硬件实现 |
| 学生学习内容 | 1）了解中间件的起源、定义、作用、分类、技术规范和产品<br>2）了解云计算的起源、定义、作用、分类、服务与部署模式和产品<br>3）掌握中间件、云计算和应用系统的原理<br>4）阅读项目相关知识与技术<br>5）进行软件安装、设置和调试<br>6）进行信息智能处理测试<br>7）提交文档，演示并讲解项目流程 |
| 教学环境 | 校内物联网实训基地 |
| 教师传授知识 | 1）结合中间件技术规范和产品，讲述分布式系统软件基本原理<br>2）结合云计算服务与部署模式，讲述分布式计算与处理技术基本原理<br>3）结合 DCE、OMA、DNA、J2EE 和 SOA 等中间件技术规范，讲述事务中间件、消息中间件和应用服务器中间件产品<br>4）结合虚拟化、分布式计算和中间件技术，讲述云计算的部署方式<br>5）结合项目实施方案，讲述信息智能处理实训项目实操中的注意事项 |
| 教学法选择 | 项目教学法 |
| 教（学）件 | 1）多媒体课件<br>2）软件<br>3）项目实施方案 |
| 学生提交 | 1）项目实训报告<br>2）信息全面感知测试报告 |
| 考核方式 | 考核包括以下两部分。<br>1）项目绩效考核：即整个项目小组的项目评分，由教师及同组学生根据需求分析对项目功能的完整性和正确性进行评价，教师同时结合项目完成进度综合考核<br>2）个人绩效考核：根据个人在项目完成过程的表现及项目演示阶段的总结汇报，进行个人评分 |

本情境重要知识点：中间件的起源、定义、作用、分类及其技术规范和产品；云计算的起源、定义、作用、分类及其模式和产品。物联网中的信息智能处理涉及数据在基础设施（Infrastructure）、操作平台（Platform）和应用软件（Software）之间的传输、存储与交换。实现信息的智能处理有赖于中间件和云计算等核心技术的支持。集中介绍关于中间件和云计算的相关知识与技术，并在此基础上列举了相关的应用系统，所涉及的概念与技术应用涵盖了电子工程的分布式自动化控制与嵌入式系统、计算机工程的分布式计算机系统、通信工程的宽度有线/无线通信网络和智能移动通信网络等横跨学科的内容。读者需先学习相关的基础知识，以便更好地理解本章的内容。

本情境重要技术：中间件技术、云计算技术。

## 3.1 子学习情境 1 物联网应用支撑

子学习情境 1 描述

计算机系统经历了 20 世纪 30～70 年代的大型机时代、70～90 年代的小型与微型计算机时代、20 世纪 90 年代的互联网时代，已经渐渐进入了物联网时代，并朝着泛在网时代的大方向发展。早期软件系统所支持的系统架构，例如早期在单机系统里管理计算资源的单机操作系统软件，以及在两层的用户-服务器（Two-Tier Client-Server）系统中管理复杂数据的数据库管理软件，已经不能满足物联网系统架构中异构系统互联的需求。

物联网中运行着为不同行业特别定制的计算机系统，并使用各自不同的操作系统软件，例如单片机、嵌入式系统、智能移动终端、移动计算机和服务器等，要通过不同的通信协议实现跨行业、跨系统的信息交换，需要一个兼容并通的软件运行环境来支持在复杂分布式异构网络中各种应用软件协议与接口的互联互通，中间件软件也因此应运而生。

相关知识

### 3.1.1 中间件概述

中间件（Middleware）是网络环境中运行于操作系统和应用程序之间的一类系统软件，它是随着互联网的出现与发展而衍生出来的一类特殊功用的系统软件，其作用主要是支持网络环境中软件实体之间的有效交互与连通。

#### 1. 中间件的起源与历史

中间件就是在网络互联日益普及的大背景下，为了实现不同系统与平台间的网络资源管理与信息智能处理的应用需求而出现的一类系统软件，它专门提供对不同的交互模式、各种协议和接口定义方式的支持，连通不同的应用软件和系统平台，从而实现信息与资源的共享。

软件的产生以及软件运行环境的变迁伴随着现代计算机系统的发展经历了 4 次变革，产生了 5 个标志性/阶段性的计算机系统，即模拟大型机、数字大型机、小型机/PC/服务器、互联网服务器和物联网云服务器。

早期的单机系统时代，包括大型计算机、小型计算机、微型计算机及服务器等企业系统架构应用中，每一套系统架构运行着为其特制的操作系统软件，各行业终端或服务器之间也分别使用特制的通信协议和接口交换信息。互联网时代实现了通过为数不多的几种操作系统之间使用互联网协议在广大物理空间上的计算机系统互联，但是跨行业、跨系统间的隔阂并没有被完全打破。

进入互联网时代，广播电视业、电信业、互联网和工业控制等传统行业的主机各自使用着不同操作系统软件。这些使用不同通信协议与接口的主机需要实现跨硬件平台、跨操作系统、跨通信协议、跨行业的应用信息与资源共享。

计算机系统发展的普遍规律是通过不断提取系统及程序的共性或稳定职能成分，将其沉淀成为一层软件或系统平台，以提高计算机系统的效能，并保持底层软硬件平台与上层复杂的应用软件之间的相对稳定。计算机系统的演进过程如图 3-1 所示。

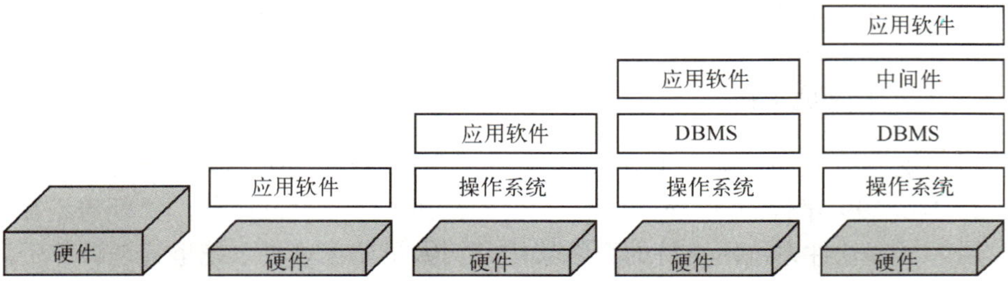


图 3-1　计算机系统的演进过程

现代计算机系统经历了 4 次变革，分离出了通用硬件、操作系统软件、数据库管理系统（DBMS）软件、中间件软件和应用软件等 5 个具有跨时代意义的软硬件组成部分。计算机系统的功能也从最初的实现简单的数学计算，发展到了满足形式多样的越来越复杂的应用逻辑需求。

早期的大型机时代，第一次变革将通用功能硬件与复杂计算功能分离开来，产生了使用汇编语言编辑的程序，由程序去实现复杂的计算逻辑，从而出现了软硬件分离的计算机系统。这一阶段的计算机系统由硬件和操作程序两部分组成。软、硬件分离的单机系统的产生如图 3-2 所示。

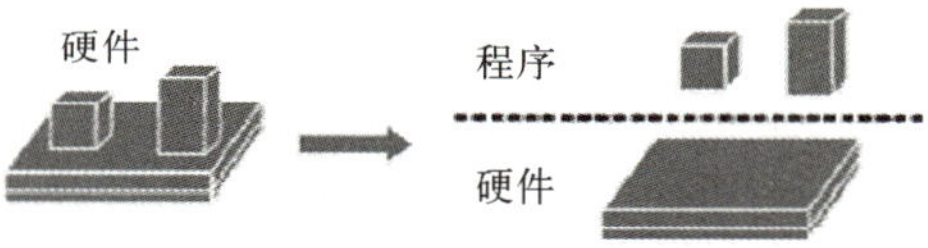


图 3-2　软、硬件分离的单机系统的产生

随着大型计算机性能的提高及应用需求的日益复杂化，计算资源功能日趋复杂，规模也愈来愈大。第二次变革为了提高计算机系统性能对算法的适应性，将计算资源管理这一共性成分（职能）提炼出来，沉淀产生了操作系统来负责管理 CPU 和存储器等计算资源。使用高级编程语言（例如 FORTRAN 或 C 语言）为特定的应用需求编写应用软件，从而把针对复杂应用的操作隔离开来，分离出了应用程序。这一阶段的计算机系统由硬件、操作系统和应用程序 3 部分组成。单机系统的操作系统与应用程序的产生如图 3-3 所示。

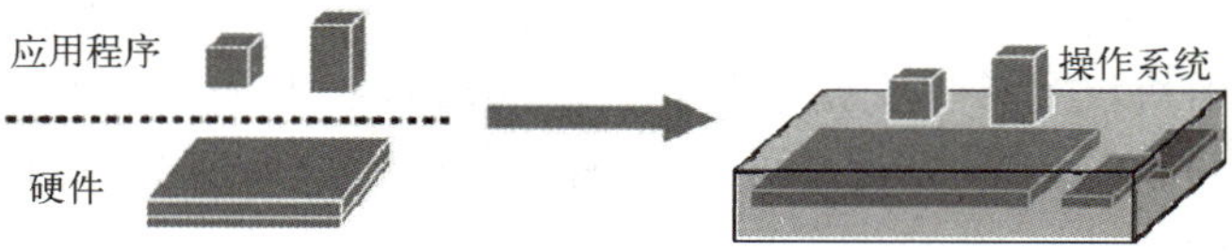


图 3-3　单机系统的操作系统与应用程序的产生

进入小型与微型计算机时代后，伴随着多媒体应用的快速发展，数据量与数据类型随之迅速增长。第三次变革将数据管理的共性成分提炼出来，产生了数据库管理系统来

负责管理庞大而且种类繁多的各类型数据，并分离出了应用软件。这一阶段的计算机系统由硬件、操作系统、数据库管理系统和应用程序 4 部分组成。数据库管理系统的产生如图 3-4 所示。

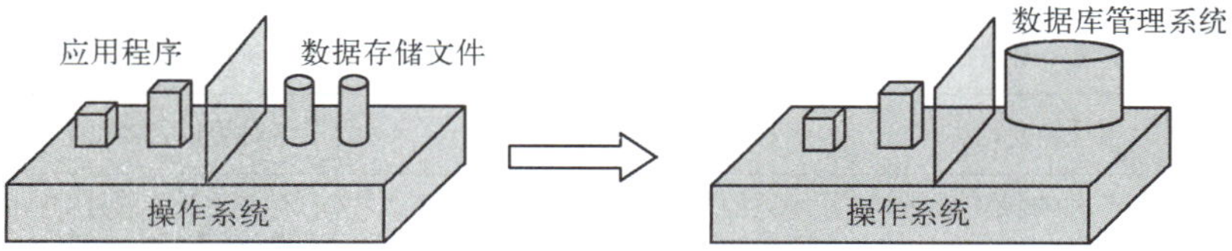


图 3-4　数据库管理系统的产生

20 世纪 90 年代开始的互联网浪潮席卷全球，此时网络资源管理便成了满足市场需求和推动计算机系统发展的关键。第三次变革把网络资源管理这一共性职能提炼出来，产生了中间件（系统软件），它负责连接不同计算机系统间的底层操作系统与分布在各客户端或服务器的上层应用软件，克服不同操作系统和网络协议间的差异，为应用程序提供多种通信机制，并分离出了业务逻辑构件，提供相应的平台，以满足不同领域的应用需要。中间件基础软件如图 3-5 所示。

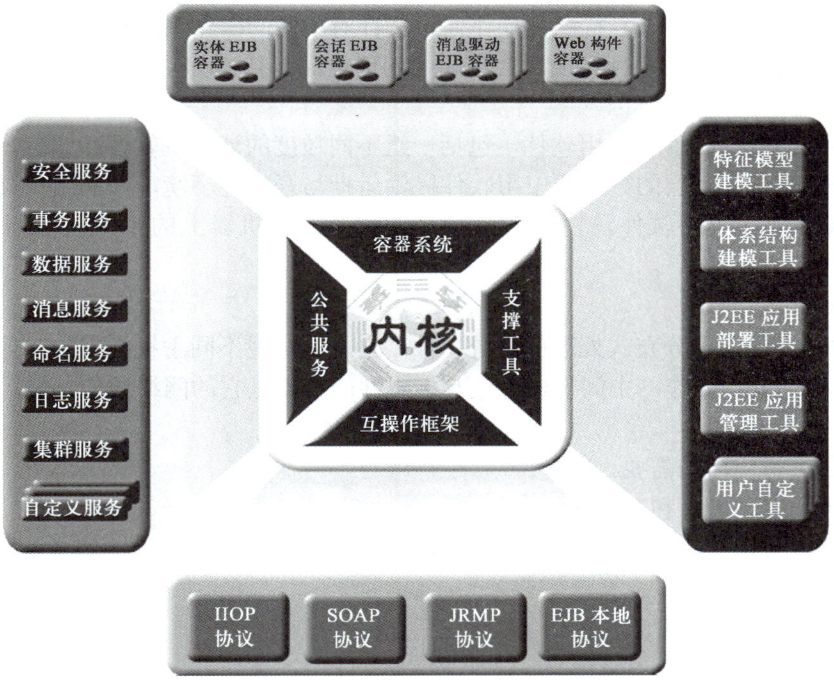


图 3-5　中间件基础软件

为了解决在不同通信协议与接口的行业之间实现跨硬件平台、跨操作系统、跨通信协议、跨行业应用的信息与资源共享和管理的问题，系统和软件工程师们将与网络环境相关的代码和核心业务代码抽离了出来，提炼沉淀成为某个领域共性的代码库，这就是中间件软件。计算机系统代表性构件如表 3-2 所示。

表 3-2 计算机系统代表性构件

| | 操作系统 | 数据库管理系统 | 中间件 |
|---|---|---|---|
| 产生动因 | 硬件过于复杂 | 数据操作过于复杂 | 网络环境过于复杂 |
| 主要作用 | 管理各种资源 | 组织各类数据 | 支持不同的交互模式 |
| 主要理论基础 | 各种调度算法 | 各种数据模型 | 各种协议、接口定义方式 |
| 产品形态 | 不同的操作系统功能类似 | 不同的数据库管理系统功能类似，但类型比操作系统多 | 存在大量不同种类中间件产品，它们的功能差别较大 |

### 2. 中间件的定义和作用

中间件是基础系统软件的一大类，处于操作系统、网络协议和数据库之上，在用户的分布式应用软件的下层，故名中间件。目前中间件的定义很多，国际数据公司（International Data Corporation，IDC）的表述被广为接受：中间件是一种系统软件或服务程序，分布式应用软件借助这种软件在不同的技术之间共享资源，中间件位于客户机服务器的操作系统之上，管理计算资源和网络通信。

中间件是位于平台（硬件和操作系统）和应用之间的通用服务，这些服务具有标准的程序接口和协议。为解决分布异构的互操作问题，针对不同的操作系统和硬件平台，它们可以有符合接口和协议规范的多种实现。常见的中间件产品包括 Web 应用服务器、事务监控器和消息队列软件。

中间件连接软件构件和应用软件，包括一组不同粒度的计算机软件和服务，它的作用是为异构网络中处于其上层的分布式应用软件提供运行与开发的环境，帮助用户灵活、高效地开发和集成复杂的应用软件，以便于运行在一台或多台机器上的多个软件通过网络进行交互。

### 3. 中间件的特点

中间件是一类基于分布式处理的系统软件，它既能实现不同主机之间的互连，又可以实现应用软件之间的互操作。中间件软件最具标志性的特点是它的网络通信功能。它们的共同特征有以下 5 点。

1）满足大量应用的需要。

2）运行于多种硬件和 OS 平台。

3）支持分布计算，提供跨网络、硬件和 OS 平台的透明性的应用或服务的交互。

4）支持标准的协议。

5）支持标准的接口。

### 4. 中间件的分类

（1）按软件结构模块划分

中间件主要用来支持网络环境中软件实体之间的有效交互。“软件实体”是具有不同特征、不同粒度的软件构造模块，“有效”是指所支持的实体之间的交互必须具有可靠、安全、快速等特点。按软件结构模块粒度来划分，可以将中间件分为过程（Procedure）、对象（Object）、构件（Components）和服务（Services）4 个等级。在构造软件系统时，不同特征和不同粒度的模块，在运行阶段表现出不同的性质。在网络环境中，它们之间的交互也分别需要不同类型的中间件的支持。按软件结构模块划分示意图如图 3-6 所示。

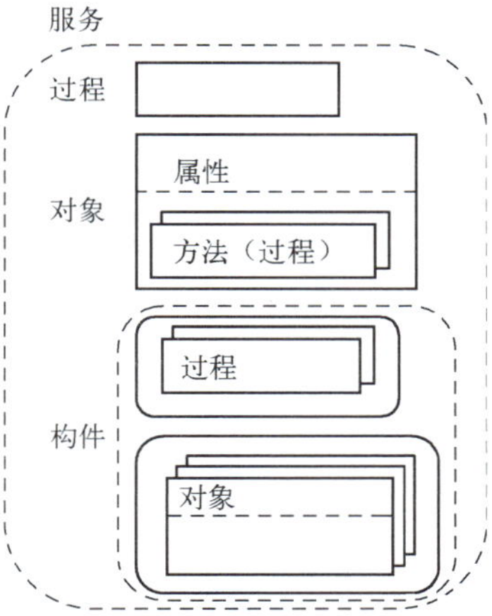


图 3-6　按软件结构模块划分示意图

1）过程（Procedure）是最基本的软件模块，是大型程序从混沌向结构化走出的第一步，每个过程都有具体的调用格式。在 C/C++ 中，该格式用头文件来说明。

2）对象（Object）是方法与数据的封装体，是类（Class）的实例。其中的方法与过程有直接的对应关系。在一些基于对象的系统中，对象仅仅在编程阶段存在，编译器将对象映射为传统的过程，这样，在运行阶段就不再保持对象实体了。

3）构件（Component）是更大粒度的构造模块，通常在运行阶段保持构件的形态。构件通常是由一个或多个类组成的实体，也可以直接由一个或多个过程组成。

4）服务（Service）是更松散的软件实体，服务强调的是软件实体的外在表现，其内在实现也是由某个构件、某个对象、甚至某个过程完成的。

中间件涵盖的范围很广，针对不同的应用需求设计出来的中间件各具特色，因此业界还没有一个比较精确统一的定义。如果按照先有了市场应用目的和需求，再根据这些需求和目的制定出这类软件的设计规范和框架，最后推出针对不同应用的软件产品这一顺序来总结归纳一下的话，就可以大致将中间件按应用目的和需求、规范框架以及产品应用这 3 个角度/层面来划分，如表 3-3 所示。

**表 3-3　中间件类别**

| 按应用目的和需求划分 | 按规范框架划分 | 按产品应用划分 |
|---|---|---|
| 1）终端仿真/屏幕转换中间件<br>2）远程过程调用中间件<br>3）面向消息中间件<br>4）数据访问中间件<br>5）对象中间件<br>6）事务/交易中间件 | 1）OSF 的 DCE<br>2）OMG 的 OMA<br>3）微软的 DNA<br>4）SUN 的 J2EE<br>5）SOA | 1）事务中间件<br>2）消息中间件<br>3）应用服务器 |
| 针对不同应用目的和需求的工作原理 | 为了通用而提出规范框架 | 基于需求与规范框架之上，企业开发的中间件产品 |

（2）按应用目的和需求划分

美国高德纳（Gartner 又名顾能）公司成立于 1979 年，是全球领先的从事信息技术研究和咨询的公司。Gartner 的分析报告把中间件从市场应用目的和需求的角度分为 6 大类，即终端仿真/屏幕转换中间件、数据访问中间件、远程过程调用中间件、面向消息中间件、事务/交易处理监控器中间件、对象请求代理中间件。

1）终端仿真/屏幕转换中间件（Terminal Emulation Software，TES）。早期的计算机都是一台主机连接多台终端机以交换字符的方式传递信息，而目前的 PC 可以模仿各种终端，通过调制解调器连接到其他计算机上。模仿终端的计算机软件称为终端仿真软件，用以实现用户机图形用户接口与已有字符接口方式的服务器应用程序的互操作。“Red Ryder”是 20 世纪 80 年代由 FreeSoft 公司的 Scott Watson 编写的运行在 Apple Macintosh 上的终端仿真软件。在主机上执行程序后，终端屏幕上通常仅显示接收到的信息以及在键盘上输入发送给主机的信息。

2）数据库访问中间件（Database Access Middleware，DAM）。DAM 是为了建立数据应用资源互操作的模式、对异构环境下的数据库实现连接或文件系统实现连接的中间件，支持用户访问各种操作系统或应用程序中的数据库，SQL 是该类中间件的其中一种。

3）远程过程调用中间件（Remote Procedure Call，RPC）。RPC 是一种广泛使用的分布式应用程序处理方法。程序员方便地编写客户端应用程序，然后从客户机向服务器发送关于运行某程序的请求时所需的标准，调用位于远端服务器上的过程。RPC 是一种广泛使用的分布式应用程序处理方法。一个应用程序使用 RPC 远程执行一个位于不同地址空间里的过程，从效果上看与执行本地调用相同。一个 RPC 应用分为服务器和客户端两个部分。服务器提供一个或多个远程过程，客户端向服务器发出远程调用。服务器和客户端可以位于同一台计算机，也可以位于不同的计算机，甚至运行在不同的操作系统之上，通过网络进行通信。相应的 Stub 和运行支持提供数据转换和通信服务，从而屏蔽不同的操作系统和网络协议。在这里 RPC 通信是同步的。采用线程可以进行异步调用。

4）在 RPC 模型中，客户端和服务器只要具备了相应的 RPC 接口，并且具有 RPC 运行支持，就可以完成相应的互操作，而不必限制于特定的服务器。因此，RPC 为客户端/服务器分布式计算提供了有力的支持。同时，远程过程调用RPC 所提供的是基于过程的服务访问，客户端与服务器进行直接连接，没有中间机构来处理请求，因此也具有一定的局限性。比如，RPC 通常需要一些网络细节以定位服务器；在客户端发出请求的同时，要求服务器必须是活动的等。

5）面向消息中间件（Message Oriented Middleware，MOM）。MOM 用来屏蔽各种平台及协议之间的特性，进行相互通信，实现应用程序之间的协同。MOM 利用高效可靠的消息传递机制进行与平台无关的数据交流，并基于数据通信来进行分布式系统的集成。通过提供消息传递和消息排队模型，它可在分布环境下扩展进程间的通信，并支持多通信协议、语言、应用程序、硬件和软件平台。流行的 MOM 中间件产品有 IBM 的 MQSeries、BEA 的 MessageQ 等，电子邮件系统是该类中间件的其中一种。消息传递和排队技术有如下 3 个主要特点。

① 通信程序可在不同的时间运行。程序不在网络上直接相互通话，而是间接地将消息放入消息队列，因为程序间没有直接的联系，所以它们不必同时运行。当将消息放入适当的队列时，目标程序甚至根本不需要正在运行；即使目标程序在运行，也不意味着要立即处理该消息。

② 对应用程序的结构没有约束。在复杂的应用场合中，通信程序之间不仅可以是一对

一的关系，而且可以进行一对多和多对一方式，甚至是上述多种方式的组合。多种通信方式的构造并没有增加应用程序的复杂性。

③ 程序与网络复杂性相隔离。程序将消息放入消息队列或从消息队列中取出消息来进行通信，与此关联的全部活动（比如维护消息队列、维护程序和队列之间的关系、处理网络的重新启动和在网络中移动消息等）是 MOM 的任务，程序不直接与其他程序通话，并且它们不涉及网络通信的复杂性。

6）事务/交易处理监控器中间件（Transaction Processing Monitors，TPM）。TPM 界于客户端和服务器之间，进行事务管理与协调、负载平衡和失败恢复等，以提高系统的整体性能。它可以被看作是事务处理应用程序的“操作系统”。最早出现在大型计算机上，为其提供支持大规模事务处理的可靠运行环境。随着分布计算技术的发展，分布应用系统对大规模的事务处理提出了需求，比如商业活动中大量的关键事务处理。在分布、异构环境下提供保证交易完整性和数据完整性的一种环境平台，为发生在对象间的事务处理提供监控功能，以确保操作成功实现。典型的事务中间件产品有 IBM 的 CICS（Customer Information Control System）、BEA 的 Tuxedo（Transaction for UNIX has been Extended for Distributed Operation）、微软的 MTS（Microsoft Transaction Server）等。总体上来说，事务处理监控有以下功能。

① 进程管理，包括启动服务器进程、为其分配任务、监控其执行并对负载进行平衡。

② 事务管理，即保证在其监控下事务处理的原子性、一致性、独立性和持久性。

③ 通信管理，为客户端和服务器之间提供了多种通信机制，包括请求响应、会话、排队、订阅发布和广播等。

事务处理监控能够为大批量的客户端提供服务，比如飞机订票系统，银行股票期货交易等。如果服务器为每一个客户端都分配其所需要的资源的话，那服务器将不堪重负。但实际上，在同一时刻并不是所有的客户端都需要请求服务，而一旦某个客户端请求了服务，它就希望得到快速的响应。事务处理监控在操作系统之上提供一组服务，对客户端请求进行管理并为其分批分配相应的服务进程，使服务器在有限的系统资源下能够高效地为大规模的客户提供服务。

7）对象请求代理中间件（Object Request Broker，ORB）。对象导向技术与分布式计算技术的发展与结合形成了分布对象计算，并发展为当今软件技术的主流方向之一。ORB 在分布、异构的网络计算环境中将各种分布对象有机地结合在一起，完成系统的快速集成，实现对象重用，为用户提供与其他分布式网络环境中对象通信的接口。1990 年底，对象管理集团 OMG 首次推出的对象管理结构（Object Management Architecture，OMA）的核心组件就是 ORB。随着对象技术（Object Oriented）与分布式计算技术（Distributed Computing）的发展，两者相互结合形成了分布对象计算，并发展为当今软件技术的主流方向。1990 年底，对象管理集团（OMG）首次推出对象管理结构，对象请求代理就是这个模型的核心组件。它的作用在于提供一个通信框架，透明地在异构的分布计算环境中传递对象请求。CORBA 规范包括了 ORB 的所有标准接口。1991 年推出的 CORBA 1.1 定义了接口描述语言 OMG IDL 和支持客户端/服务器对象在具体的 ORB 上进行互操作的应用程序编程接口（Application Programming Interface，API）。CORBA 2.0 规范描述的是不同厂商提供的 ORB 之间的互操作。对象请求代理是对象总线，它在 CORBA 规范中处于核心地位，定义异构环境下对象透明地发送请求和接收响应的基本机制，是建立对象之间客户端/服务器关系的中间件。ORB 使得对象可以透明地向其他对象发出请求或接受其他对象的响应，这些对象可以位于本地，也可以位于远程机器。

ORB 拦截请求调用，并负责找到可以实现请求的对象、传送参数、调用相应的方法、返回结果等。客户端对象并不知道同服务器对象通信、激活或存储服务器对象的机制，也不必知道服务器对象位于何处、它使用何种语言实现的、使用什么操作系统或其他不属于对象接口的系统成分。值得指出的是，客户端和服务器角色只是用来协调对象之间的相互作用，根据相应的场合，ORB 上的对象可以是客户端，也可以是服务器，甚至兼有两者。当对象发出一个请求时，它处于客户端角色；当它在接收请求时，它就处于服务器角色。大部分的对象都是既扮演客户端角色又扮演服务器角色。另外，由于 ORB 负责对象请求的传送和服务器的管理，在客户端和服务器之间并不直接连接，因此，与 RPC 所支持的单纯的客户端/服务器结构相比，ORB 可以支持更加复杂的结构。

（3）按规范框架划分

为了开发出通用的中间件软件，开放软件基金会（Open Software Foundation）、对象管理集团（Object Management Group）、微软（MicroSoft）、SUN 等企业和组织根据应用的需求和目的，制定出了分布式软件设计的规范和框架。最具代表性的是 OSF 的分布计算环境（Distributed Computing Environment，DCE）、OMG 的 OMA、微软的 DNA、SUN 的 J2EE 和 SOA。

1）OSF 的 DCE，其模型如图 3-7 所示。DCE 是开放软件基金会（Open Software Foundation，OSF）制定的、以远程过程调用（Remote Procedure Call，RPC）为核心的一系列规范。OSF 成立于 1988 年，并为 RPC 系统发布了技术请求（RFT）。1991 年，OSF 颁布了 DCE 1.0，DCE 曾因受开放机构推荐一度有很大市场。最成功之处是 RPC 机制，其次是安全服务、命名服务。微软平台上提供了许多 DCE/RPC 的功能，但因为 DCE 缺乏概念模型，给开发带来困难，后来引进了面向对象的 DCE（即 OODCE），但这一层，又给 DCE 带来更多层次，使系统交互过多，也增加了维护困难，必须完整安装整个系统，不但安装困难，而且许多功能因用不到而被闲置。

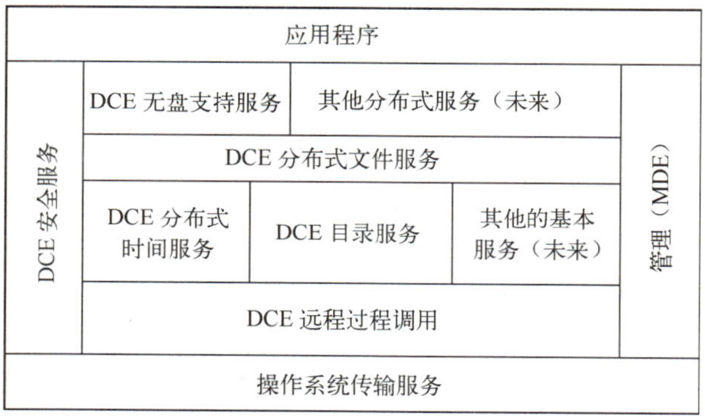


图 3-7　分布计算环境（DCE）模型

2）OMG 的对象管理结构模型如图 3-8 所示。对象管理集团（Object Management Group，OMG）于 1990 年底首次推出的对象管理结构模型，以对象请求代理（Object Request Broker）为核心组件，一方面连接上层的应用接口/界面（Application Interface），另一方面向下层提供对象服务（Object Services）。OMG 是一个计算机工业联盟、非营利性组织，于 1989 年 4 月由 8 个公司发起，目前有 800 多家成员，自身不做标准制订和开发工作，仅提供一种组织和机制，支持 OMG 成员进行交流、合作，制订技术规范，开发符合标准的商用产品。公共/通用对象请求代理体系结构（Common Object Request Broker Architecture，CORBA）是由 OMG 组织制订的一种标准的面向对象应用程序体系规范。CORBA 体系结构是 OMG 为解决分布式处理环境 DCE 中硬件和软件系统的互连而提出的一种解决方案。CORBA 产品包括 IONA 公司开发的 Orbix、Inprise、IBM DSOM、VisiBroker 和 TAO。

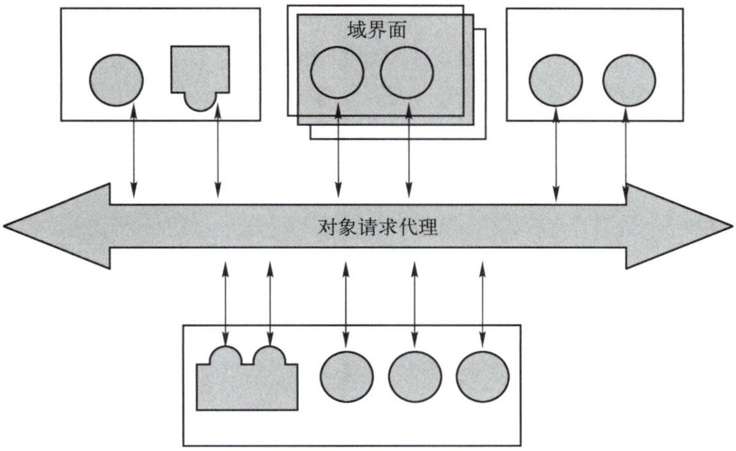


图 3-8　对象管理架构（OMA）模型

3）MS 的分布式互联网应用（Distributed Internet Application），其模型如图 3-9 所示。微软公司推出的“分布式互联网应用架构”（Distributed Internet Applications Architecture-DNA）是在 W3C 和 IETF 等制定的标准上构建的，它充分支持开放式的 Web 功能，能够同时充分发挥个人计算机和 Internet 的能力。Windows DNA 使用一套公共服务集，提供多种呈现层、业务逻辑层和数据层的服务，开发者可以根据具体情况选择最佳方案。DNA 架构分别在呈现层（Presentation Level）、业务逻辑层（Business Logic Level）和数据层（Data Level）构造了一个基于 Windows 平台的应用程序的框架，将个人计算机和 Internet 统一并集成起来，提供多种服务，使开发者可以根据具体情况选择最佳方案。

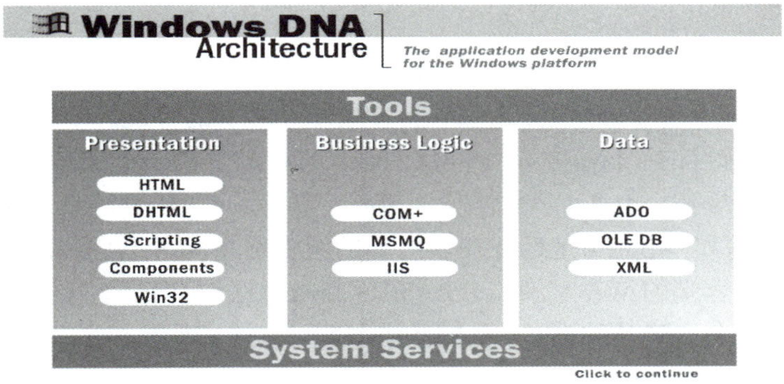


图 3-9　分布式互联网应用（DNA）模型

4）SUN 的 J2EE（Java 2 Platform Enterprise Edition）。在需求的基础之上，各企业与组织都开发了自己的中间件，而且与其用户的沟通都各不相同，这导致用户无法将各个公司不同的中间件组装在一块为自己服务，从而产生互联瓶颈。于是 SUN 公司提出基于 Java 技术的一系列 Java2 平台标准，针对不同的使用来提供不同的服务，也就是提供不同类型的类库。SUN 公司名称的由来是斯坦福大学网（Stanford University Network）首字母的缩写。Java 由四方面组成，即 Java 编程语言、Java 类文件格式、Java 虚拟机（JVM）和 Java 应用程序接口（Java API）。Java 平台是基于 Java 语言的平台。SUN 公司对 Java 编程语言的解释是，Java 编程语言是个简单、面向对象、分布式、解释性、健壮、安全与系统无关、可移植、高性能、多线程和动态的语言。Java 2 平台包括企业版（J2EE）、标准版（J2SE）和微缩版（J2ME）3 个版本。

① J2EE（Java 2 Platform Enterprise Edition）用于企业级的应用服务开发。Java2 平台企业版如图 3-10 所示。

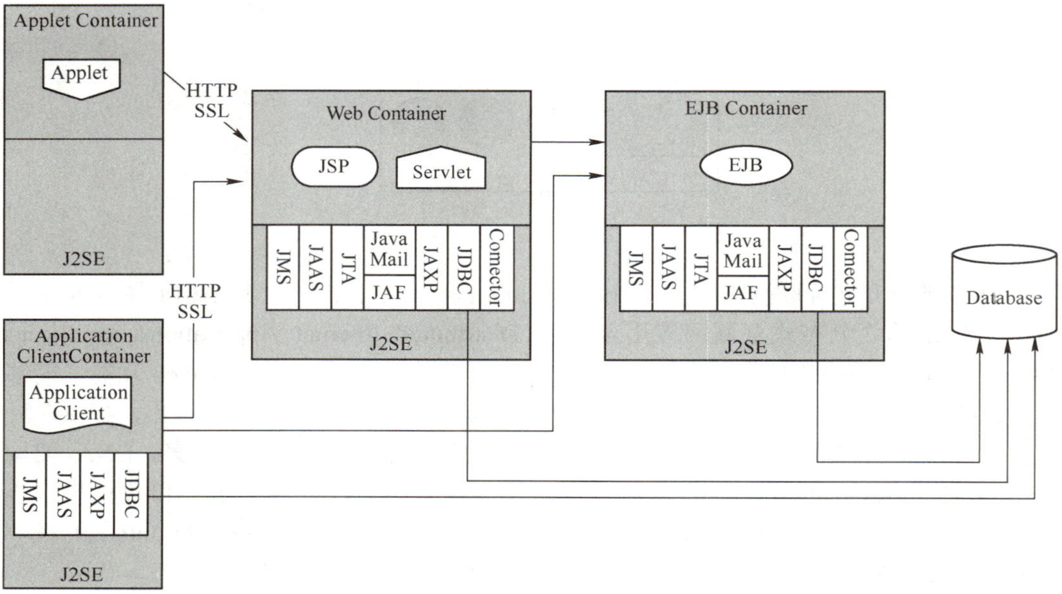


图 3-10　Java 2 平台企业版

② J2SE（Java 2 Platform Standard Edition）是用于标准的应用开发。

③ J2ME（Java 2 Platform Micro Edition）常用于手机上的开发。

J2EE 组件与“标准的”Java 类的不同点在于，它被装配在一个 J2EE 应用中，具有固定的格式并遵守 J2EE 规范，由 J2EE 服务器对其进行管理。J2EE 规范是这样定义 J2EE 组件的：客户端应用程序和 Applet 是运行在客户端的组件；Java Servlet 和 Java Server Pages（JSP）是运行在服务器端的 Web 组件；Enterprise Java Bean 组件是运行在服务器端的业务组件。微软公司推出了与之竞争的.net 平台以及模仿 Java 的 C#语言。

5）面向服务的架构（Service Oriented Architecture，SOA），其模型如图 3-11 所示。SOA 是一种架构模型，根据需求通过网络对松散耦合的粗粒度应用组件进行分布式部署、组合和使用。服务层是 SOA 的基础，可以直接被应用调用，从而有效控制系统中与软件代理的人为依赖性，Web 服务并不是实现 SOA 的唯一方式，RPC、CORBA 也是实现方式。Gartner 1996 年最早提出应用程序是通过组合一些松散耦合并且具有统一接口定义方式的服务而构建起来的，更加关注业务流程而不仅仅是底层的 IT 基础结构，形成了从购买软件到订阅、定制服务的转变。SOA 的几个关键特性如下。

① 一种粗粒度、松耦合的服务架构。

② 服务之间通过简单、精确定义适配器进行通信。

③ 不涉及底层编程适配器和通信模型。

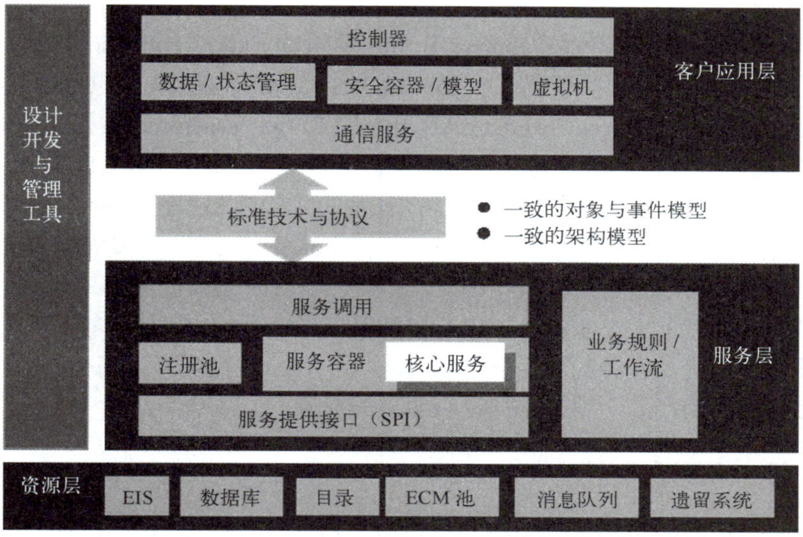


图 3-11　面向服务的架构（SOA）模型

（4）按产品应用划分

在早期的中间件市场中，事务中间件与消息中间件占的份额最大，近年来随着 Web 应用的逐渐普及，支持 Web 服务和应用的各种应用服务器慢慢蚕食事务中间件和消息中间件的部分市场，目前应用服务器中间件的占有量已经居于各类中间件的首位。消息中间件和事务中间件分别居第二、三名，在银行、电信、证券等行业应用较多。在对效率、可靠性等方面要求严格的关键任务系统中，消息中间件及事务中间件仍将占有重要的地位。

任何规范都必须有对应产品的支持才会有影响力，目前的中间件产品种类繁多，且对规范的实现也有很大的差距：有的产品仅实现某个特定的规范，如早期的事务中间件、消息中间件产品；有的产品主要实现某个架构中系列规范的部分内容，这是多数中间件产品的现状，因为全部实现系列规范的代价较大，也不必要；有些产品实现多个架构系列规范的部分内容，例如许多实现 J2EE 规范的应用服务器也同时支持 SOA 中的一些访问方式。

1）典型的事务中间件产品如下。

① IBM 的 CICS（Customer Information Control System）。

② BEA 的 Tuxedo（Transaction for UNIX has been Extended for Distributed Operation）。

③ 微软的 MTS（Microsoft Transaction Server）。

2）典型的消息中间件产品如下。

① IBM 的 MQSeries。

② SUN 的 JMS（Java Message Service）。

③ 微软的 MSMQ（Microsoft Message Queue Server）。

3）根据开发商或开发组织的背景，可以将现有的应用服务器产品进行如下划分。

① 中间件厂商开发的产品：BEA 公司开发的 WebLogic；IONA 公司开发的 iPortal Application Server。

② 数据库厂商开发的产品：Oracle 公司开发的 Oracle 9i Application Server 等。

③ 操作系统厂商开发的产品：IBM 公司开发的 Websphere；SUN 开发的 SUN ONE Application Server。

④ 开发工具厂商开发的产品：Inprise 公司开发的 Borland Application Server 等。

⑤ 其他大量由独立开发组织完成的产品：JBOSS 组织开发的 Jboss；Open EJB（Enterprise JavaBeans）组织开发的 OpenEjb；Ironflare AB 开发的 Orion；Macromedia 开发的 JRUN 等。

⑥ 国内在应用服务器的研究与开发上也取得了显著的进展：国家 863 计划支持了若干与应用服务器密切相关的项目；北京大学自行开发的 PKUAS；在支持在线演化、多互操作协议等方面具有明显特色；金蝶公司发布了 Apusic；东方通公司发布了 TongWeb 等。

在应用服务器的市场占有量来看，IBM、BEA、Oracle 长期处于前 3 位，据 Gartner 报告，2006 年 IBM 占有 31.8%的份额，BEA 名列第二，占有 10.5%的份额；Oracle 占 8.6%，名列第三；紧随其后的是开源的应用服务器 JBoss、Jonas。在国产中间件产品中，对金蝶、东方通、普元等厂商的产品，用户认知度有明显的提升。

### 3.1.2 云计算技术平台概述

云计算可以从两个层面来体现运营企业与用户的关注点，这两个层面是云计算技术平台和云计算服务应用。一方面政府、企业和个人用户可以将基础设施（包括传统的服务器、操作系统、存储运维等）都统一部署在一个平台上，这是技术平台的层面；另一方面用户可以不必过多地关注这个平台本身，而是关注应用，可以根据不同的需求部署成不同的应用，形成一种个性化的云计算服务交付模式。

#### 1. 云计算的起源与发展历史

（1）起源

云计算是政治和经济发展、社会需求拉动、商业模式转换以及技术进步推动等多重因素共同作用的结果。可以将云计算理解为 8 个字“按需即用、随需应变”，使之实现的各项技术（如分布式计算、网格计算、移动计算等）是相对成熟的技术。云计算的发展如图 3-12 所示。

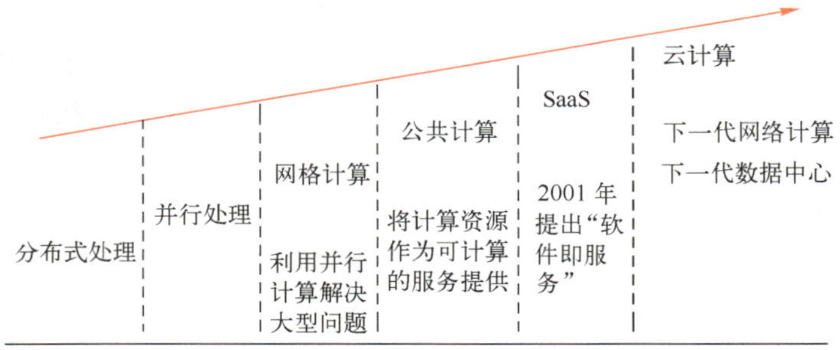


图 3-12　云计算的发展

云计算这种商业模式本质上源于互联网高潮期建设过程中的庞大计算资源的过剩。最初动机是将过剩的计算能力作为商品输出。许多互联网公司在 20 世纪 90 年代末期到 21 世纪初那段互联网泡沫期，购买了大量的计算机服务器、存储设备和网络设备等。互联网高潮期之后，留下来的计算资源相对于他们现有的业务大大过剩了。变卖设备是不现实的，计算机产品的贬值和折旧速度是相当惊人的，不值什么钱，于是出租就是最好的出路。归纳起来云计算商业模式的形成由以下 4 个方面的因素促成。

1）政治因素

① 社会转型。各大经济强国纷纷制定了以中间件和云计算为核心技术的物联网战略，来满足大众不断增长和个性化的应用需要，经济上也从出口型向内需型社会转型。

② 产业升级。制造型向服务型、创新型的转变。

③ 政策支持。“十二五”规划对物联网、三网融合、移动互联网以及云计算战略的大力支持。

2）经济因素

① 需求是云计算发展的动力。企业建立 IT 系统的基础设施，一般是将应用软件安装在特定的服务器上，操作系统和硬件资源都是按照最大负荷时的峰值来配置服务器的资源容量（在安装时配置好）的，如操作系统、CPU 数量和主频、内存大少以及分配的硬盘存储空间等。企业会根据各种应用系统的软件需求，配置电子邮件、文件打印、门户网站、企业资源计划（Enterprise Resource Planning，ERP）系统、客户关系管理（Customer Relationship Management，CRM）系统等各种不同的服务器。在信息时代中，IT 设施要成为社会基础设施，面临高成本的瓶颈，这些成本至少包括人力成本、资金成本、时间成本、使用成本和环境成本等。云计算用户不需要专门的 IT 团队，也不需要购买、维护和安放有形的 IT 产品，可以低成本、高效率、随时按需使用 IT 服务。云计算服务提供商可以极大提高资源（硬件、软件、空间、人力和能源等）的利用率和业务响应速度，有效聚合产业链。

② 全球经济一体化。对成本和效率的需求催化云计算在全球经济一体化大环境下迅速发展。国家和地区的优势和比较优势的产业自发地在全球寻求合作发展，基于成本考虑，价值链的协作者自发整合；基于效率考虑，协同效应需要弹性的业务流程支持。

③ 复杂世界的不可确定性现象。复杂世界的不确定因素更快、更广地涌现，计划跟不上变化，任何一台精于预测的机器也无法准确预测到不可确定性现象的发生。实时的信息获取和全面的信息分析有助于管理复杂性，而按需即用的计算资源、随需应变的业务流程将不可确定性现象的负面影响降到最小。

3）社会因素

数字一代的崛起。截至 2020 年 6 月，我国网民规模达 9.4 亿，相当于全球网民的 1/5，互联网普及率达 67%。未来的世界在网上，世界的未来在“云”中。

4）技术因素

① 技术成熟。技术是云计算发展的基础。首先是云计算自身核心技术的发展，如硬件技术、虚拟化技术（计算虚拟化、网络虚拟化、存储虚拟化、桌面虚拟化和应用虚拟化）、海量存储技术、分布式并行计算、多租户架构和自动管理与部署；其次是云计算赖以存在的移动互联网技术的发展，如高速、大容量的网络、无处不在的接入、灵活多样的终端、集约化的数据中心和 Web n.0 技术。

② 大型企业 IT 系统的成熟和计算能力过剩。社会需求的膨胀、商业规模的扩大导致企业 IT 按峰值设计，但需求的波动性却使大量计算资源被闲置。企业内部的资源平衡带来私有云需求，外部的资源协作促进公有云发展。商业模式是云计算的内在要求，是用户需求的外在体现，并且云计算技术为这种特定商业模式提供了现实可能性。从商业模式的角度看，云计算的主要特征是以网络为中心、以服务为产品形态、按需使用与付费，这些特征分别对应于传统的用户自建基础设施、购买有形产品或介质（如 Licence）、一次性买断模式是一个颠覆性的革命。

5）行业需求与推动力

云计算首先是产业界的商业利益推动的结果。目前云计算主要商业模式和技术特点的解决方案都反映了不同的商业诉求，包括互联网公司（如 Google、Yahoo、Amazon.com 等）和基础架构提供商（如 IBM 和 Microsoft 等）。云计算本质上是希望解决企业 IT 资源利用率不足、计算能力过剩和成本过高等问题。如果具备动态分配资源的能力，在业务量急剧下降时，就可以将平时的各种服务器上剩余的计算资源分配给其他用户或应用系统使用，而在业务上升这段时间中将计算资源用于处理自身的峰值需求。云计算的虚拟化技术正好是解决这个 IT 需求的最佳技术。

（2）技术可行性

从技术角度看，云计算是很多技术自然发展、精心优化与组合的结果，是这些技术的集大成者。技术发展的推动，使得云计算具备了技术上的可行性，发展推动了创新的商业价值。云计算给整个社会信息化带来革命性的商业模式改变。所以，我们绝不能离开技术谈云计算，也不能离开商业模式谈云计算。

计算技术的发展，一直朝着提高计算能力与计算机系统资源利用率的方向前进。早期的大型主机时代，通过多通道和并行技术，将计算能力与资源完全集中，支配大量“傻”或“哑”终端，可以实现大规模的计算能力。随着网络技术和分布式计算技术的发展，网络终端逐渐强大，通过网络资源的互联，形成信息交互的能力。而云计算，将主机技术与网络技术结合，提供更强大的分布式网络计算能力。云计算是一种商业计算模型，它将计算作为一种资源服务，根据需要进行智能终端配置并为其提供服务。它将计算任务分布在大量计算机构成的资源池上，使各种应用系统能够根据需要获取计算力、存储空间和各种软件服务。

（3）发展历史

1960 年代，麦卡锡（John McCarthy）早在 20 世纪 60 年代就提出了把计算能力作为一种像水和电一样的公用事业提供给用户。1983 年，太阳电脑（Sun Microsystems）提出“网络式电脑（The Network is the Computer）”。1999 年，IBM 提出的通过一个网站向企业提供企业级应用的概念是云计算的第一个里程碑。1999 年 3 月，Salesforce 开始向用户关系管理（Customer Relationship Management，CRM）软件服务商宣称，可提供随需应用的用户关系管理（On-demand CRM），其产品家族基于 Sforce 客户/服务整合平台，允许用户与独立软件供应商定制并整合其产品，同时建立他们各自所需的应用软件。Salesforce 是软件即服务厂商的先驱，它一开始提供的是可通过网络访问的销售力量自动化应用软件。该公司建造的网络应用软件平台 Shijiexuexi 可作为其他企业自身软件服务的基础，包括关系数据库、用户界面选项、企业逻辑以及一个名为 Apex 的集成开发环境。程序员可以在平台的 Sandbox 上对他们利用 Apex 开发出的应用软件进行测试，然后在 Salesforce 的 App Exchange 目录上提交完成后的代码。

2006 年 8 月，Google 首席执行官埃里克·施密特（Eric Schmidt）在搜索引擎大会（SES San Jose 2006）上首次提出“云计算”（Cloud Computing）的概念。Google“云端计算”源于 Google 工程师克里斯托弗·比希利亚所做的“Google 101”项目。Google 当数最大的云计算的使用者。Google 搜索引擎就建立在分布于 200 多个地点、超过 100 万台服务器的支撑之上，这些设施的数量正在迅猛增长。Google 地球、地图、Gmail、Docs 等也同样使用了这些基础设施。采用 Google Docs 之类的应用，用户数据会保存在互联网上的某个位置，可以通过任何一个与互联网相连的系统十分便利地访问这些数据。

2008 年 7 月，雅虎、惠普和英特尔宣布一项涵盖美国、德国和新加坡的联合研究计划，推出云计算研究测试床，推进云计算。该计划要与合作伙伴创建 6 个数据中心作为研究试验平台，每个数据中心配置 1400～4000 个处理器。这些合作伙伴包括新加坡资讯通信发展管理局、德国卡尔斯鲁厄大学 Steinbuch 计算中心、美国伊利诺伊大学香槟分校、英特尔研究院、惠普实验室和雅虎。2008 年 10 月，微软推出了 Windows Azure 操作系统。Azure（译为“蓝天”）是继 Windows 取代 DOS 之后，微软的又一次颠覆性转型，通过在互联网架构上打造新云计算平台，让 Windows 真正由 PC 延伸到“蓝天”上。

2007 年，云计算这一概念进入中国市场，一个以需求为导向、国家政策支撑上下游商品脉络的核心产业生态环境日趋成型。中国移动将云计算作为中国移动蓝海战略的一个重要部分，由移动研究院组织力量，联合中科院计算所，着手起步了一个叫作“大云”的项目。中国移动的大云建设包括两个方向：一个方向是基础架构建设，另一个方向是平台及服务的建设。基于这两方面之上，中国移动推出“软件即服务”，以便中小企业减少 IT 投入成本和 IT 运营复杂性，同时提供办公自动化解决方案。2010 年大云 1.0 版正式发布，以此为基础，中国移动逐步展开云计算的商业化步伐。从 2009 年底提出打造“云产业基地”到目前，黑龙江省已初步建立了哈尔滨经济开发区“中国云谷”、哈尔滨高新技术开发区“北方智谷”、大庆市高新技术开发区“凌云港”和黑河市“新曙光基地”等重点项目。2010 年 10 月，国务院发布的《国务院关于加快培养和发展战略性新兴产业的决定》明确指出：对新一代信息技术产业，加快建设宽带、融合、安全的信息网络基础设施，推动新一代移动通信、下一代互联网核心设备和智能终端的研发及产业化，加快推进三网融合，促进物联网、云计算的研发和示范性应用。2010 年 10 月，工业和信息化部、国家发改委联合印发《关于做好云计算服务创新发展试点示范工作的通知》，在北京、上海、深圳、杭州和无锡 5 个城市开展云计算创新发展试点示范工作。试点的范围包括了针对政府、大中小企业和个人等不同用户需求，研究推进 SaaS、PaaS 和 IaaS 等服务模式创新发展，建设云计算中心（平台），面向全国开展相关服务。各地方政府积极规划提出了云计算未来发展战略方针，明确未来计划时间段内的云项目建设指向，促进云计算基础设施的落地。

国内领先运营商和 IT 企业为了开拓市场，创造更多的经济和社会效益，也纷纷开展云计算商务性质的科研工作。华为、中兴等云存储提供商不断研发完善先进的云存储系统和设备，致力构建完善的数据存储和处理解决方案；阿里巴巴打造“电子商务云计算中心”，用于解决数据业务的弹性要求；百度构建云计算平台，以满足日益增长的数据处理需求；中国电信正式推出云计算业务——“e 云”，为用户提供容灾和备份服务。腾讯、神州数码、浪潮集团以及用友、金蝶等先进互联网企业和信息技术公司都着力打造自己的云计算方案，全国范围内的云计算产品和应用研发正如火如荼地进行。特别值得一提的是，云创存储不仅研发成功 3 倍密度、5 倍节能、10 倍性价比、30 倍可靠性的通用 cStor 云存储系统，而且发明了数据立方（Data Cube）分布式 NoSQL 数据库，使得百亿条记录能够秒级处理，在中国移动成功示范应用。

**2. 云计算的定义和作用**

（1）定义

云计算是一个抽象的互联网服务平台。对于业界专业人士来讲，云计算意味着网格计算、效用计算、并行计算、分布式计算、软件即服务、平台即服务、基础设施即服务、虚拟化、基于互联网的应用等这些术语。对于非专业人士，云计算就是一个第三方来提供简单的平台，个人和企业使用互联网来访问一个无休止运转的计算机网络上提供的硬件和软件，以完成一些计算和交互的需求。

云计算不是新技术，而是一种全新的交付模式。云计算是虚拟化（Virtualization）、效用计算（Utility Computing）、并行计算（Parallel Computing）、网格计算（Grid Computing）、分布式计算（Distributed Computing）、基础设施即服务（IaaS）、平台即服务（PaaS）、软件即服务（SaaS）等概念混合演进并跃升的结果。可以将云计算看作是这些计算机科学概念的一个商业演化版，或者说是商业实现。云计算的关键技术如图 3-13 所示。

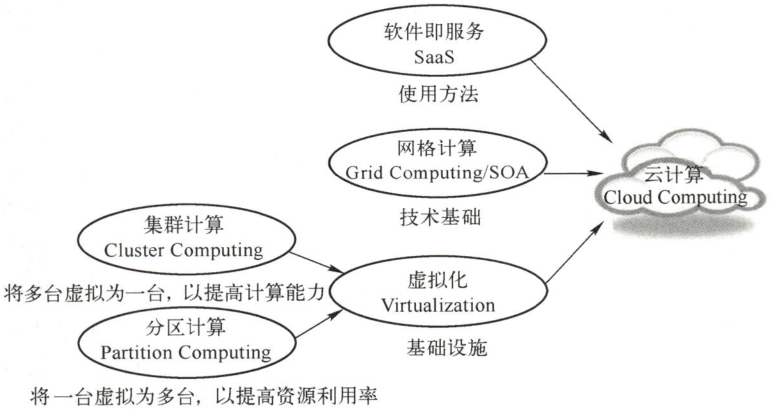


图 3-13　云计算的关键技术

在 IT 业界，对于“云计算”至少有超过 20 种解释。维基百科的定义为“云计算（Cloud Computing）是这样一种计算方式，计算资源是动态易扩展而且虚拟化的，往往通过互联网提供。用户不需要了解‘云’中基础设施的细节，不必具有相应的专业知识，也无须直接进行控制”。埃森哲（Accenture）咨询公司将云计算定义为“第三方提供商通过网络动态提供及配置 IT 功能（硬件、软件或服务）”。

狭义云计算。提供资源的网络被称为云。“云”中的资源在使用者看来是可以无限扩展的，并且可以随时获取，按需使用，随时扩展，按使用付费。这种特性经常被称为像水电一样使用 IT 基础设施。

广义云计算。这种服务可以是 IT 与软件、互联网相关的，也可以是任意其他的服务。“云”是一些可以自我维护和管理的虚拟计算资源，常常是一些大型服务器集群，包括计算服务器、存储服务器、宽带资源等。

（2）作用

云计算的关键是其最终用户，一个人或社区，可以完成他所想要做的事情，而不需要特殊的 IT 支持。云计算是抽象的、隐藏的，简单地通过画“一朵云”来表示，同样的图样过去常用于表述互联网或计算机系统本身。云计算不仅覆盖了宽范围的技术，而且也涉及宽范围的业务需求，从企业的后台系统到不断变化的前台系统。

云计算将所有的计算资源集中起来，形成资源池，这种资源池称为云，由软件实现自动管理，无需人为参与。这使得应用提供者无须为烦琐的细节而烦恼，能够更加专注于自己的业务，有利于创新和降低成本。它意味着计算能力也可以作为一种商品进行流通，就像煤气、水电一样，取用方便，费用低廉。最大的不同在于，它是通过互联网进行传输的。

### 3. 云计算特点和工作原理

云计算是个众说纷纭的 IT 术语，谷歌、微软、亚马逊和 IBM 等业界领导厂商对其分别有着不少于 20 种阐述。对云计算的概念可以简单地用“一二三四五”来总结，以便于人们更容易、清晰地理解云计算。

“一”体化的信息平台和运营平台。云计算是一种颠覆性的交付模式。从技术的角度来讲，是将企业所有的服务器、存储等基础设施以及网络整合到统一的云平台上。在“云的世界”里，将技术和业务结合起来交付给用户使用。企业的运营管理决策分析都将基于云平台展开。云计算是一个系统的概念、总体的概念、业务与技术融合的一体化概念，这一点对认识云很重要。

“二”个层面来体现运营企业与用户的关注点。这两个应用层面是云计算技术平台和云计算服务应用。一方面企业可以将基础设施包括传统的服务器、操作系统、存储运维等都统一部署在一个平台上，这是技术平台的层面；另一方面政府、企业和个人用户可以不必过多地关注这个平台本身，而是关注应用，可以将不同的需求部署成不同的应用，形成一种个性化的云计算服务交付模式。

“三”种云计算服务交付模式，即以基础设施作为服务（IaaS）、以开发平台作为服务（PaaS）和以软件应用作为服务（SaaS）。

“四”是指 4 种部署配置模式，包括公有云、私有云、混合云和社区云。社区云也可以称为行业云，即以行业或组织机构为范围，所有关系链上的产业或群在这一范围内共享云服务，展开业务活动，云计算部署配置模式如图 3-14 所示。

图 3-14　云计算部署配置模式

“五”个基本特征，包括虚拟化的资源池、基于网络的访问、按需自助式服务、快速、弹性和使用成本可计量等。

从“一”个体系上、“二”层结构上（技术层面和业务层面上）、“三”种交付或服务模式上、“四”种部署形式上以及“五”个基本特征上，就能完整地概括云计算的基本概念。

在典型的云计算模式中，用户通过终端接入网络，向“云”提出需求；“云”接受请求后组织资源，通过网络为“端”提供服务。用户终端的功能可以大大简化，诸多复杂的计算与处理过程都将转移到终端背后的“云”上去完成。用户所需的应用程序并不需要运行在用户的个人计算机、手机等终端设备上，而是运行在互联网的大规模服务器集群中；用户所处理的数据也无须存储在本地，而是保存在互联网上的数据中心。提供云计算服务的企业负责这些数据中心和服务器正常运转的管理和维护，并保证为用户提供足够强的计算能力和足够大的存储空间。在任何时间和任何地点，用户只要能够连接至互联网，就可以访问云，实现随需随用。

#### 4. 云计算的技术体系

云计算系统采用了许多技术，其中并行编程模型、分布式计算、网格计算、集群计算、移动计算、数据存储与管理技术、虚拟化技术和云计算平台管理技术最为关键。其实，云计算包含了多层含义。

（1）云计算的多层含义

1）用户的公共性。云计算所提供的服务对象，既包括企业/政府/学术/个人等最终用户，也包括应用软件、中间件平台等“用户”，这是根据云计算提供不同层次的服务所决定的。

2）设备的多样性。云计算所提供服务的设备也是多样的，既包括各种规模的服务器、主机、存储设备，也包括各种类型的终端设备，如计算机、智能手机、各种智能传感器、RFID 设备等。

3）商业模式的服务性。云计算是以服务的方式提供设备和应用的。这种服务特性体现在两个方面，即简化和标准的服务接口、按需计费的商业模式。

4）提供方式的灵活性。云计算既可以作为一种公用设施，提供社会服务，即“公共云”，也可以作为企业信息化的集中计算平台，即“私有云”。

因此，云计算的核心内涵包括 SaaS、PaaS、IaaS 的计算服务化，基础设施、服务器、存储和网络资源的虚拟化，还有系统资源管理的智能化。其实云计算就是计算服务化、资源虚拟化、管理智能化这 3 个概念的结合体。

（2）云计算的核心内涵

1）云计算的计算服务化。云计算是网格计算（Grid Computing）的另一种表现形式，是相似技术的两种表现形式。网格计算是一种计算能力提升的方式，其原理是依据并行计算理论，通过任务分解，将子任务分布式提交到其他服务器上运行，以获得更强大的计算能力。

网格计算的基础技术就是 Web Service，通过任务分解为服务，这些服务可以在分布式的计算环境中，实现与设备无关的标准交互，并且通过服务的封装，实现并行的事务处理。云计算的平台技术，主要是依赖于面向服务的架构（Service Oriented Architecture，SOA），而 SOA 的主要实现技术体系也就是 Web Service，可见，云计算和网格计算的核心技术基础是相似的。因此，云计算的商业用途将非常广泛，能够得到厂商和用户的大力支持。

2）云计算的资源虚拟化（Virtualization）。云计算中的虚拟化包括基础设施、服务器、网络（VPN）和存储（SAN/NAS）等方面，核心是已经成熟的集群技术和分区技术的结合。

① 集群计算（Cluster Computing）是将多台服务器虚拟为一台服务器的技术，目的是提高计算能力和提升设备的容错、实现负载均衡的能力。集群技术广泛应用于操作系统、数据库和中间件等系统软件平台。

② 分区计算（Partition Computing）是大型主机和 UNIX 小型机上的一种成熟技术，就是将一台服务器虚拟为多台服务器，每个虚拟单元称为一个分区，各分区之间是相互隔离

的，目的是提高资源利用率。目前低端的 Intel 架构的 PC 服务器也支持虚拟化。虚拟化目前还包括网络虚拟化（VPN）和存储虚拟化（SAN/NAS）等技术，与服务器虚拟化一起，建成一个完整的计算资源虚拟化环境，在虚拟化管理系统的控制下，实现动态的可配置的智能系统。

3）云计算的管理智能化。云计算的虚拟化和动态管理本质上是系统的管理智能化，通过动态配置的资源管理、自动动态配置的自适应性和自我恢复能力，将云计算设计为智能系统。这些智能的自我管理特性如下。

① 虚拟化设置。可以在控制台配置虚拟化的计算资源。

② 资源动态配置。可以在运行期动态调整资源配置。

③ 系统自动监测。自动监测系统运行的健康状况，对异常情况自动报警。

④ 安全隔离。在各虚拟资源之间进行安全的隔离，在各实例之间实现自治。

⑤ 负载自动均衡。系统在虚拟设备之内实现多个资源之间的自动负载均衡。

⑥ 资源管理决策支持。可以对云计算资源的适应状况进行优化的管理决策，实现自优化。

⑦ 自恢复。当云计算的实例和虚拟化资源出现运行故障或者死锁时，系统具备自我恢复功能。

通过这些智能化的管理功能可见，云计算是一个自适应、自优化的智能系统，其发展趋势如图 3-15 所示。

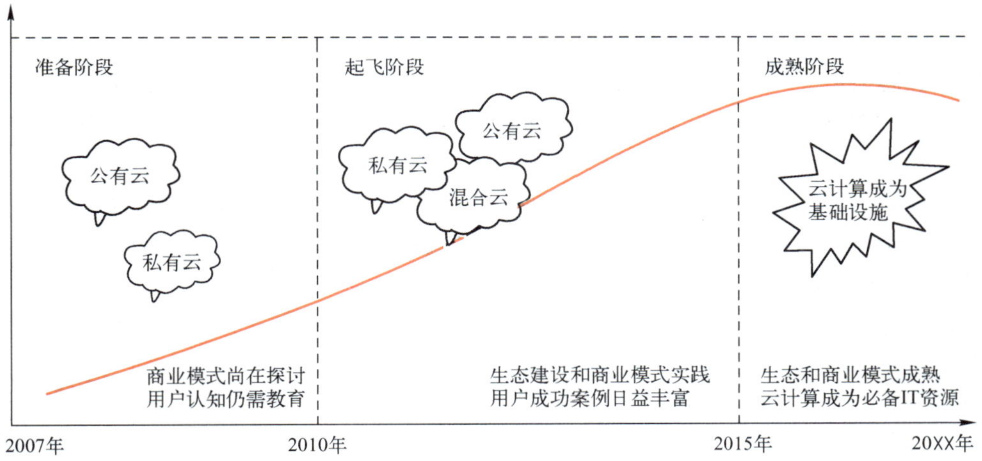


图 3-15　云计算发展趋势

（3）云计算的关键技术

云计算系统运用了许多技术，其中以编程模型、海量数据分布存储技术、海量数据管理技术、虚拟化技术、云计算平台管理技术最为关键。

1）编程模型。它是一种简化的分布式编程模型和高效的任务调度模型，用于大规模数据集（大于 1TB）的并行运算。其思想是将要执行的问题分解成映射（Map）和化简（Reduce）的方式，达到分布式运算的效果，再通过 Reduce 程序将结果汇整输出。

2）海量数据分布存储技术。云计算系统由大量服务器组成，同时为大量用户服务，因此云计算系统采用分布式存储的方式存储数据，用冗余存储的方式保证数据的可靠性。在云计算系统中广泛使用的数据存储系统是 Google 的 GFS 和 Hadoop 团队开发的开源系统 HDFS。

3）海量数据管理技术。云计算需要对分布的、海量的数据进行处理、分析，因此，必须使数据管理技术能够高效地管理大量的数据。云计算系统中的数据管理技术主要是 Google 的 BT（Big Table）数据管理技术和 Hadoop 团队开发的开源数据管理模块 HBase。

4）虚拟化技术。通过虚拟化技术可实现软件应用与底层硬件相隔离，它包括将单个资源划分成多个虚拟资源的裂分模式，也包括将多个资源整合成一个虚拟资源的聚合模式。根据实施对象的不同，虚拟化技术可分成存储虚拟化、计算虚拟化和网络虚拟化等，又可将计算虚拟化分为系统级虚拟化、应用级虚拟化和桌面虚拟化。

5）云计算平台管理技术。云计算资源规模庞大，服务器数量众多并分布在不同的地点，同时运行着数百种应用，如何有效地管理这些服务器、以保证整个系统提供不间断的服务是一个巨大的挑战。

（4）云计算的 5 大基本特征

1）按需自助服务。消费者无须同服务提供商交互就可以自动得到自助式计算资源能力，如服务器的时间、网络存储（资源的自助服务）等。

2）无所不在的网络访问。消费者可以利用云端设备随时随地访问网络并使用云端资源。

3）划分独立资源池。根据消费者的需求来动态地划分或释放不同的物理和虚拟资源，这些资源池内的供应商计算资源以多租户的模式来提供服务。用户经常并不控制或了解这些资源池的准确划分，但可以知道这些资源池在哪个行政区域或数据中心，如存储、计算处理、内存、网络带宽以及虚拟机个数等。

4）快速弹性。一种对资源快速和弹性提供和对资源快速和弹性释放的能力。对消费者来讲，所提供的这种能力是无限的（随需的、大规模的计算机资源），并且在任何时间以任何量化方式可购买。

5）服务可计量。云系统对服务类型通过计量的方法来自动控制和优化资源使用（如存储、处理、带宽以及活动用户数）。资源的使用可被监测、控制以及对供应商和用户提供透明的报告（即付即用的模式）。

云软件可充分借助于云计算的范式优势来面向服务，聚焦于无状态的、松耦合、模块化以及语义解释的能力。

大数据基础

### 3.1.3 大数据概述

大数据（Big Data）一般指数量体量大于 1TB 的数据，又称海量数据、巨量数据。但对于大数据区别与小数据的体量界限，学术界意见不同。尽管目前对大数据尚没有统一而规范的定义，但不同研究机构和学者从各自立场出发做出了不同的界定，其中具有代表性的大数据定义归纳如下：从容量角度的定义，大数据是“通常指大小规格超越传统数据库软件工具抓取、存储、管理和分析能力的数据群”。维基百科将“大数据”定义为：“无法在一定时间内用通常的软件工具进行捕获、管理的数据集合”。国际数据公司（IDC）认为，“大数据”即“海量的数据规模、快速的数据流转和动态的数据体系、多样的数据类型、巨大的数据价值”。

大数据应用

大数据具有以下 5 个特点。

（1）海量化

海量化指收集和分析的数据量非常大，从 TB 级别，跃升到 PB 级别。全球企业 2010 年在硬盘上存储了超过 7EB 的新数据，绝大部分是消费者的消费数据，而 1EB 数据就相当于美国国会图书馆中存储数据的 4000 多倍。自人类有史以来至今所产生的信息量为 5EB；过去 3 年产生的数据量比以往 4 万年产生的数据总和还要多。在整个人类文明所获得的全部数据中，有 90%是过去 2 年内产生的。随着大数据的到来，以 TB、PB、EB㊀为数据计量单位的时代已经成为过去，全球将进入数据存储与处理的“ZB”时代。

（2）多样化

多样化指大数据的类型多样化。大数据来自多种数据源，主要类型包含结构化数据、半结构化数据和非结构化数据等。例如 Facebook 每天都有数以亿计的状态更新，2017 年 1 月，Youtube 网站的视频日上传量就达到了 40 亿，每分钟上传视频长度约 60 小时。而据不完全统计，我国高校数据库结构化数据增长率大概为 32%，而非结构化数据的增长率则达到 63%。非结构化数据虽然处理起来比结构化数据困难，但往往能产生大的数据价值。

（3）高速度

高速度即数据流的快速处理。随着大数据的涌现，已经有很多用于密集型数据处理的架构应运而生。例如，以可靠、高效、可伸缩的方式对大数据进行分布式处理的软件框架 Hadoop。运用这些新的软件和技术，数据处理的速度大大加快，数据处理能力从批处理转向流处理。速度快要求批处理、实时性、多进程、数据流，需要对数据进行近实时的分析。实时数据流处理中存在 1s 定律，即长期连续的数据监控中也许只有 1s 数据是有用的，这一点和传统的数据挖掘技术有着本质的不同。

（4）精确性

精确性包括数据的可信性、真伪性、来源、有效性和可审计性。大数据中的内容是与真实世界息息相关的，研究大数据就是从庞大的网络数据中提取出能够解释和预测现实事件的过程。只有数据完整、真实，建立在其基础上的决策才会更加科学、准确。从数据源来看，绝大多数数据都是个体思想和行为的实时记录，是个体真实意识的外在反映，其准确性要高于传统的数据来源渠道和收集方式，即便少数数据失真，也都被淹没在真实数据的海洋中。从数据量来看，大数据面对的是某一现象的全部数据，而非传统的随机抽样数据，“样本=总体”的全数据模式将使判断和预测的准确性达到抽样数据无法达到的高度。从数据处理过程来看，通过一系列技术手段对海量数据进行“去冗”“降噪”和“过滤”处理，并进行数据整理、挖掘和分析，最终得出更加准确、可靠的结论。

（5）关联性

关联性即数据流间的关联性。关联的数据价值远大于孤立的数据。大数据并不看重单个数据流的价值，强调从彼此关联的数据流发现相关关系，而不是因果关系，只需要知道“是什么”，而无须明白“为什么”。在大数据时代，原有建立在人的主观认识基础上的关联物监测法已经落后，取而代之的是借助机器的超强计算能力和复杂的数学模型，对看似杂乱的大数据进行专业性测试和分析，自动搜寻和建立关联关系，并得出有价值的结论。

---

㊀ 1TB=1024GB=$2^{40}$B，1PB=1024TB=$2^{50}$B，1EB=1024PB=$2^{60}$B，1ZB=1024EB=$2^{70}$B。——编者注

### 3.1.4 区块链概述

区块链（Block Chain）起源于比特币，2008 年 11 月 1 日，中本聪（Satoshi Nakamoto）发表了《比特币：一种点对点的电子现金系统》一文，阐述了基于 P2P 网络技术、加密技术、时间戳技术、区块链技术等的电子现金系统的构架理念，这标志着比特币的诞生。2009 年 1 月 3 日，第一个序号为 0 的创世区块诞生。2009 年 1 月 9 日，出现序号为 1 的区块，并与序号为 0 的创世区块相连接形成了链，标志着区块链的诞生。

近年来，作为比特币底层技术之一的区块链技术日益受到重视。在比特币形成过程中，区块是一个一个的存储单元，记录了一定时间内各个区块节点全部的交流信息。各个区块之间通过随机散列实现链接，后一个区块包含前一个区块的散列值，随着信息交流的扩大，一个区块与一个区块相继接续，形成的结果就叫区块链。

区块链是分布式数据存储、点对点传输、共识机制、加密算法等计算机技术的新型应用模式。区块链本质上是一个去中心化的数据库，同时作为比特币的底层技术，是一串使用密码学方法相关联产生的数据块，每一个数据块中包含了一批次比特币网络交易的信息，用于验证其信息的有效性（防伪）和生成下一个区块。

区块链基础

**1. 区块链的特征**

（1）去中心化

区块链技术不依赖额外的第三方管理机构或硬件设施，没有中心管制，除了自成一体的区块链本身，通过分布式核算和存储，各个节点实现了信息的自我验证、传递和管理功能。去中心化是区块链最突出最本质的特征。

（2）开放性

区块链技术基础是开源的，除了交易各方的私有信息被加密外，区块链的数据对所有人开放，任何人都可以通过公开的接口查询区块链数据和开发相关应用，因此整个系统信息高度透明。

（3）独立性

基于协商一致的规范和协议（类似比特币采用的随机散列等各种数学算法），整个区块链系统不依赖其他第三方，所有节点能够在系统内自动安全地验证、交换数据，不需要任何人为的干预。

（4）安全性

只要不能掌控全部数据节点的 51%，就无法肆意操控修改网络数据，这使区块链本身变得相对安全，避免了主观人为的数据变更。

（5）匿名性

除非有法律规范要求，单从技术上来讲，各区块节点的身份信息不需要公开或验证，信息传递可以匿名进行。

区块链应用

**2. 区块链的应用**

（1）金融领域

区块链在国际汇兑、信用证、股权登记和证券交易所等金融领域有着潜在的巨大应用价值。将区块链技术应用在金融行业中，能够省去第三方中介环节，实现点对点的直接对接，从而在降低成本的同时，快速完成交易支付。

（2）物联网和物流领域

区块链通过节点连接的散状网络分层结构，能够在整个网络中实现信息的全面传递，并能够检验信息的准确程度。这种特性一定程度上提高了物联网交易的便利性和智能化。“区块链+大数据”的解决方案就利用了大数据的自动筛选过滤模式，在区块链中建立信用资源，可提高交易的安全性，并提高物联网交易便利程度。为智能物流模式应用节约时间成本。区块链节点具有十分自由的进出能力，可独立参与或离开区块链体系，不对整个区块链体系有任何干扰。“区块链+大数据”解决方案利用了大数据的整合能力，促使物联网基础用户拓展更具有方向性，便于在智能物流的分散用户之间实现用户拓展。

（3）数字版权领域

通过区块链技术，可以对作品进行鉴权，证明文字、视频、音频等作品的存在，保证权属的真实、唯一性。作品在区块链上被确权后，后续交易都会进行实时记录，实现数字版权全生命周期管理，也可作为司法取证中的技术性保障。

### 3.1.5 应用系统工程概述

#### 1. 应用系统工程

应用系统从系统的高度为客户需求提供应用的系统模式以及实现该系统模式的具体技术解决方案和运作方案，即为用户提供一个全面的系统解决方案。应用系统组成是，硬件系统、系统软件、中间件和应用软件。

系统工程来源于英语 Systems Engineering，概括地讲，系统工程被归类在系统科学结构体系中，属于工程技术类。它是一门新兴学科，是系统科学的一个分支，是以系统为研究对象的工程技术。系统工程是运用系统思想直接改造客观世界的一大类工程技术的总称。系统是由互相关联、互相制约和互相作用的若干组成部分构成的具有某种功能的有机整体。

系统工程与其他工程不同之点在于，它是跨越许多学科的科学，而且是填补这些学科边界空白的一种边缘学科，系统工程的目的是研制系统，而系统不仅涉及工程学的领域，而且涉及社会、经济和政治等领域，为了适当解决这些领域的问题，除了需要某些纵向技术以外，还要有一种技术纵横的方向把它们组织起来。我国著名的科学大师、系统科学的奠基者钱学森，他给系统工程的定义是，系统工程是组织管理系统的规划、研究、设计、制造、实验与使用的科学方法。系统工程是在系统思想的指导下，用近代数学方法和计算机工具来研究一般系统的分析、规划、开发、设计、组织、管理、调整、控制和评价等问题，使系统整体最佳地实现预期目标的一门综合性的工程技术。云计算应用系统里的交付模式与部署模式关系，如图 3-16 所示。

#### 2. 应用系统实例

分布式事务处理参考模型（Distributed Transaction Processing Reference Model）是 X/OPEN 组织提出的一种分布式事务处理的软件结构模型，它定义了分布式事务处理软件结构规范和应用编程接口（Application Programming Interface，API）接口。这种结构允许多个应用程序去共享多个资源管理器提供的资源，并且具有协调全局事物的能力。X/OPEN 是一个独立的、具有全球影响力的开放系统组织，它得到了世界大多数的大信息系统供应商的支持，通过规范开放系统的具体实现，从计算的观点考虑如何让用户获得更大的利益。

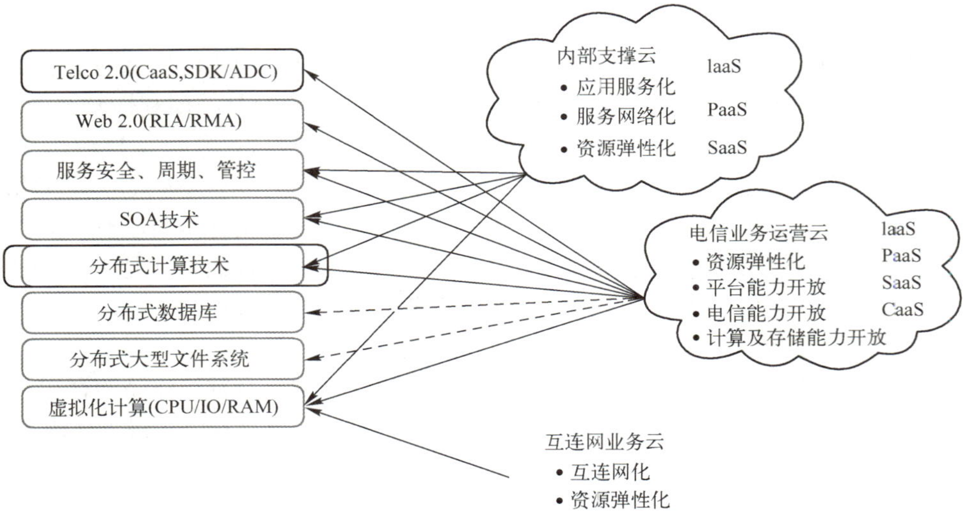


图 3-16　云计算应用系统里的交付模式与部署模式关系图

DTP 可以实现多个系统的跨资源事务处理并保持一致性，例如，在 ATM 机取钱的时候，需要对用户的账户进行扣款处理，然后发送一条消息给消息服务器（假设消息服务器是用 JMS 实现的），由消息服务器异步通过短信通知用户。如果用户取款失败，那么消息服务器就不应该发送短信给用户。DTP 实现以下操作来保证用户账务扣款和消息服务器的消息保持一致性：如果取款成功，消息服务器就持久化消息，然后发送短信给用户；如果取款失败，消息服务器就回滚消息，什么都不做。在这种情况下，就需要使用分布式事务，也就是跨越多个资源的保证数据一致性。

1）X/OPEN 的 DTP 模型由 4 个基本模块组成。

① 应用程序（Application Program，AP）。也就是应用程序，可以理解为使用 DTP 的程序，用于定义事物的边界，并确定组成事物操作的动作。

② 资源管理器（Resource Manager，RM）。一个数据库管理系统（Data Base Management System，DBMS），或者消息服务器管理系统，应用程序通过资源管理器对资源进行控制，如数据库或文件系统用于存取文件。资源必须实现 XA 定义的接口。

③ 事物管理器（Transaction Processor，TP）。负责协调和管理事务，提供给 AP 应用程序编程接口以及管理资源管理器，给事物分配标识，监督事物的处理过程，并负责事物的完成以及协调事物失败的恢复。

④ 通信资源管理器（Communication Resource Management，CRM）。在一个事物管理器内或两个事物管理器之间对通信进行控制。

2）在这 4 个模块之间，X/OPEN 模型定义了这样一些模块与模块之间的接口规范。

① 在应用程序与资源管理器之间已经存在了一些 X/OPEN 的规范，如 SQL 和 ISAM。

② 在应用程序与事物管理器之间定义了 TX 接口。

③ 在交易管理器与资源管理器之间定义了 XA 接口。

④ 在交易管理器与通信资源管理器之间定义了 XA+接口。

⑤ 在应用程序与通信资源管理器之间有 3 种接口，即 TXRPC、XATMI 和 CPI-C。

⑥ 在通信资源管理器与操作系统提供的底层通信协议之间提供了 XAP-TP 接口。

其中，AP 可以与 TM 以及 RM 通信，TM 与 RM 互相之间可以通信，在 DTP 模型里面定义了 XA 接口，TM 与 RM 通过 XA 接口进行双向通信。例如，TM 通知 RM 提交事务或者回滚事务，RM 把提交结果通知给 TM。AP 和 RM 之间则通过 RM 提供的 Native API 进行资源控制，各个厂商实现自己的资源控制，比如 Oracle 自己的数据库驱动程序。

3）DTP 定义了以下几个概念。

① 事务。是一个完整的工作单元，由多个独立的计算任务组成，这些多个任务在逻辑上是原子的。

② 全局事务。对于一次性操作多个资源管理器的事务，就是全局事务。

③ 分支事务。在全局事务中，某一个资源管理器有自己独立的任务，这些任务的集合作为这个资源管理器的分支任务。

④ 控制线程。用来表示一个工作线程，主要是关联 AP、TM、RM 三者的一个线程，也就是事务上下文环境。

简单地说，就是需要标识一个全局事务以及其与分支事务的关系，并分两阶段提交协议。如果一个事务管理器管理着多个资源管理器，控制全局事务和分支事务， DTP 里会说明两阶段提交的协议。第一阶段：准备阶段，事务管理器通知资源管理器准备分支事务，资源管理器告知事务管理器准备结果。第二阶段：提交阶段，事务管理器通知资源管理器提交分支事务，资源管理器告知事务管理器结果。图 3-17 所示为正常情况下的两阶段提交。

如果第一阶段某一个资源预提交失败，第二阶段就回滚第一阶段已经预提交成功的资源，如图 3-18 所示。

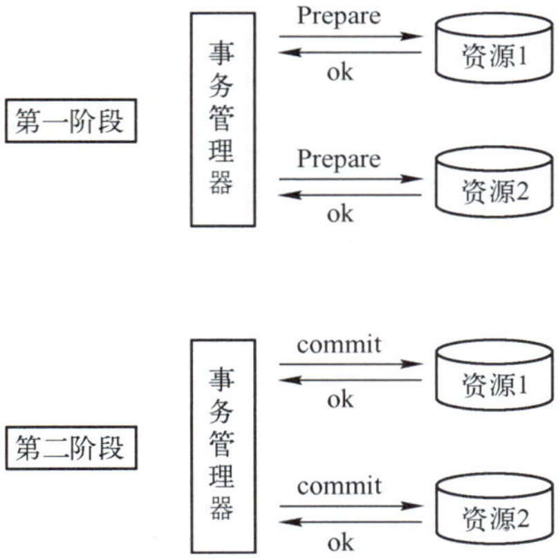


图 3-17　第一阶段资源预提交

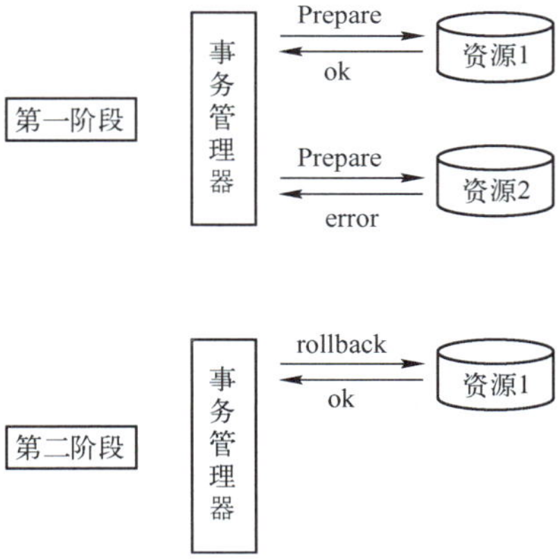


图 3-18　第二阶段就回滚

4）以上是比较正常的情况，但是 RM 有权利自己根据情况提交或者回滚自己的分支事务（官方说法是：Heuristic Decision），那就可能出现以下几种情况。

① 在 TM 通知 RM 提交事务之前，RM 分支事务已经提交，如图 3-19 所示。

② 在 TM 通知 RM 提交事务之前，RM 分支事务全部回滚，如图 3-20 所示。

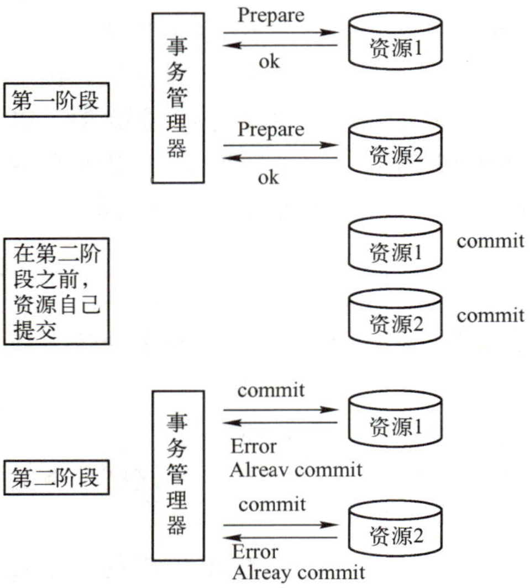


图 3-19　RM 分支事务已经提交

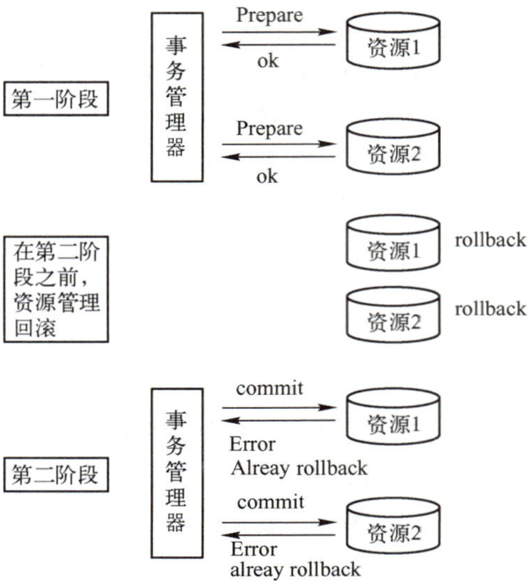


图 3-20　RM 分支事务全部回滚

③ 在 TM 通知 RM 提交事务之前，RM 分支事务部分回滚，如图 3-21 所示。

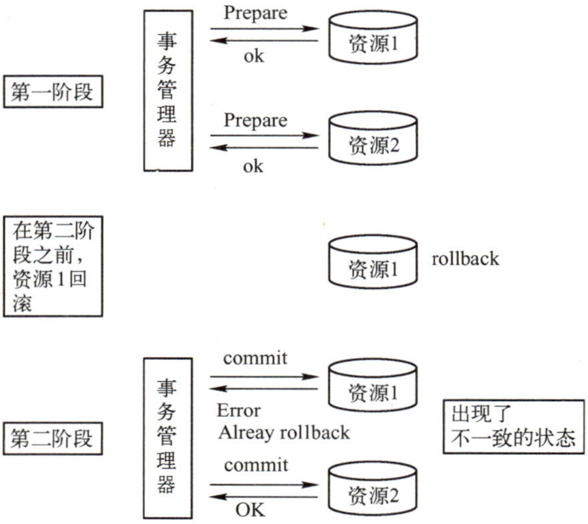


图 3-21　RM 分支事务部分回滚

对于 Heuristic Decision 标记的分支事务，在没有 TM 通知 RM forget 之前，RM 都必须保存分支事务的信息，等到 TM 从失败中恢复事务之后，通知 RM forget 分支事务，这个时候 RM 才真正完成事务。

对于前面两种情况来说，TM 会比较好处理，做事务恢复的时候，要么标记全局事务成功，要么标记全局事务回滚，通知 RM 可以完成分支事务了。对于第三种情况，可能就需要进行决策了，这个具体怎么处理，DTP 并没有说明细节，可以交给应用自己去判断。

5）虽然 DTP 内部的实现比较复杂，但是对于 DTP 编程模型就比较简单了。

① AP 通过 TM 获取事务。

② AP 申明需要哪些 RM，TM 注册 RM。
③ AP 使用 RM 完成分支事务。
④ AP 通过 TM 提交事务。
⑤ TM 通知 RM 提交事务。
6）DTP 服务的实现就需要考虑以下几个问题。
① 如何获取 TM。
② 如何启动和结束一个事务。
③ 如何标识一个事务。
④ 如何保存和传递事务上下文。
⑤ 应用如何通过资源管理器操作共享资源。
⑥ 资源管理器如何实现准备阶段以及与提交阶段的逻辑。
⑦ 如何实现两阶段提交协议。
⑧ 如何实现在异常情况下进行事务恢复。

把这几个问题了解清楚了，就可以自己实现一个两阶段提交的分布式事务模型了。

### 3. 未来的云应用系统

未来的云生态系统将从移动互联网的“端”“管”“云”3 个层面展开。“端”指的是接入终端设备，“管”指的是信息传输管道，“云”指的是服务提供网络。具体到移动互联网而言，“端”指的是手机、MID 等移动接入终端设备，“管”指的是（宽带）无线网络，“云”指的是提供各种服务和应用的内容网络。

电信运营商和网络设备制造商在“管”的方面优势明显，终端制造商对“端”的掌控力度最强，IT 和互联网企业则对“云”最为熟悉。移动互联网相关的企业要想在未来的竞争中处于有利甚至是主导地位，就必须依托已有基础延伸价值链，争取贯通“端”—“管”—“云”的产业价值链条。

尽管 IT 企业率先提出了云计算这一概念并暂时处于领先位置，但是拥有庞大网络和用户资源的移动运营商正在加速追赶，先期通过模仿与合作不断推出基于云的服务，未来则力图通过技术和业务创新重新获得竞争优势。但即使移动运营商能够占据主导地位，移动互联网市场也不再是一个封闭的圈子，而是成为开放式的“大花园”。也只有如此，移动互联网才能良性地发展，实现企业与用户的双赢。

从用户的角度来看，复杂的技术名词难以理解，需求被满足才是最实在的东西。用户只关心应用的功能，而不关心应用的实现方式，因此，以“云”+“端”的方式向用户提供移动互联网服务既可以满足用户的随需而选，又可以实现处理器和存储设备的共享利用，对用户和应用提供商来说都是经济的。

移动互联网在未来几年需要解决的主要问题就是要在不改变用户互联网业务使用习惯的前提下，保证移动终端设备毫无障碍地、随时随地以较高速度接入已经发展成熟的传统互联网业务与应用。只有这样，移动互联网才能实现真正的成熟与良性发展。因此，终端、带宽和应用就成为移动互联网发展成功的 3 个关键因素。

1）终端智能化大趋势，运营商积极参与入口争夺战。用户通过认识终端进而认识移动通信，所谓的代际差别也主要是通过终端以及终端上的应用体现的。在移动互联网时代，这条经验同样值得记取。苹果的 iPhone 和 RIM 的黑莓手机无疑是这一经验的受益者，终端的智能化以及背后的云计算支撑平台大获成功，成为后来者竞相模仿的典范。为了使用户在移动环境下拥有良好的体验，即使将计算部分放在“云”端，也需要终端具有高性能的处理器，以保证能够将云计算平台处理和发送的大量数据及时地在终端呈现出来。移动运营商同样认识到，谁掌控了移动互联网入口的手机终端操作系统的话语权，谁就将成为移动互联网时代的王者。因此，联合制造商除推出深度定制手机外，还积极进行手机操作系统的自主研发。就以国内三大运营商而论，中国移动连续推出自主开发的网上商城和 Ophone；中国电信主打“互联网手机”的宣传牌，并积极推动中低端智能手机的定制工作；中国联通引进 iPhone。这些都反映出运营商对终端重要性的认识上升到了一个新的高度，希望通过更具针对性的定制化终端与服务牢牢抓住用户。这同样给了国内有着深厚技术积累和研发实力并与运营商有着密切合作关系的中兴、华为等企业一个发展的机会。

2）移动宽带是移动云服务的必要条件。云计算与下一代通信技术的结合成为新的研究重点，云计算的必要前提是持久的宽带网络连接，移动宽带则为移动云计算提供了“管道”，成为移动互联网和云计算相互融合的关键要素。通过移动宽带上网正逐渐成为主流方式之一，但这也使得数据流量激增，给传输网络带来不小的压力。为了克服移动环境下用户体验的带宽瓶颈，移动运营商一方面加大人力、物力、财力的投入进行网络建设和优化，提高网络覆盖范围和网络质量，特别是重点解决室内覆盖的问题；另一方面，随着 LTE/4G 的即将到来，积极进行下一代移动宽带技术的研究，希望能够以更大的带宽和更高的速率为云计算和移动互联网的发展提供有力的支撑。例如，韩国 SK 电讯和阿尔卡特-朗讯公司所属的贝尔实验室就准备在双方合作开展的下一代通信网研究项目中，将云计算与 LTE 的结合作为一项重要的研究内容。

3）消除用户疑虑，增加应用种类，改善服务质量。3G 提供的高速分组接入（High Speed Packet Access，HSPA）使用户切实感受到移动互联网的价值，并开始真正接受移动云服务。移动互联网的应用与服务如雨后春笋般蓬勃发展，用户对云计算的信任感有所提高。例如，尽管数据丢失的事件仍时有发生，但是将个人通信录上传到云服务平台的用户数量却在悄悄增长。这是一个可喜的变化，表明用户对云计算的疑虑有所消除，方便快捷的移动互联网服务对用户的吸引力有所增强。增加具有高可靠性的新应用将成为各提供商下一阶段巩固用户关系的主要任务。

当前，随时随地访问网络已经成为大势所趋，用户与移动信息终端的绑定将驱动云计算提供商在移动互联网领域加大资金投入，加快技术和应用创新的步伐。用户希望获得大容量的数字内容存储空间和提供安全托管服务的虚拟网络，也只有云计算才能够支撑起这些需求。基于云计算的固定和移动融合解决方案将大大改善服务质量，有可能真正实现用户体验的一致性和连续性。

移动云服务实现了跨领域、跨层级的资源整合，具有 SaaS 的模式特征。尽管有人认为移动互联网与云计算的结合不过是“新瓶装旧酒”，但是越来越多的人认同这是一次破坏性创新，实现了 IT 和电信的融合，并不断把新的资源（尤其是内容产业）引入移动互联网中来，发展潜力巨大。

# 3.2 子学习情境 2 关键技术框架

## 3.2.1 中间件关键技术

### 1. 中间件技术规范

通信与网络市场的需求推动了计算机，通信与网络技术的快速发展对计算机系统也提出了更多更高的要求和挑战。当前支持服务器端中间件技术的平台/分布计算技术平台，主要有 OSF 的 DCE、国际对象管理组织（OMG）的 OMA/CORBA、Sun 的 J2EE、微软的 DNA2000、SUN 的 J2EE 和 SOA。它们都是支持服务器端中间件技术开发的平台，具有各自的特点，下面分别阐述如下。

（1）DCE 体系

DCE 是分布式计算环境（Distrbuted Computing Environment）的缩写，它由 Open Software Foundation 制定，目前这个组织被称为 Open Group。DCE 由以下多个共同在一起工作的组件组成。

1）远程过程调用（RPC）。

2）本地和全局目录服务（CDS 和 GDS）。

3）安全服务。

4）DCE 线程。

5）分布式时钟服务（DTS）。

6）分布式文件服务（DFC）。

线程、RPC、CDS、安全服务和 DTS 组件通常被称为安全核心，并且是组成任何 DCE 环境所必需的组件，DTS 是可选件。在 DCE 环境中，还包括用于管理这些组件的管理工具。DCE 不是独立存在的，而是被捆绑在供应商操作系统中的，或者由第三方供应商进行集成。

（2）OMG 的 CORBA

公共对象请求代理结构（Common Object Request Broker Architecture，CORBA）由国际对象管理组织（Object Management Group，OMG）制定，该组织始建于 1989 年，现已拥有包括生产厂商与软件开发商 800 多个会员，其目的是在分布和已构计算机环境下为应用软件的开发提供一个公共框架，使开发出来的软件既面向对象又具有可重用性、可移植性以及可操作性等特点。

CORBA 分布计算技术是 OMG 基于众多开放系统平台厂商提交的分布对象互操作内容的基础上制定的公共对象请求代理体系规范。CORBA 分布计算技术。它是由绝大多数分布计算平台厂商所支持和遵循的系统规范技术，具有模型完整、先进、独立于系统平台和开发语言以及被支持程度广泛的特点，已逐渐成为分布计算技术的标准。COBRA 标准主要分为 3 个层次，即对象请求代理、公共对象服务和公共设施。最底层是对象请求代理（Object Request Broker，ORB），规定了分布对象的定义（接口）和语言映射，实现对象间的通信和互操作是分布对象系统中的“软总线”；在 ORB 之上定义了很多公共服务，可以提供诸如并发服务、名字服务、事务（交易）服务、安全服务等各种各样的服务；最上层的公共设施则定义了组件框架，提供可直接为业务对象使用的服务，规定业务对象有效协作所需的协定规则。目前，CORBA 兼容的分布计算产品层出不穷，其中有中间件厂商的 ORB 产品，如 BEAM3 和 IBM Component Broker；有分布对象厂商推出的产品，如 IONAObix 和 OOCObacus 等。

CORBA 规范的近期发展，增加了面向 Internet 的特性、服务质量控制和公共对象请求代理结构构件模型（CORBA Component Model，CCM）。

Internet 集成特性包括了针对 IIOP（Internet Inter-Orb Protocol，网际网路 ORB 间协定）传输的防火墙（Firewall）和可内部操作的定义了统一资源定位符（Uniform Resource Locator，URL）命名格式的命名服务（Naming Service）。

服务质量控制包括能够具有质量控制的异步消息服务，一组针对嵌入系统的 CORBA 定义，一组关于实时 CORBA 与容错 CORBA 的请求方案。

CCM技术，是在支持面向过程的分析（Process Oriented Analysis，POA）的 CORBA 规范（版本 2.3 以后）基础上，结合企业级 JavaBean（Enterprise JavaBeans，EJB）当前规范的基础上发展起来的。CORBA 构件模型，是 OMG 组织制定的一个用于开发和配置分布式应用的服务器端中间件模型规范，它主要包括如下 3 项内容。

1）抽象构件模型。用以描述服务器端构件结构及构件间互操作的结构。

2）构件容器结构。用以提供通用的构件运行和管理环境，并支持对安全、事务、持久状态等系统服务的集成。

3）构件的配置和打包规范。CCM 使用打包技术来管理构件的二进制、多语言版本的可执行代码和配置信息，并制定了构件包的具体内容和基于 XML 的文档内容标准。

总之，CORBA 的特点是大而全，互操作性和开放性非常好。CORBA 的缺点是庞大而复杂，并且技术和标准的更新相对较慢。COBRA 规范从 1.0 升级到 2.0 所花的时间非常短，而再往上的版本的发布就相对十分缓慢了。在具体的应用中使用不是很多。

（3）SUN 的 J2EE

J2EE（Java 2 Platform Enterprise，Java 平台环境企业版），是一种多层应用模式的结构体系。整个规范由 SUN 公司提出，它将业务逻辑从系统服务功能和用户界面中分离出去，放置在用户层和应用基础设施这两层之间的中间层，是目前应用的最为广泛的面向 Web 的应用系统结构规范。

为了推动基于 Java 的服务器端应用开发，SUN 在 1999 年底推出了 Java2 技术及相关的 J2EE 规范，J2EE 的目标是，提供与平台无关的、可移植的、支持并发访问和安全的、完全基于 Java 的开发服务器端中间件的标准。

J2EE（Java 2 Platform Enterprise Edition，Java 平台环境企业版），J2SE（Java 2 Platform Standard Edition，Java 平台环境标准版），J2ME（Java 2 Platform Micro Edition，Java 平台环境微型版）是 Java 针对不同的使用来提供不同的服务，也就是提供不同类型的类库。J2EE 核心是一组技术规范与指南，其中所包含的各类组件、服务架构及技术层次，均有共同的标准及规格，让各种依循 J2EE 架构的不同平台之间存在良好的兼容性，解决了过去企业后端使用的信息产品彼此之间无法兼容，企业内部或外部难以互通的窘境。

J2SE 为构造并部署网络为核心的企业应用系统提供一个完整的、安全的基础，其范围从 PC 桌面到工作组服务器。J2SE 包括 Java 2 SDK（Software Development Kit，即软件开发工具包）和 Java 2 Runtime Environment（运行环境）。

J2EE 是 Java 2 平台的一个完整版本，将业务紧要（Mission Critical）的企业应用系统推向任何 Web 浏览器。J2EE 将 SUN 公司的多种技术集成到一个体系结构中，并提供了一种应用程序编程模型、兼容性测试套件，以降低开发网络软件的复杂性与代价。

J2ME 是端到端（End-to-End）的 Java 技术，适于正在增长的消费类与嵌入式市场。J2ME 是一个被高度优化的运行环境，以下列消费类产品为目标：寻呼机、手机、触摸屏终端、数字机顶盒以及汽车导航系统等。

在 J2EE 中，SUN 给出了完整的基于 Java 语言开发面向企业分布应用规范。其中，在分布式互操作协议上，J2EE 同时支持 RMI 和 IIOP，而在服务器端分布式应用的构造形式，则包括了 Java Servlet（Servlet 是在服务器上运行的小程序）、服务器页面（Java Server Page-JSP）、企业级 JavaBean（Enterprise JavaBean-EJB，是一个用 Java 写的 API 的计划，用来构筑企业级应用的服务器端可被管理组件）等多种形式，以支持不同的业务需求，而且 Java应用程序具有“Write once，run anywhere”（一次编写，到处运行）的特性，使得 J2EE技术在发布计算领域得到了快速发展。J2EE 框架如图 3-22 所示。

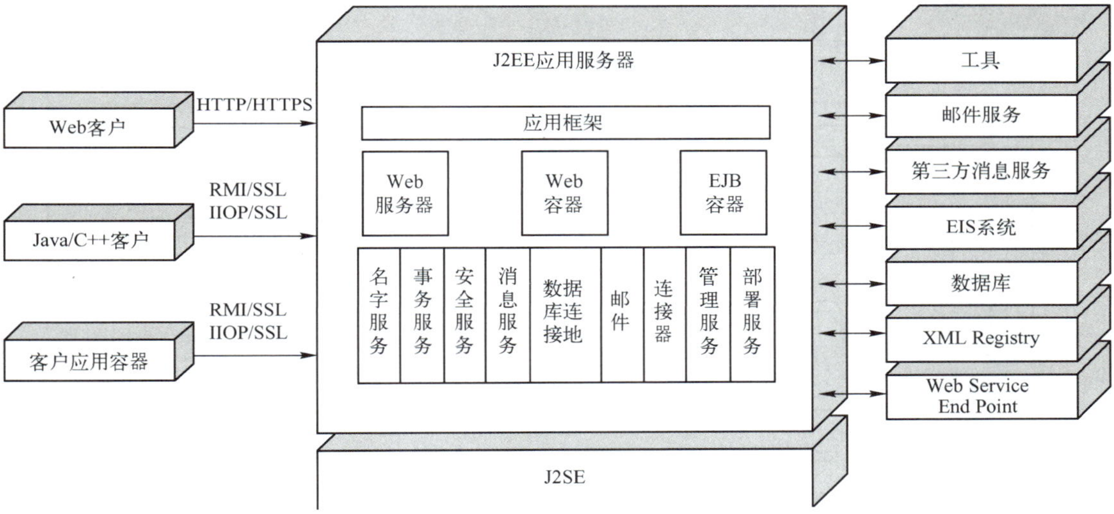


图 3-22　J2EE 框架

J2EE 简化了构件可伸缩的、其于构件服务器端应用的复杂度，虽然 DNA 2000 也一样，但最大的区别是 DNA 2000 是一个产品，J2EE 是一个规范，不同的厂家可以实现自己的符合 J2EE 规范的产品，J2EE 规范是由众多厂家参与制定的，它不为 SUN 所独有，而且其支持跨平台的开发，目前许多大的分布计算平台厂商都公开支持与 J2EE 兼容技术。

EJB（Enterprise JavaBeans）是 SUN 推出的基于 Java 的服务器端构件规范 J2EE 的一部分。自 J2EE 推出之后，得到了广泛的发展，已经成为应用服务器端的标准技术。EJB技术是在 Java Bean 本地构件基础上，发展的面向服务器端分布应用构件技术。它基于 Java 语言，提供了基于 Java 二进制字节代码的重用方式。EJB 给出了系统的服务器端分布构件规范，这包括了构件、构件容器的接口规范以及构件打包、构件配置等的标准规范内容。EJB 技术的推出，使得用 Java 基于构件方法开发服务器端分布式应用成为可能。从企业应用多层结构的角度，EJB 是业务逻辑层的中间件技术，与 JavaBeans 不同，它提供了事务处理的能力，自从三层结构提出以后，中间层（也就是业务逻辑层，是处理事务的核心）从数据存储层分离取代了存储层的大部分地位。从分布式计算的角度，EJB 像 CORBA 一样，提供了分布式技术的基础。提供了对象之间的通信手段。从 Internet技术应用的角度，EJB 和 Servlet、JSP 一起成为新一代应用服务器的技术标准。EJB 中的 Bean 可以分为会话 Bean 和实体 Bean，前者维护会话，后者处理事务，目前 Servlet 负责与用户端通信，访问 EJB，并把结果通过 JSP 产生页面传回用户端。

J2EE 的优点是，服务器市场的主流还是大型机和 UNIX 平台，这意味着以 Java 开发构件，能够做到“Write once，run anywhere”，开发的应用可以配置到包括 Windows 平台在内的任何服务器端环境中。

（4）Microsoft DNA 2000

Microsoft 分布式因特网应用（Distributed interNet Applications，DNA）是 Microsoft 在推出 Windows 2000 系列操作系统平台基础上，在扩展了分布计算模型以及改造 Back Office 系列服务器端分布计算产品后发布的新的分布计算体系架构和规范。Microsoft DNA 框架如图 3-23 所示。

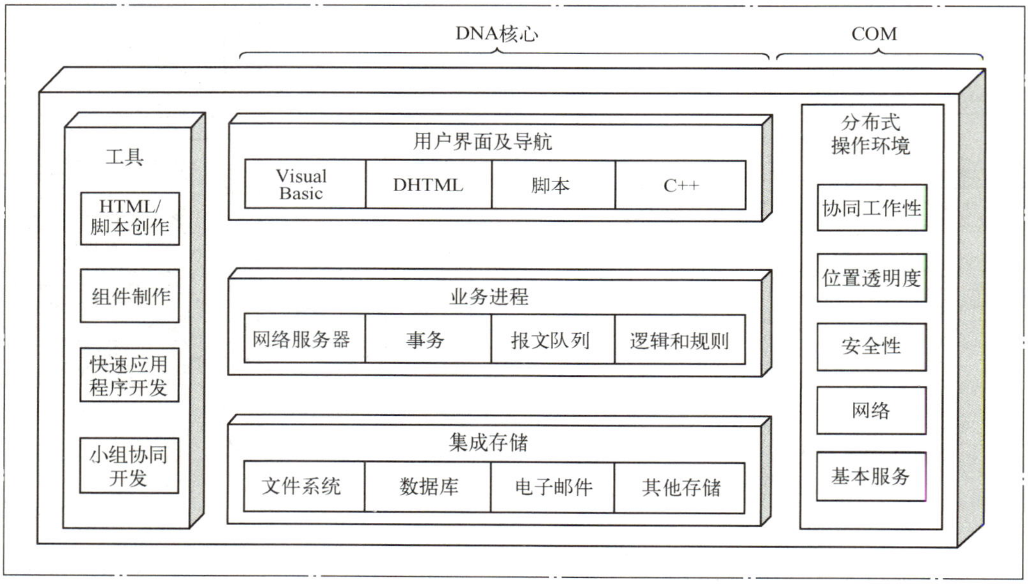


图 3-23　Microsoft DNA 框架

在服务器端，DNA 2000 提供了对动态服务器页面 (Active Server Pages-ASP)、组件对象模型（Component Object Model-COM)、群集（Cluster，指终端站数据资料的终端装置和与之相联系的总数终端的总称）等的应用支持。目前，DNA 2000 在技术结构上有着巨大的优越性。一方面，由于 Microsoft 是操作系统平台厂商，因此 DNA 2000技术得到了底层操作系统平台的强大支持；另一方面，由于 Microsoft 的操作系统平台应用广泛，支持该系统平台的应用开发厂商数目众多，因此在实际应用中，DNA 2000 得到了众多应用开发商的采用和支持。

DNA 2000 融合了当今最先进的分布计算理论和思想，如事务处理、可伸缩性、异步消息队列和集群等内容。DNA 使得开发可以基于 Microsoft 平台的服务器构建应用，其中，如数据库事务服务、异步通信服务和安全服务等，都由底层的分布对象系统提供。

以 Microsoft 为首的分布式组件对象模型（Distributed Component Object Model，DCOM）、组件对象模型（Component Object Model，COM）、组件对象模型+（Component Object Model+，COM+是 COM、DCOM 和 MTS，Microsoft Transaction Server 微软事务服务器，的集成）阵营，从动态数据交换（Dynamic Data Exchange，DDE），对象链接与嵌入（Object Linking And Embedding，OLE）到 ActiveX（微软倡导的网络化多媒体对象技术）等，提供了中间件开发的基础，如 Visual C 语言、Visual Basic 语言和 Delphi 语言等都支持 DCOM，包括 OLE 数据库在内新的数据库存取技术，随着 Windows2000 的发布，Microsoft 的 DCOM/COM/COM+技术，在 DNA 2000 分布计算结构基础上，展现了一个全新的分布构件应用模型。首先，DCOM/COM/COM+的构件仍然采用普通的 COM 模型。COM 最初作为 Microsoft 桌面系统的构件技术，主要为本地的 OLE应用服务，但是随着 Microsoft 服务器操作系统 NT 和 DCOM 的发布，COM 通过底层的远程支持使得构件技术延伸到了分布应用领域。DCOM/COM/COM+更将其扩充为面向服务器端分布应用的业务逻辑中间件。通过 COM+的相关服务设施，如负载均衡、内存数据库、对象池、构件管理与配置等，DCOM/COM/COM+将 COM、DCOM、MTS 的功能有机地统一在一起，形成了一个概念、功能强的构件应用体系结构。而且，DNA 2000 是单一厂家提供的分布对象构件模型，开发者使用的是同一厂家提供的系列开发工具，这比组合多家开发工具更有吸引力。

它的不足是依赖于 Microsoft 的操作系统平台，因而在其他开发系统平台（如 Unix、Linux）上不能发挥作用。Microsoft DNA 框架呈现层如图 3-24 所示。

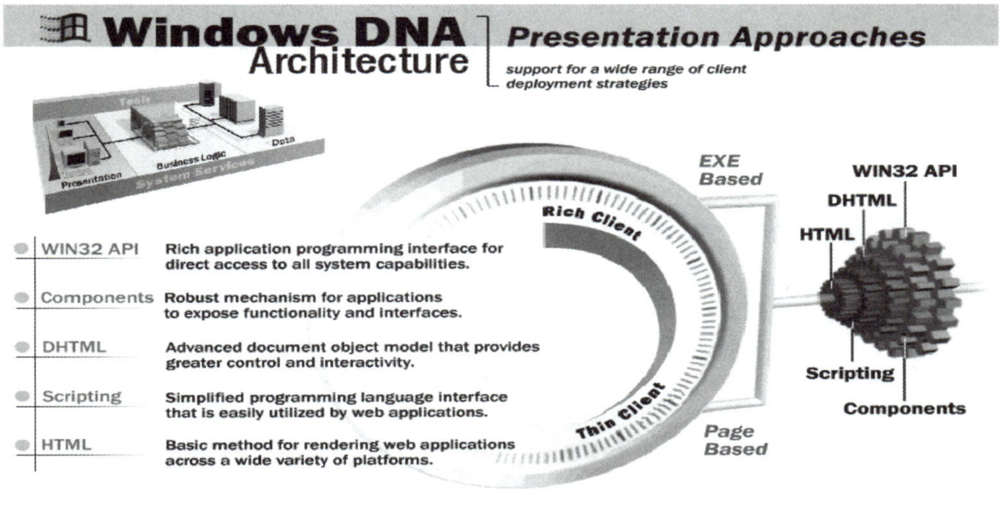


图 3-24　Microsoft DNA 框架呈现层

1）呈现层（Presentation Level）服务

① 应用程序编程接口 Win32 API。

② 组件 Components。

③ 动态 HTML/DHTML。

④ 脚本 Scripting。

⑤ Web 浏览器和服务器 HTML。

2）业务逻辑层（Business Logic Level）服务

① 构件服务（Component Service：例如 COM，COM+，MTS）。COM 已发展为 COM+通过降低为利用底层系统服务而编写的代码量，使开发分布式应用系统更为快速容易。COM+服务包括新的或增强的服务包括：自带事务 Bring Your Own Transaction（COM 构件可以参与由非 COM+事务处理环境管理的事务只要它支持 Transaction Internet Protocol，TIP）；负载平衡 Load Balancing（基于构件的应用程序可以以用户透明的方式在应用程序群中分布工作负载）；内存数据库 In-memory Database（是一个事务性数据库系统用以支持对数据的快速访问和廉价）；队列组件 Queued Component（异步执行在网络环境下是不可避免的队列可以对异步执行提供良好支持）；事件通知 Event Notification（COM+事件是同时支持单播/多播、发布/订阅的事件机制，允许多个用户“订阅”由各种服务器“发布”的事件）；高级安保 Expanded Security（支持基于角色的安全与处理访问许可安全 COM+增加了方法级安全）；集中管理 Centralized Administration（Component Service Explorer，组件服务总管，提供了一致的管理模型，减少了部署、管理及监控 n 层的应用程序）。

② 消息服务（Messaging Service）。微软信息队列服务器（Microsoft Message Queue Server，MSMQ）提供松耦合、可靠的通信服务。通过实现 push 风格的商务事件，可使系统在不可靠、代价低的网络上建立起可靠的应用系统。MSMQ 还提供了与其他消息队列产品的无缝连接，如：IBM 的 MQSeries 等。

③ 网络应用服务（Web Application Service）。互联网信息服务器（Internet Information Server- IIS）可用于开发基于 Web 的商务应用系统，这样的系统便于扩展、便于部署。作为 IIS 技术之一的动态服务器页面(Active Server Pages-ASP)，具有语言中立、编译默认的特点，是服务器端脚本环境。用于创建、运行动态且交互的 Web 服务器应用程序，利用 ASP 脚本及其他协调构件构造的应用程序，可以与现有的系统、应用程序及数据协同工作。Microsoft DNA 框架业务逻辑层如图 3-25 所示。

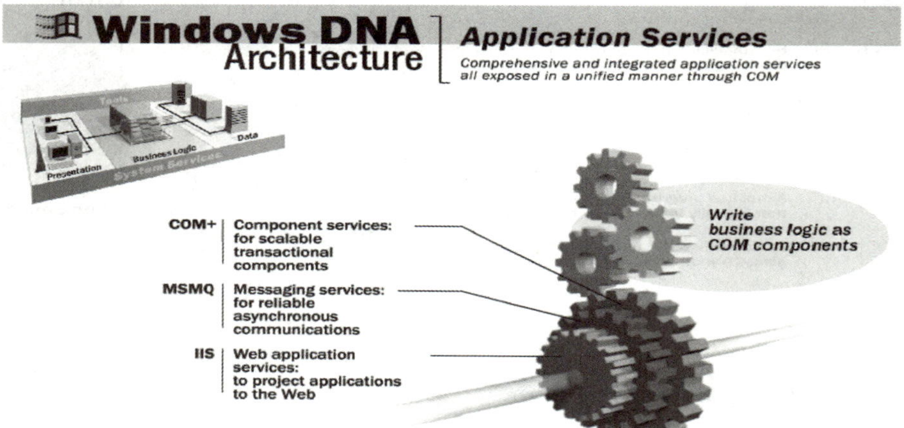


图 3-25　Microsoft DNA 框架业务逻辑层

3）数据层（Data Level）服务

Microsoft DNA 框架数据层如图 3-26 所示。通用数据访问（Universal Data Access，UDA）提供对各种信息资源的高性能访问，包括关系、非关系数据提供独立于工具与语言的编程接口，并基于开放的工业规范，得到了工业界及数据库厂商的广泛支持。DNA 中基于 UDA 的框架包含系统层和应用层两层。

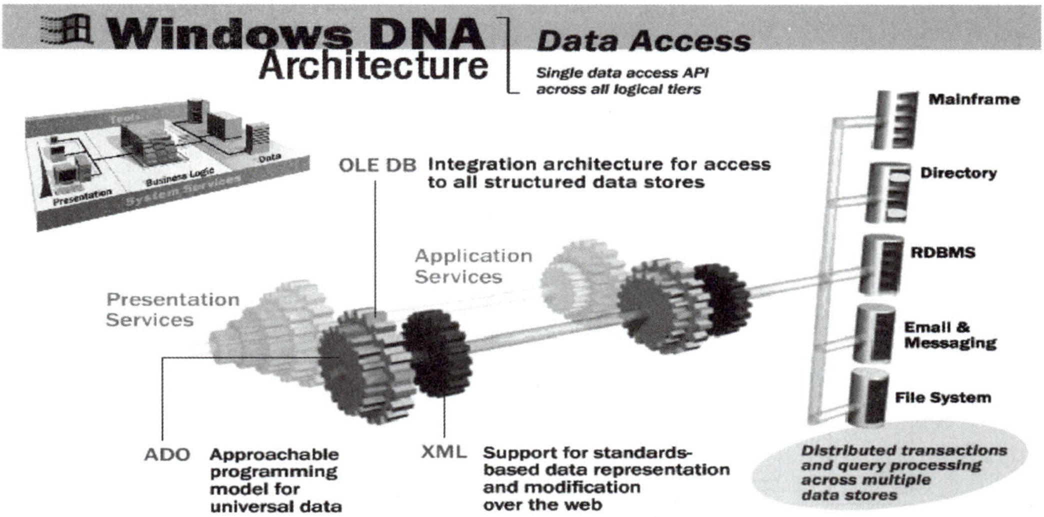

图 3-26 Microsoft DNA 框架数据层

① 系统层的对象连接与嵌入数据库（Object Link and Embed Data Base-OLE DB）定义了一个基于构件的体系结构，封装了各种数据库管理系统服务，但不对数据源进行约束。

② 应用层的 ActiveX 数据对象（ActiveX Data Objects，ADO）提供了高层接口，使开发者可以从任何编程语言访问数据。

在每一层，可扩展标记语言（eXtensible Markup Language-XML）使开发者可以在应用程序用户之间进行描述、交付、交换结构化数据，也可以在服务器之间进行结构化数据的传送。

（5）SOA

面向服务的体系结构（Service Oriented Architecture，SOA）是一个组件模型，它将应用程序的不同功能单元（称为服务）通过这些服务之间定义良好的接口和契约联系起来。SOA 技术已存在超过 20 年的时间，但一直未得到广泛的应用。随着 Web 服务的出现逐渐被人们接纳，SOA 终于迎来了自己的“春天”。对 SOA 的需要来源于需要使业务 IT 系统变得更加灵活，以适应业务中的改变。通过允许强定义的关系和依然灵活的特定实现，IT 系统既可以利用现有系统的功能，又可以准备在以后做一些改变来满足它们之间交互的需要。就开发体系结构方面而言，SOA 是将来的一个发展趋势。SOA 将数据和信息作为服务公开的模型使其成为了一个非常强大的概念，与当前的应用程序构建块范例截然不同。SOA 架构如图 3-27 所示。

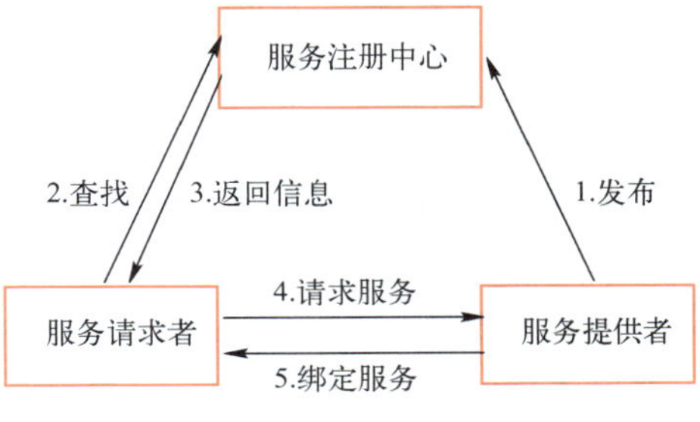

图 3-27 SOA 架构

1）SOA 是指为了解决在 Internet 环境下业务集成的需要，通过连接能完成特定任务的独立功能实体实现的一种软件系统架构。这个定义中有下面两点前提。

① 软件系统架构。SOA 不是一种语言，也不是一种具体的技术，而是一种软件系统架构，它尝试给出在特定环境下推荐采用的一种架构，从这个角度上来说，它更像一种模式（Pattern）。因此，它与很多已有的软件技术（如面向对象技术）是互补的而非互斥的。它们分别面向不同的应用场景，用来满足不同的特定需求。SOA 软件系统架构如图 3-28 所示。

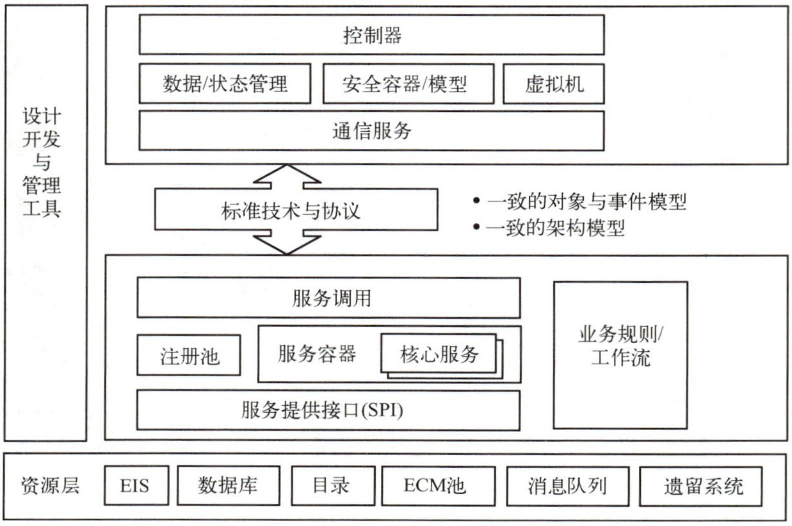

图 3-28　SOA 软件系统架构

② SOA 的使用范围。需求决定功能，同时也限制功能。SOA 并不是包治百病的万灵单，它最主要的应用场合在于解决在 Internet 环境下的不同商业应用之间的业务集成问题。在下面会详细介绍 Internet 的各种特点是如何决定了 SOA 特点的，这里只先简单回顾一下 Internet 环境区别于 Intranet 环境的几个特点：大量异构系统并存，计算机硬件工作方式不同，操作系统不同、编程语言也不同；大量、频繁的数据传输仍然速度缓慢并且不稳定；版本升级无法完成，人们根本就无法知道互联网上有哪些机器直接或者间接地使用某个服务。

2）基于上面的前提，下面介绍 SOA 的 3 个基本特征。

① 独立的功能实体。在 Internet 这样松散的使用环境中，任何访问请求都有可能出错，因此任何企图通过 Internet 进行控制的结构都会面临严重的稳定性问题。SOA 非常强调架构中提供服务的功能实体的完全独立自主的能力。传统的组件技术，如.NET Remoting、EJB（Enterprise JavaBeans）、COM 或者 CORBA，都需要有一个宿主（Host 或者 Server）来存放和管理这些功能实体；当这些宿主运行结束时这些组件的寿命也随之结束。这样当宿主本身或者其他功能部分出现问题的时候，在该宿主上运行的其他应用服务就会受到影响。

SOA 架构中强调实体自我管理和恢复能力。常见的用来进行自我恢复的技术，比如事务处理（Transaction）、消息队列（Message Queue）、冗余部署（Redundant Deployment）和集群系统（Cluster）在 SOA 中都起到至关重要的作用。

② 大数据量低频率访问。

对于.NET Remoting\EJB 或者 XML-RPC 这些传统的分布式计算模型而言，它们的服务提供都是通过函数调用方式进行的，一个功能的完成往往需要通过用户端和服务器来回很多次函数调用才能完成。在 Intranet 的环境下，这些调用给系统的响应速度和稳定性带来的影响都可以忽略不计，但是在 Internet 环境下这些因素往往是决定整个系统是否能正常工作的一个关键决定因素。因此，SOA 系统推荐采用大数据量的方式一次性进行信息交换。

③ 基于文本的消息传递。Internet 中大量异构系统的存在，决定了 SOA 系统必须采用基于文本而非二进制的消息传递方式。在 COM、CORBA 这些传统的组件模型中，从服务器端传往客户端的是一个二进制编码的对象，在客户端通过调用这个对象的方法来完成某些功能；但是在 Internet 环境下，不同语言、不同平台对数据（甚至是一些基本数据类型）定义不同，给不同的服务之间传递对象带来很大的困难。由于基于文本的消息本身是不包含任何处理逻辑和数据类型的，因此服务间只传递文本，对数据的处理依赖于接收端的方式可以帮忙绕过兼容性这个“大泥坑”，此外，对于一个服务来说，Internet 与局域网最大的一个区别就是在 Internet 上的版本管理极其困难，传统软件采用的升级方式在这种松散的分布式环境中几乎无法进行。采用基于文本的消息传递方式，数据处理端可以只选择性地处理自己理解的那部分数据，而忽略其他的数据，从而得到非常理想的兼容性。

3）每一项新技术都是在一些旧的技术基础上发展出来的。正如 XML 根本思想来自于在 20 世纪 60 年代就已经出现的早期标记性语言一样，SOA 虽然这两年才出现，但是它所表达的观念应该说在网络这种分布式系统结构出现不久就已经广泛应用了。例如我们最熟悉的 HTTP 就是一个非常典型的 SOA 架构设计。HTTP 的工作过程简单叙述如下。

① 客户端通常是通过浏览器，向服务器端以文本的方式发送一个请求，索取一个 Web 页面。

② 服务器端接收到这个请求之后，根据请求的内容进行处理，并且返回一个符合 HTML 语法的文本。

③ 客户端接收到服务器端的响应文本后调用本地的程序，通常还是浏览器，把返回的 HTML 文本的内容展现出来。

4）HTTP 满足了 SOA 的特点，体现在以下几个方面。

① 独立的功能实体。作为服务器端的 Web 服务器是绝对不会因为客户端的状况变化而改变的，它总是非常稳定地按照自己的内在逻辑运行，响应外部的请求，管理自己的资源和数据。这里一个非常好的例子就是 Web 服务器对缓存（Cache）的处理，很多 Web 服务器为了提高性能都或多或少地对数据进行缓存，但是缓存数据、刷新数据这些与客户端完全无关的操作完全由服务器端独立完成，不受客户端的影响。

② 大数据量低频率访问。对于一个 HTTP 请求来说，客户端与服务器之间访问的边界非常简单：就是一个请求，一个响应，没有任何其他的信息往返。无论客户端申请的网页上除了文字之外还有什么信息，对于客户端来说，它发出的请求都只是简单地告诉 Web 服务器它所需要的网页位置；至于为了生成这个网页，服务器端是否需要访问数据库，执行 Servlet 或者其他的 CGI 程序，对客户端而言都是完全透明的。

③ 基于文本的消息传递。迄今为止兼容性最好的系统可能就是 HTTP 支撑的大部分 Web 应用了，可以在 Windows 平台下用 IE 查看互联网上一个 Linux+Apache 服务器上的由 Perl 脚本自动生成的网页。这里的关键就是所有内容都是以格式化的文本方式传递的，不管

Perl 脚本如何执行，只要它的输出是符合 HTML 规范的网页，就可以被客户端的浏览器解释。而由于不同的操作系统上对于相同的 HTML 的解释遵循相同的规范，因此不同操作系统下仍然能够看到一致的用户界面。

5）上述内容基本描述了 SOA 作为一种软件架构所具有的特点，下面再看看 Web Service 与 SOA 的关系。SOA 与 Web Service 是就现在而言最适合实现 SOA 的一些技术的集合，事实上最近 SOA 的火爆在很大程度上归功于 Web Service 标准的成熟和应用的普及为广泛的实现 SOA 架构提供了基础。下面介绍 Web Service 中的各种协议是如何互相工作来满足 SOA 需求的。

① 独立的功能实体。通过统一描述、发现和集成协议（Universal Description Discovery and Integration-UDDI）的目录查找，可以动态改变一个服务的提供方而无须影响客户端的应用程序配置。所有的访问都通过 SOAP 访问进行，只要 WSDL 接口封装良好，外界客户端是根本没有办法直接访问服务器端的数据的。

② 大数据量低频率访问。通过使用网站服务描述语言（Web Services Description Language，WSDL）和基于文本（Literal）的简单对象访问协议（Simple Object Access Protocol，SOAP）请求，可以实现一次性接收大量数据的接口。这里需要着重指出的是，SOAP 请求分文本方式和远程过程调用（Remote Procedure Call，RPC）两种方式，正如上文已经提到的，采用远程调用方式的 SOAP 请求并不符合这点要求。但是令人遗憾的是现有的大多数 SOAP 请求采用的仍然是远程调用方式，在某些平台上，例如 IBM WebSphere 的早期版本，甚至没有提供文本方式的 SOAP 支持。

③ 基于文本的消息传递：Web Service 所有的通信是通过 SOAP 进行的，而 SOAP 是基于 XML 的，不同版本之间可以使用不同的文件类型描述（Document Type Definition，DTD）或者可扩展标示语言概要（eXtensive Markup Language Schema）加以辨别和区分。因此，只需要为不同的版本提供不同的处理就可以轻松实现版本控制的目标。

（6）互联网相关技术规范

1）万维网/互联网（World Wide Web，WWW），是一种网络化的信息资源，它依赖于 3 个机制，使这些信息资源可以面对广大的使用者。

① 一种唯一的命名机制，为网上的资源进行定位，如：全局资源标识（Universal Resource Identifier，URI），这是一种命名机制，它将在网上的一个资源的定位分为 3 个部分：用于存取资源的通信方式的名称，如 HTTP、文件传输协议（File Transfer Protocol，FTP）；保存有资源的机器的名称，如：www.sohu.com；资源本身的名称，也就是存取这些资源的路径。

② 一种通信规程，以便在网上可以存取这些被命名的资源，如：超文本传输协议（HyperText Transfer Protocol，HTTP），是一种用于分布式、相互协作、混合型媒体信息系统应用层的通信规程。使用这一规程，除了可以在信息系统中取得资料外，还可以进行资料查询，对前端进行更新以及进行信息发布等操作。

③ 混合文本，以便更好地驾驭这些信息资源，如超文本标记语言（HyperText Markup Language，HTML）是一种网上使用的出版语言，它可以为作者提供这样的功能：在线出版的文档中包括标题、文本、表格、列表和照片等；按下鼠标后，通过混合文本链路查找文本；与远端的服务为进行联机事物处理建立表格，以便进行信息查找、预定和订购产品等操

作；在文档中直接包含独立页面、影像资料与声音资料等。

这些规范都是 Web技术的基础，除了这些技术规范以外，还有一些规范也非常重要，它的用途是实现企业与企业间通过 Web 实现数据交换。这些规范是 XML、SOAP、UDDI 和 WSDL。

2）可扩展标记语言（Extensible Markup Language，XML），通过提供更灵活和更容易被接收的信息标识方法来改进 Web 的功能。XML 被称为可扩展的标注语言，它不像 HTML 是一种单一的、预先定义的语言，XML 是一种用于描述其他语言的语言，使用 XML，可以定义自己的、不受类型限制的、其他类型的文档。

3）简单对象访问协议（Simple Object Access Protocol，SOAP），是一种轻量级规程，用于在没有控制中心、分布式的环境中交换信息。它以 XML 为基础，由 4 部分组成：一个信封，定义了是什么信息和如何对它进行处理的框架；一组编码规则，用于描述应用定义的数据类型的表示示例；一组表示远程过程调用和应答的规则方式；一组捆绑方式，这种方式用于使用低层通信规程交换信息。SOAP 具有与其他规则相结合的可能性。

4）通用描述、发现和集成（Universal Description，Discovery and Integration，UDDI），是一个规范，这个规范用于 Web 服务以分布式和 Web 为基础的信息注册。UDDI 同时也是这一规范的可接入的公用实现的集合，这个规范是某个企业的 Web 服务所能提供的内容用登记信息的方式提供出来，以便其他企业可以发现这些服务。Web 服务是 Web技术的下一步发展方向，它可以允许可编程的被放置在 Web 上，其他方可以使用分布式的方式进行存取。

5）Web 服务描述语言（Web Service Description Language，WSDL），是一组包含面向文档或面向过程消息的端点操作信息的 XML 格式网络服务描述；操作和消息首先被抽象地描述，然后捆绑到具体的网络规程和消息格式中，以便定义端点，相关的具体端点被组合进抽象的端点中。WSDL 可以捆绑描述与 SOAP、HTTP 、GET/POST 和 MIME 相关。

### 2. 中间件产品

（1）典型的事务/交易中间件产品

1）IBM 的客户信息控制系统/虚存（CICS/VS）

客户信息控制系统/虚存（Customer Information Control System/Virtual Storage-CICS/VS），是 IBM 系统/370 的一个程序产品，本身是通用的数据库/数据通信（DB/DC）系统，可支持一个包括若干终端和终端子系统的网络，它提供一个面向事务处理的联机应用环境。

CICS 是 IBM 于 1969 年推出的程序产品，经过几十多年不断发展，已在 IBM 大中型系统上广泛运行，从简单的应用到极为复杂的应用，遍及各行业，CICS 的发展为事务处理系统开辟了广阔的前景。CICS/VS 是在操作系统控制下的一个分区中作为一个主程序运行的，而若干联机应用程序是在 CICS 控制下运行的。

CICS 是一系列为 IBM 和非 IBM 平台上的应用提供联机事务处理和事务管理的产品，功能是为商业应用提供一个事务处理环境 CICS 建立在操作系统、ISO 的 DCE 和 Encina 服务上，它帮助客户建立三层次结构的联机事务处理应用。CICS 为应用程序开发、通信、恢复、显示、数据管理、安全性和内部通信等提供很多项服务。CICS 可以与 DCE 紧密结合，以满足分布式环境对于安全性、名字服务等的特殊需求。CICS 的结构设计也是面向事务处理的，CICS 构建的是一个三层次结构的应用系统，CICS 有效地区分应用系统中的表述逻辑层、业务逻辑层和数据逻辑层，从而使应用系统结构清晰，维护简单易行。在 IBM 的全系列计算机系统中均有相应的 CICS 产品，如 OS/390、MVS/ESA、VSE/ESA、OS/400 和 OS/2，并扩展到其他厂商的系统中，如 HP、DEC、SUN 等。IBM 的 CICS 结构如图 3-29 所示。

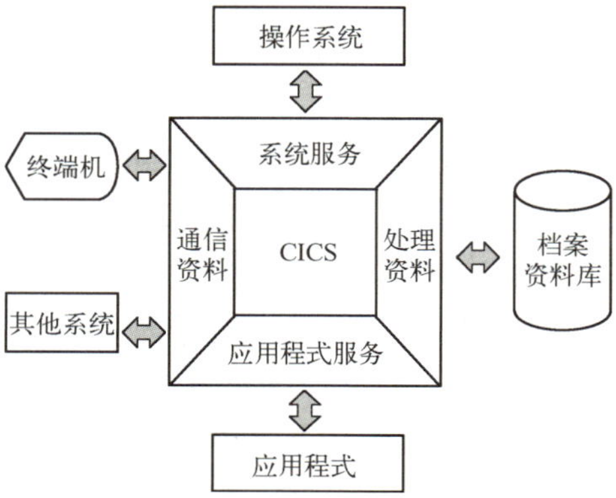


图 3-29　IBM 的 CICS 结构图

CICS/VS 功能分为 5 类：数据通信功能、应用程序服务、数据处理功能、系统服务功能和监督功能。CICS 是一个功能很强的 DB/DC 系统，它是面向终端的，响应速度较快，对文件和程序都提供了安全防范功能，并且提供了功能完善的数据后备和日志（Journal）生成功能。CICS 根据优先级，对优先级最高的操作人员、终端等提供最快的响应时间。最早具有中间件技术思想及功能的软件是 IBM 的 CICS，但由于 CICS 不是分布式环境的产物，因此人们一般把 BEA 的 TUXEDO 作为第一个严格意义上的中间件产品。

2）BEA 公司分布式操作的 UNIX 交易中间件（TUXEDO）

分布式操作的 UNIX 交易中间件（Transaction for UNIX has been Extended for Distributed Operation，TUXEDO）是第一个严格意义上的中间件产品，是 1984 年由贝尔实验室（当时属于 AT&T）开发完成的，在很长一段时期里只是实验室产品。TUXEDO 先被 Novell 收购，由于分布式处理当时并没有在商业应用上获得像今天一样的成功，在经过 Novell 并不成功的商业推广之后，1995 年被现在的 BEA 公司收购，并使其发展成为交易中间件领域事实上的标准。

TUXEDO 是在企业、Internet 这样的分布式运算环境中开发和管理三层结构的客户/服务器型关键任务应用系统的强有力工具。它具备分布式事务处理和应用通信功能，并提供完善的各种服务来建立、运行和管理关键任务应用系统。开发人员能够用它建立跨多个硬件平台、数据库和操作系统的可互操作的应用系统。

3）微软事务/交易服务器（Microsoft Transaction Server，MTS）。

MTS 是 Windows NT 操作系统的一个中间件产品。由于它具有强大的分布事务支持、安全管理、资源管理和多线程并发控制等特性，成为在 Windows 平台上开发大型数据库应用系统的首选产品。由于 MTS 屏蔽了底层实现的复杂性，极大地简化了这类应用的开发，程序员可以将精力集中在业务逻辑上，因而有效地提高了软件的开发效率。MTS 体系结构如图 3-30 所示。

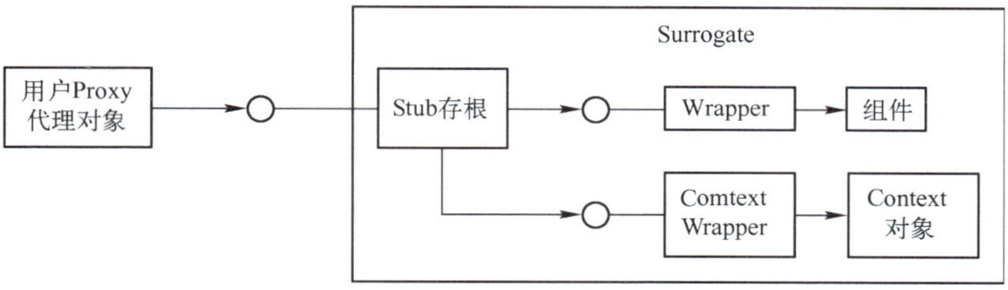


图 3-30　MTS 体系结构图

MTS 是一个基于组件的事务处理系统，提供了对多用户、分布式事务和安全的支持，为开发基于组件的分布式应用程序提供了环境。在多用户环境中，通过为展开和实施应用程序提供一个设置和运行环境，从而简化应用程序的开发，使得开发人员能集中精力开发应用程序的商业逻辑，而不是数据库的连接和线程同步。

MTS 提供的数据连接缓冲、线程管理、分布式事务服务很好地解决了多客户端利用组件频繁访问后台数据库等一系列问题，有助于开发人员开发大规模的、可靠的以及基于组件的 Internet 和 Intranet 应用程序。

MTS 体系结构包括 MTS 环境和 MTS 服务。MTS 环境包括组件和包组件，是组件对象模型（COM）和 动态链接库（Dynamic Link Library，DLL）的集合，每个 DLL 代表一种商业服务。这些组件被注册为 MTS 运行环境，称为 MTS 组件。每个 MTS 组件都必须属于一个包，MTS 包中也包含了相关的类型库。一个包中的所有组件都是在相同的服务器进程中执行的，因而 MTS 组件必须是进程内组件。MTS 服务包括：

① 资源管理器。帮助组件管理永久性数据。

② 资源分配器。在非永久资源池的概念上工作，应用程序使用资源分配器访问数据库连接、网络连接和内存等共享资源。

③ 微软分布式事务协调器（Microsoft Distributed Transaction Coordinator，MSDTC）：通过多资源管理器协助管理事务，生成多资源管理器的全部工作被作为单一的事务进行提交，这样确保了事务的原子性。

MTS 为在其中运行的组件创建了一个代理进程（Surrogate），这样可以远程启动 DLL 组件。当 MTS 中已注册组件拦截到一个实例化组件对象的请求时，会为这个组件创建一个包装类并使用这个类厂创建一个对象，和客户机中代理对象通信的存根代码（Stub 对象）服务于类厂。当调用组件的方法时，MTS 处理该调用，不需编写额外的代码。一个代理进程可同时为多个客户服务，代理进程内组件的错误只影响代理进程，不影响客户进程使得系统稳定。

（2）典型的消息中间件产品

1）IBM 的网络空间消息队列（Web Sphere MQ Series）。MQ Series 具有以下特征：集成跨平台（跨平台、跨企业、跨应用，确保应用间的信息顺畅沟通）；异步性（在同步通信不能实现情况下，Web Sphere MQ 支持异步传输信息）；有保障的传递（防止数据丢失，确保数据万无一失）；可扩展性（随着企业信息系统对信息传输要求的不断改变，Web Sphere MQ 具有良好的扩展性与文件传输协议 File Transfer Protocol-FTP 相比，FTP 需要人工手动操作，Web Sphere MQ 实现了全自动传输）；Web Sphere MQ 支持断点续传。

Web Sphere MQ 比 FTP 安全性更高，据统计，Web Sphere MQ 目前在全球已经占据了85%的市场份额，是事实的业界标准。

2）SUN 的 Java 消息服务（Java Message Service，JMS）。SUN 的 JMS 采用一种宽松结合方式整合企业系统的方法，其主要的目的就是创建能够使用跨平台数据信息的、可移植的企业级应用程序，而把开发人力解放出来。Java 消息服务支持两种消息模型：点到点（Point-to-Point，P2P）消息和发布订阅消息（Publish Subscribe Messaging，Pub/Sub）。P2P 消息模型是在点对点之间传递消息时使用。如果应用程序开发者希望每一条消息都能够被处理，那么应该使用 P2P 消息模型。与 Pub/Sub 消息模型不同，P2P 消息总是能够被传送到指定的位置。Pub/Sub 模型在一到多的消息广播时使用。如果一定程度的消息传递的不可靠性可以被接受的话，那么应用程序开发者也可以使用 Pub/Sub 消息模型。

3）微软消息队列服务器（MicroSoft Message Queue Server，MMQS）。MMQS 为 Windows 平台上的应用软件提供了比较全面的消息队列功能，例如可靠、弹性消息传送，基于成本（Cost）的消息路由等，并能够与事务服务很好地协作。MMQS 还通过 MSMQ-MQSeries Bridge 提供了与 IBM MQSeries 等其他消息中间件产品的无缝集成。

（3）应用服务器产品

1）操作系统厂商开发的产品：

IBM 公司开发的网站空间（Web Sphere）服务器是一个完善的、开放的网站应用服务器，是 IBM 电子商务（E-business）应用架构的核心。IBM Web Sphere 应用服务器提供三个等级的版本：标准版（Standard Edition）、高级版（Advanced Edition 开始支持 EJB 的编程模型）和企业版（Enterprise Edition）。提供一个高可靠性的解决方案，使其能够移植到关键性的企业环境中。

WebSphere 同时也是 IBM 的一套开发应用服务器的套件，它能把 EJB 和 IBM 其他的优秀的产品，例如 TX Serise 和 Component Broker，结合在一起。在具体的应用中，基于安全、性能和系统管理的考虑，还可以增加 Firewall、Web Shpere Performance Pack 和 Tivoli。

2）中间件厂商开发的产品：BEA 通过为 BEA Web Logic Server 5.1 提供一个附加的软件包，实现了对 EJB2.0 的支持。凭借 BEA Web Logic Server 对 EJB2.0 的支持，BEA 可帮助开发人员更快地推出电子商务应用系统，从而让开发人员极大地受益于这一业内最新标准。作为服务器端商务逻辑的行业标准和 Java2 平台的基石，EJB 是 BEA Web Logic 应用服务器的主要技术。EJB 使得开发人员能够专心地开发其应用系统和电子商务设想的商务逻辑，而不必为基础结构的构筑而分心。凭借对 EJB2.0 的支持，BEA Web Logic 应用服务器系列可提供事实上的标准基础构架，帮助用户快速开发和部署下一代电子商务和企业应用系统。电子商务中最著名的 Amozon.com 所采用的就是 BEA 的 Web Logic。

3）数据库厂商开发的产品：Oracle 公司开发的 9i Application Server，最初的产品是 Oracle 应用服务器（Application Server，AS）。2008 年初，Oracle 收购了 BEA，合并后推出 Oracle Web Logic Server 10g R3。Oracle AS 支持 Java SE6，具有新的安全标准，包括 SAML 2.0、WS-Security 1.1 及 WS-SecurityPolicy 1.2。Oracle AS 在 Web Services JAX-WS 2.1、WS-Reliable Messaging 1.1 及 WS-Policy 1.5 中支持 Java EE 5。Oracle AS 为 Spring 的拓展提供支持，Spring 开发者将体验 Oracle Web Logic 更强大、更稳定、易管理的性能。

Oracle AS 新的 HTTP 发布/订阅通信特性提供了更具客户化的性能，支持动态更新的 Web 2.0 风格的用户界面。

4）独立开发组织完成的产品：JBoss Application Server 应用服务器是一个运行 EJB 的 J2EE 应用服务器，是 JBoss 组织的核心产品 JBOSS AS 是一个开源项目，遵循最新的 J2EE 规范从 JBoss 项目开始至今，已经从一个 EJB 容器发展成为一个基于的 J2EE 的 Web 操作系统（Operating System for Web）。它体现了 J2EE 规范中最新的技术，在 Java World Editors Choice 2002 评选中获得“最佳 Java 应用服务器”奖。无论是学习还是应用，JBoss 都提供了一个非常优秀的平台。

5）国内在应用服务器：金蝶 Apusic 云计算中间件是一个虚拟化中间件平台，通过应用服务器的分区和集群，弹性扩展的虚拟节点网络，基于虚拟化技术构建的 Server 群，来实现一个平台服务 PaaS 的云计算中间件平台。金蝶 Apusic 提供的云计算中间件平台，无须关心设备和资源，提供动态可配置的中间件平台服务（Platform as a Service）。

金蝶 Apusic 云计算中间件平台分成几个层次：底层是物理硬件层，目前支持 Intel 架构、HP-IA 架构和 IBM P 系列小型机架构等常见的服务器类型。金蝶中间件与 Intel 公司合作，在 CPU 裸设备上实现虚拟化。第 2 层是设备虚拟层，支持 IBM/HP 小型机的分区、Intel 架构服务器的虚拟化。一般经验，一个 CPU 可以作为一个虚拟单元。

针对不同的虚拟单元，可以运行不同的操作系统实例，例如在 Intel CPU 服务器虚拟单元上运行 Windows Server 操作系统或者 Linux 操作系统，在 IBM P 系列上运行 AIX 或者 Linux 操作系统，在 HP-IA 架构上运行 HP-UX 或者 Linux 操作系统，在 Sun SPARC 架构上运行 Solaris 操作系统等。

（4）中间件的发展趋势

我国是全球移动通信用户和互联网用户数量最多的国家。目前，我国移动通信用户已超过 7 亿，互联网用户已超过 3 亿。根据 CNNIC 联合北京华瑞网标信息技术有限公司（CR-Nielsen）发布的《2009 年中国移动互联网与 3G 用户调查报告》显示，截至 2009 年 8 月底，我国手机上网用户已达到 1.81 亿，相比 6 月底 1.554 亿的手机网民规模，短短的两个月时间里，我国手机网民的数量就增加了将近 2560 万，呈现出稳定增长的趋势，蕴含着巨大的商业机会。

与所有新兴产业一样，移动互联网是一个需要发挥想象力和创新潜能的产业。中间件作为云计算的一部分同样是一个新兴事物，其与移动互联网的集成还有很多工作要做。移动运营商应积极创建以“云计算”为核心的服务和体验平台，保障跨终端的业务一致性体验，这些都离不开中间件。基于传统互联网上实现的业务应用，在移动互联网中同样存在着巨大的应用空间。而且可以预见，根据移动平台本身的特点，可能还会创造出许多令人惊喜的新应用。我们可以憧憬，围绕“云计算”开发的移动互联网应用，将向用户提供比传统互联网更为出色的消费体验。

### 3.2.2 云计算服务与应用模式关键技术

#### 1. 云计算服务交付模式

云计算的使用模式是，服务消费者只需提供服务的请求，而不关心服务的实现方法、技术和流程，直接得到服务的结果。云计算公认的服务模式有 3 种，即软件即服务（Software as a Service，SaaS）、平台即服务（Platform as a Service，PaaS）和基础设施即服务（Infrastructure as a Service，IaaS）模式，如图 3-31 所示。

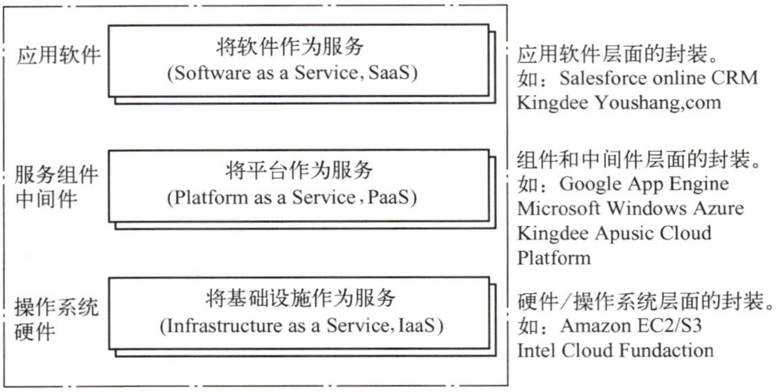


图 3-31　SaaS、PaaS、IaaS

1）软件即服务（SaaS）是随着互联网技术的发展和应用软件的成熟、在 21 世纪开始兴起的一种完全创新的软件应用模式。著名的 SaaS 供应商 Salesforce 公司提出 SaaS，并运用于用户关系管理（CRM）行业，它通过 Internet 提供软件的模式，由 SaaS 供应商将应用软件统一部署在服务器上，用户可以根据自己实际需求，通过互联网向服务商定购所需的应用软件服务，按定购的服务多少和时间长短向服务商支付费用，并通过互联网获得服务商提供的服务。用户不用再购买软件，而改用向提供商租用基于 Web 的软件来管理企业经营活动，且无须对软件进行维护，服务提供商会全权管理和维护软件，软件厂商在向用户提供互联网应用的同时，也提供软件的离线操作和本地数据存储，让用户随时随地都可以使用其定购的软件和服务。对于许多小型企业来说，SaaS 是采用先进技术的最好途径，它消除了企业购买、构建和维护基础设施及应用程序的需要。SaaS 中的软件“Software”本质上是指应用软件（Application Software），严格来说，SaaS 应该叫作应用即服务（Application as a Service，AaaS）或者业务即服务（Business as a Service，BaaS），这是因为 SaaS 出现的时候，系统软件和平台软件还不能作为服务来提供。在这种模式中，云服务供应商负责安装、管理和运营各种软件，而用户则通过云来登入和使用包括类似虚拟桌面、各种实用应用程序、内容资源管理、电子邮件、软件及其他软件部分。

2）平台即服务（PaaS）是将软件研发的平台作为一种服务，其核心是将计算环境和应用程序的运行平台、中间件平台及其组件进行封装，作为一项服务提供给用户。例如，如果用户拥有 Java 或者个性化的一个应用程序，传统上必须购买和配置服务器硬件和操作系统，以及应用服务器软件和电子地图组件等，还必须购买 Oracle 数据库等系统软件，才能提供一个综合的计算平台，其应用软件才能够运行。云计算就可以提供一个应用运行的平台，而用户无须关心平台的配置硬件环境和软件系统，只要是部署到 PaaS 之中的平台实例或者电子地图的接口上（Web Service），就可以按照租用的方式来运行系统了。在此种模式中，托管服务供应商通过提供工作平台，执行运行时间、数据库、Web 服务、开发工具和操作系统，用户无须手动分配资源。

3）基础设施即服务（IaaS）是将计算机、网络、存储、负载平衡设备和虚拟机等硬件资源进行虚拟化，消费者通过 Internet 就可以从完善的计算机基础设施获得服务，在操作系统层面将计算基础设施（CPU/内存和存储/操作系统）等以出租的方式在虚拟网络（VPN）下为用户提供服务的模式，并按照终端用户的需求来进行扩展或收缩。

### 2. 云计算应用部署模式

从云计算系统的所有者和使用者的关系来看，云计算常见的部署配置方式有 4 种，即私有云、社区云、公有云和混合云。

1）私有云。企业独立拥有或独立承租的云系统。云基础设施是为某个组织独立运作的，组织可将内部的资源整合为“云”，为组织内的成员提供服务。私有云可以被该组织管理，也可以委托第三方管理。可以将这些云基础设施用于生产环境，也可以当作备用设备。这种云基础设施专门为某一个企业服务，不管是自己管理还是第三方管理，自己负责还是第三方托管，都没有关系。只要使用的方式没有问题，就能为企业带来很显著的帮助。不过这种模式所要面临的是，纠正、检查等安全问题需企业自己负责，否则出了问题也只能自己承担后果。此外，整套系统也需要自己出钱购买、建设和管理。这种云计算模式可非常广泛地产生正面效益，从模式的名称也可看出，它可以为所有者提供具备充分优势和功能的服务。

2）社区云。在特定社区、组织或行业内部共享的云系统，如由某公司及其合作伙伴共同承建并分享使用的云系统。云基础设施被几个组织所共享，以支持某个具有共同需求（例如任务、安全需求或策略）的社区。社区云可以被该组织管理，也可以委托第三方管理。可以将这些云基础设施用于生产环境，也可以当作备用设备。这种模式是建立在一个特定的小组里、多个目标相似的公司之间的，他们共享一套基础设施，企业也像是共同前进，所产生的成本由他们共同承担。因此，所能实现的成本节约效果并不显著。社区云的成员都可以登入云中获取信息和使用应用程序。

3）公有云。面向公众开放租售的大规模云系统。云基础设施为公众或某个大的工业集团提供服务，它属于某个出售或提供云服务的政府部门或组织。在此种模式下，应用程序、资源、存储和其他服务，都由云服务供应商来提供给用户，这些服务多半都是免费的，也有部分按需、按使用量来付费，这种模式只能使用互联网来访问和使用。同时，这种模式在私人信息和数据保护方面也比较有保证。这种部署模型通常都可以提供可扩展的云服务，并能高效设置。

4）混合云。混合型云系统是由上述两种以上的云系统共同配合而提供 IT 服务的。云基础设施由两个或两个以上相对独立的云（私有云、社区云或共有云）组成，为了获取数据和应用程序的可移植性，采用某种标准或技术将它们绑定在一起。对于这种云计算模式的混合体，两种模式之间相互独立，但在云的内部又相互结合，可以发挥出各种云计算模型各自的优势。

基于组织内部网络的私有云、社区云可以通过一定的机制对外部开放，成为基于因特网公共云的一部分，用户从不同的云中享受所需的各式服务。云计算部署模式如图 3-32 所示。

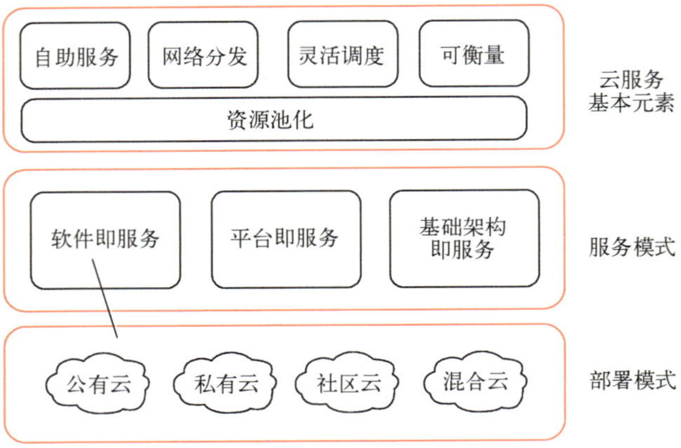


图 3-32　云计算部署模式

### 3．云计算应用系统与发展趋势

云计算服务的交付模式如图 3-33 所示。

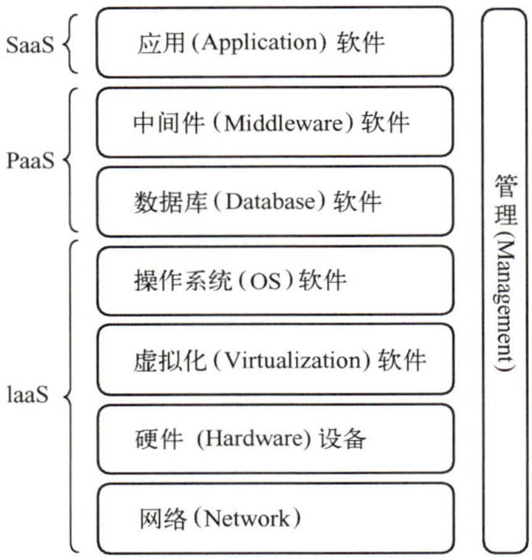


图 3-33　云计算服务的交付模式

（1）云计算和物联网

云计算和物联网之间的关系可以用一个形象的比喻来说明："云计算"是"互联网"中的神经系统的雏形，"物联网"是"互联网"正在出现的末梢神经系统的萌芽。"物联网就是物物相连的互联网"。这有两层意思：第一，物联网的核心和基础仍然是互联网，是在互联网基础上的延伸和扩展的网络；第二，其用户端延伸和扩展到了任何物品与物品之间进行信息交换和通信。物联网的两种业务模式如下。

1）机器互联应用集成（M2M Application Integration，MAI），内部 MaaS。

2）机器互联即服务（M2M As A Service，MaaS），机器互联移动运营商（M2M Mobile Operator，MMO），多租户模型（Multi，Tenants）。

随着物联网业务量的增加，对数据存储和计算量的需求将带来对"云计算"能力的新要求。

① 云计算。从计算中心到数据中心在物联网的初级阶段，PoP 即可满足需求。

② 在物联网高级阶段，可能出现移动虚拟网络运营商（Mobile Virtual Network Operator，MVNO）/机器互联移动运营商（M2M Mobile Operator，MMO）（国外已存在多年），需要虚拟化云计算技术，SOA 等技术的结合实现互联网的泛在服务：所有皆服务（everyTHING As A Service-TaaS）。

（2）云计算对移动互联网发展的影响

IT 和电信技术将加快融合的进程，云计算就是一个契机，移动互联网则是一个重要的领域。根据摩根士丹利的报告，移动设备将成为不断扩展的云服务的远程控制器，以云为基础的移动连接设备无论是数量还是类型都在快速增长。

云计算将为移动互联网的发展注入强大的动力。移动终端设备一般来说存储容量较小、计算能力不强，云计算将应用的“计算”与大规模的数据存储从终端转移到服务器端，从而降低了对移动终端设备的处理需求。这样，移动终端主要承担与用户交互的功能，复杂的计算交由云端（服务器端）处理，终端不需要强大的运算能力即可响应用户操作，保证用户的良好使用体验，从而实现云计算支持下的 SaaS。

云计算降低了对网络的要求。比如，当用户需要查看某个文件时，不需要将整个文件传送给用户，而只需根据需求发送用户需要查看的那部分内容。终端不感知应用的具体实现，从而使扩展应用变得更加容易，应用在强大的服务器端实现和部署，并以统一的方式（例如通过浏览器）在终端实现与用户的交互，因此为用户扩展更多的应用形式变得更为容易。

### 3.2.3 信息管理系统的设计与开发

信息管理系统开发分为系统规划阶段、系统分析阶段、系统设计阶段、系统实施阶段和系统运行与维护阶段，共 5 个阶段。

1）系统规划阶段。其主要任务是明确系统开发的请求，并进行初步的调查，通过可行性研究确定下一阶段的实施。

2）系统分析阶段。其主要任务是对组织结构与功能进行分析，理清企业业务流程和数据流程的处理方式，并将企业业务流程与数据流程抽象化，通过对功能数据的分析，提出新系统的逻辑方案。仔细检查当前的基础设施，如果已经具备数据中心，那么就可以进入下一步；如果不具备数据中心，也许就要考虑选择另一种方法。总体来说，私有云的执行并不是件容易事，但是研究已显示服务器信息块协议（其中大部分人没有数据中心）云基础设施的应用时间最快；对所拥有的东西、人们最大的需求以及云基础设施处理的方式做出评估；做一些可行性测试，重新确认每个人粘贴网络的工具，并且询问公司每个人是否愿意互相分享资源。简而言之，就是找出需求的东西以及私有云解决的方式。

3）系统设计阶段。其主要任务是确定系统的总体设计方案，划分子系统功能，确定共享数据的组织，然后进行详细设计，如处理模块设计、数据库设计、输入输出界面的设计和编码的设计等。该阶段的成果为下一阶段的实施提供编程指导书。信息管理系统设计如下。

① 功能结构图设计。

② 新系统信息处理流程设计。

③ 输出设计（主要指打印输出设计）。

④ 存储文件格式设计（数据库结构设计）。

⑤ 输入设计（主要指数据录入卡设计）。

⑥ 代码设计。

⑦ 程序设计说明书。

分析完成后，可以详细制定一个可行的私有云，要用变数最少或是阻力最小的方法制定，因为最简单的方法最有可能成功。如果在使用基于 Linux 的服务器来维护类似基于 Linux 或 Ubuntu 的机器，那么借助 VMWare Fusion 全部使用 Ubuntu 将是一个不错的方法。对于那些更倾向于使用微软产品的人，Windows Server 2008 R2 SP1 和系统中心虚拟器管理 2012 RC 也许是个不错的主意。此外，如果没有也并不打算运行虚拟化应用程序，那么需要的也许是一个简单的云存储访问方案，以便印度和菲律宾的人们能看到你的电子表格文件，这样一来，使用基于 iSCSI 技术或是网络接入服务器（Network Access Server，NAS）的私有云就足以满足需求了。如果云应用意味着完全放弃已有的工作方式，那么人们不太可能采用云计算。让它看起来可以像往常一样（除了在虚拟机器上以外），然后就可以进入下一步了。从笔者的经验来看，就是找到与原来工作相似的虚拟应用程序。不要忘了安全性以及所有的设置。

4）系统实施阶段。其主要任务是编码、测试、系统调试等，将设计的系统付诸实施。其主要步骤包括购置、安装和调试计算机等设备，编写程序，进行系统运行所需数据的准备，对相关人员进行培训，转换数据文件以及系统调试等。研究解决方案并进行实验。如果有 CEO 的支持，那么就有了更强的动力（也有了成功的推动力），但是不同的公司部门不太可能给予支持。营销部几乎是漠不关心，而财务部就一点都不想分享了。在此阶段中找出最好、最完整的解决方案，以便在展开工作或是试图劝说别人时可以有支持你的有利结果和数字。想出服务自动化的最好方法以及给每个人生活带来的便利。如果你说服了每个人并且使他们在部门间签署谅解备忘录，那么就可以进行下一步了。

5）系统运行与维护阶段。其主要任务是进行系统的日常运行管理，根据一定的规格对系统进行必要的修改，评价系统的运行效率、工作质量和经济效益，对运行费用和效果进行监理审计。软件交付用户后，为适应外部环境的变化以及用户要求增加新的功能，还将遇到变更、修改系统的问题。

云的首次测试，在应用程序使用方式方面提供充足的培训、文件和面对面的咨询，这实际上是最简单的一步。其中会出现磨合，但总会有解决办法。

一旦实施成功，事情就会停不下来，因为需要精益求精。对私有云进行评估并且简化处理，工艺流程越顺畅越好。要加强安全保护并为下一步评估做准备。

## 3.3 子学习情境 3 物联网典型应用（以智能家居系统应用为例）

### 子学习情境 2 描述

本情境以物联网智能家居系统为例，讲述项目开发的整个流程。

① 界面的设计和实现。

② 页面与页面之间数据的交互。

③ 数据库的设计和实现。

④ 视频数据处理。

相关知识

### 3.3.1 典型应用需求分析

物联网智能家居系统是基于 RFID 技术、ZigBee 技术、Wi-Fi 技术等可用于真实项目的系统。整个系统具有 7 大子系统，即环境监控系统、智能照明系统、智能遮阳系统、安防智能系统、智能门禁系统、视频监控、家用电器智能控制系统。无论何时何地，都可以通过手持设备或者计算机控制家用电器和视频监控，实现灯光开关控制、窗帘控制、视频监控等功能，同时还支持防盗报警、燃气报警、烟雾报警等功能。

项目总体功能需求如下。

（1）环境监控系统

在手持设备或平板计算机上，能查看到温度、湿度、光照度、空气质量、燃气、红外和烟雾等传感器的状况。

（2）智能照明系统

1）使用手持设备或平板计算机，可以远程控制灯光的开起和关闭。

2）灯光的自动控制：光照度不足，有人时打开灯；光照度足，无人或有人时及光照度足，无人时，关闭灯。

3）灯光定时控制。

（3）智能遮阳系统

1）使用手持设备或平板计算机，可以远程控制窗帘的开起和关闭。

2）窗帘的自动控制：光照度不足，有人时打开窗帘；光照度足，无人或有人时及光照度足，无人时，关闭窗帘。

3）窗帘定时控制。

（4）安防智能系统

1）防盗报警。当家里没有人、系统检测到有人入侵时，启动报警器，同时，手持设备或平板计算机能显示报警信息。

2）防灾报警。当家里有燃气和烟雾异常时，启动报警器，如果是燃气异常，打开通风设备，同时手持设备或平板计算机能显示报警信息。

（5）智能门禁系统

1）通过门磁，检测门的开关状况，并以指示灯显示，同时手持设备或平板计算机能显示门状况。

2）通过 RFID 或指纹设备能控制门的开关。

3）通过手持设备或平板计算机，能远程控制门的开关。

（6）视频监控

通过手持设备或平板计算机，能远程查看到家里的状况。

（7）家用电器智能控制系统

1）在手持设备或平板计算机上，远程能查看到灯、电风扇、电热水器等用电设备的状况。

2）在手持设备上，远程能控制电风扇、电热水器等用电设备的开关。

（8）情景模式

1）起床模式。清晨的卧室，窗帘拉开，当光线不足时，灯光自动开起。

2）离家模式。早餐后，该上班了，一个按键即可关闭所有的家用电器，同时住家安防系统自动开启，简单、省时。

3）回家模式。到家后，灯感应开起，启动回家模式，关闭防盗安防，客厅电动窗帘自动拉开。

4）晚餐模式。晚餐时间到了，“就餐”灯光效果启动，窗帘自动打开，享受美好的晚餐。

5）家庭影院模式。用餐完毕，欣赏一场电影吧，只需一个按键，即能瞬间营造一个华丽的电影院。

6）睡眠模式。该休息了，轻按〈休息〉场景键，开启睡眠模式，灯光调节到合适的亮度，窗帘缓缓合上，开始美梦时刻。

### 3.3.2 典型应用系统设计

#### 1. 项目总体设计

目前全球都在进行信息化建设，而信息化建设最终能否落地，移动终端上的应用开发将起到决定的作用，Android 是目前市场占有率最高的移动设备操作系统，同时它的操作系统是开源的，这样有利于其上应用程序的开发。因此，本系统的上位机应用程序选择在 Android 操作系统上进行开发。

从安全性和便利性方面考虑，本系统将以采集云与端的方式进行开发。

本系统采用常规的用户与密码的方式，登录进入系统，在系统主页面中有 6 个采用扁平化设计的功能选项，即情景模式、我的房间、家用电器、视频监控和系统设置等。

根据人的一天的常规作息规律，在“情景模式”中包括起床模式、离家模式、回家模式、就餐模式、影院模式、睡眠模式和“+”。“+”功能主要是考虑功能的扩展，用户可以根据个人的喜好添加新的模式，同时也可以对模式进行删除操作。

根据家庭的布局，在“我的房间”中包括客厅、主卧、次卧、书房、厨房、卫生间、阳台、车库和“+”。“+”功能主要是考虑功能的扩展，用户可以根据个人家庭的情况添加新的房间，同时也可以对房间进行删除操作。进入具体的房间后，会显示该房间中所有的家用电器设备列表（包含传感器），并可以查看到简单的设备状况信息；单击具体的家用电器后，可以查看家用电器具体信息，如果是可控设备，则可以对设备进行控制。

根据家庭中家用电器的种类，在“家用电器”中包括环境监控、灯光控制、门窗控制、电风扇、电视、空调和“+”。“+”功能主要是考虑功能的扩展，用户可以根据个人家庭的情况添加新的设备，同时也可以对设备进行删除操作。选择具体的功能模块后，会显示家庭中同种电器的列表及简单设备信息，单击具体的家用电器后，可以查看家用电器具体信息，如果是可控设备，则可以对设备进行控制。

根据家庭中安装位置的不同，在“视频监控”中包括门厅监控、客厅监控、书房监控、车库监控和“+”。“+”功能主要是考虑功能的扩展，用户可以根据个人家庭的情况进行添加，同时也可以进行删除操作。选择具体的房间后，可以查看到所安装的摄像头的列表，选中具体的摄像头时，就可以查看到具体的视频监控信息。

“系统设备”中主要包括用户管理、密码管理等其他功能。“更多”这个选项用于后期功能的扩展。

项目总体设计框架如图 3-34 所示。

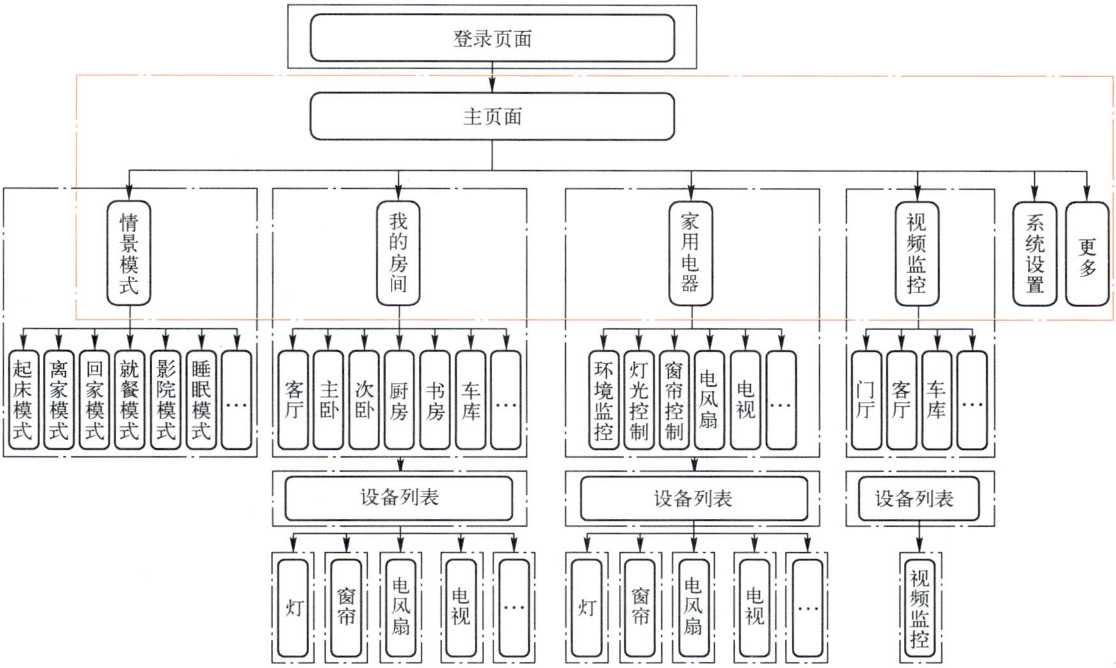


图 3-34 项目总体设计框架

## 2. 平台简介

智能家居实训台如图 3-35 所示。

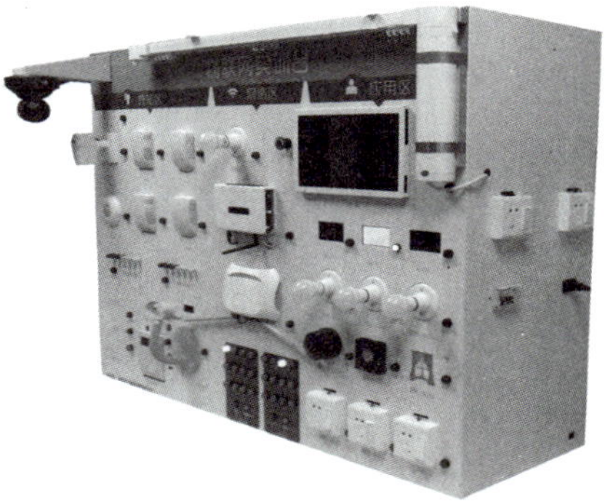

图 3-35 智能家居实训台

智能家居实训台具有 8 大系统，即环境监控系统、智能照明系统、智能遮阳系统、安防系统、智能门禁系统、视频监控系统、家用电器控制系统和远程控制系统。

无论何时何地，都可以通过手机或者计算机控制家用电器和视频监控，实现灯光开关控制、窗帘控制、家用电器控制和视频监控等功能，同时还支持防盗报警、燃气泄漏报警以及火灾报警等功能。它集成了目前智能家居中的众多功能，能够很好地展示现代家居生活的智能化。

智能家居实训台高度结合了物联网工程技术与行业体系架构，还原了行业真实环境，将感知层、网络层和应用层这 3 个区域分开，区域清晰；预留扩展接口，方便用户二次开发调试；烧写接口集中管控，方便烧写；集成远程教学功能；智能断电系统，过电流可自动切断电源。

### 3. 硬件资源

系统分为 3 个区即感知区、网络区和应用区。硬件资源如图 3-36 所示。

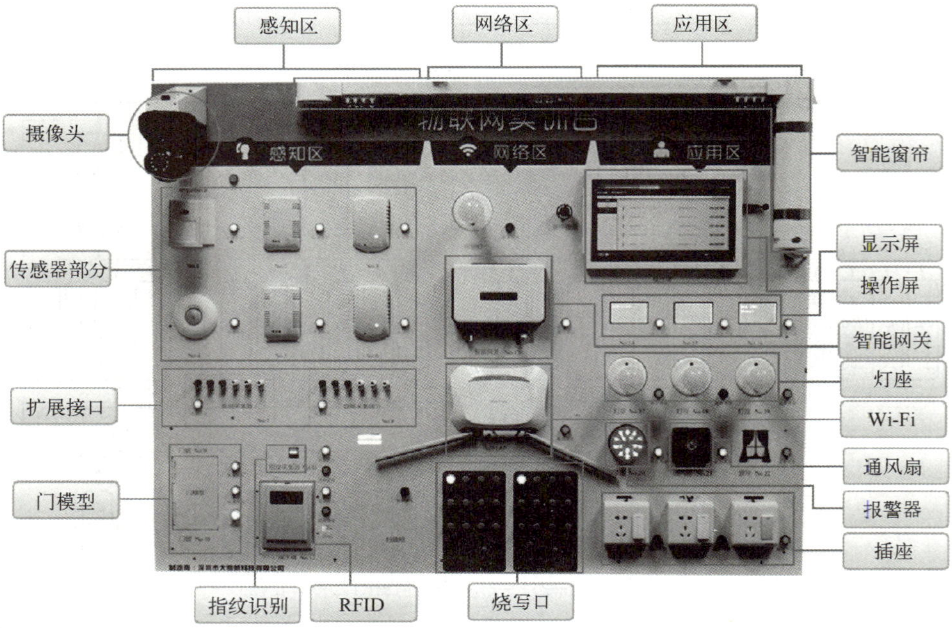


图 3-36 硬件资源

（1）感知区

1）视频部分：IP Camera。

2）传感器部分：红外探测器、燃气探测器、温湿度探测器、光照探测器、烟雾探测器和空气质量探测器。

3）扩展的数据采器部分：数据采集器 I 和数据采集器 II（可以外接传感器，支持模拟量、开关量和串行数据的输入）。

4）门装置部分：门磁、门锁、指纹采集器和 RFID 读卡器。

5）扫描码采集部分：一维扫描枪。

（2）网络区

1）辅助部分：照光灯和急停按钮。

2）网络通信部分：智能网关和无线 AP。

3）程序下载部分：程序下载板 1 和程序下载板 2。

（3）应用区

1）显示部分：平板计算机、字符液晶 1、字符液晶 2 和字符液晶 3。

2）控制部分：灯座 1、灯座 2、灯座 3、报警器、通风扇、窗帘、插座 1、插座 2、插座 3。

### 3.3.3 典型应用系统测试

#### 1. 页面测试

1）页面风格。所有展示页面风格需统一，页面基本达到美观，所有操作风格需统一，如信息的增加、删除、修改、查看、保存和返回以及信息的查询和重置等。

2）显示问题。页面无乱码现象、无异常数据、无别字现象、滚动条合理、各功能控件合理。

3）返回按钮。根据实际情况，跳转或弹出信息页面需有返回或者关闭按钮。

#### 2. 查询测试

1）列表排序。查询结果列表排序要合理，符合需求规定。

2）当前列表存在一页，则下一页、上一页、末页、首页和跳转功能均不可操作，当前列表存在多页，则下一页、末页和跳转功能均可操作，跳转到其他页时，上一页、首页可操作，且与不可单击的有明显区别，当前列表存在多页，当前页为 *N* 页，在 *N* 页的修改、查看、删除等操作返回时要返回到当前页，不能重新根据查询条件查询。

3）提示信息。列表中不选择记录单击修改，删除等均需有提示信息，删除操作有弹出是否确认删除的提示信息。

4）列表项信息点取值。列表项中信息取值一般都是取信息简称，日期不可有 00：00 情况出现，长字段列表取出适合列表长度的数据，多余部分一般以……代替。

5）重置。在查询按钮后增加重置按钮，单击后将查询条件内容恢复到初始值，已查询的记录不变。

6）文本框查询一般均为模糊查询，输入关键字后可根据关键字查询到相关信息，且文本框没有字符长度的限制。

7）时间为可输入可选。

#### 3. 编辑页面信息点测试

1）文本框。字符长度控制，字符类型控制，是否正确，分别给出正确数据与非法数据的验证，验证系统处理是否正确。

2）下拉框。下拉列表的数据是否正确取值，列表的排序是否正确，如从人事系统某部门取人员列表，是否取值正确。查询页面与编辑页面的默认值取值是否正确。

3）信息重复。在一些需要命名且名字应该唯一的信息框输入重复的名字或 ID，看系统有没有处理，是否报错，系统是否做出正确处理。

4）光标位置。注意在提示信息关闭后的光标位置是否正确。

5）必填项检查。编辑页面的必填项是否有特殊的符号标注，以及应该填写的数据没有填写时系统是否做出处理。

6）多行文本框。多行文本框录入数据后，在列表页面，查看页面显示是否正确（注意经常会出现错码的情况）。

#### 4. 权限测试

1）若某菜单权限系统中给当前登录用户的角色赋本人权限，则本菜单只能查询到本人所办理的数据，如查询条件部门、人员下拉框，部门只显示登录人员所在部门，人员列表也只显示本人。

2）若某菜单权限系统中给当前登录用户的角色赋本部门权限，则本菜单只能查询到本部门人员办理的数据，如查询条件有部门、人员下拉框，部门只显示登录人员所在部门，人员只显示本部门的人员。

3）若无权限进去系统，则无任何内容显示。

#### 5. 登录测试

1）密码登录。验证用户名和密码的合法性，对合法用户显示权限范围内的操作页面。当用户名输入不正确时系统给出提示信息：“用户名不存在，请检查后重新输入”，并清空密码输入框内容，且光标停留在用户名输入框中。当密码输入不正确时系统给出提示信息：“密码输入错误，请重新输入”，并清空密码输入框内容且光标停留在密码输入框中。

2）打开登录页面，如果是密码登录，则光标默认停留在用户名输入框中；如果是 CA 登录；则光标默认停留在密码输入框中。

3）密码登录时，除登录按钮外，还需要有“重置”按钮。单击“重置”按钮后，将用户名和密码输入内容清空。

4）登录密码非明文显示（可用*显示）。

#### 6. 统计报表

1）统计报表中需要单击数字弹出列表页面的，检查弹出列表中信息是否正确。

2）统计报表系统响应时间不能过慢。

### 3.3.4 典型应用系统运行

应用系统运行包括日常运行管理、系统行为的监测评估以及系统维护。

相关技术

### 3.3.5 典型应用系统硬件搭建

智能家居系统的硬件包括数据服务器、Web 服务器、后台管理终端服务器、交换机、前端控制台、无线 AP、手持读卡器、门禁读卡器和电子标签等。

服务器、前端控制台部分经交换机接入企业局域网中，通过有线的方式进行通信。门禁部分：门禁读卡器通过射频识别读取电子标签的信息，再经有线的方式接入前端控制台。仓储的入库和出库部分：手持读卡器通过射频识别读取电子标签的信息，再经 ZigBee 无线方式传输到无线 AP，无线 AP 经交换机接入企业局域网中。

### 3.3.6 典型智能家居应用系统的软件开发

智能家居系统采用 C#语言（具有很好的通用性及移植性）开发。

在.NET 环境下开发应用程序，采用 3 层结构的方法，可以将各层功能分离开，分别进行设计，获得一种安全可靠的信息系统。这样，其中某一层发生了变化，只需要修改该层代码即可，不影响其他各层，使设计更加方便快捷，并且易于分工合作。系统硬件和软件结构分别如图 3-37 和图 3-38 所示。

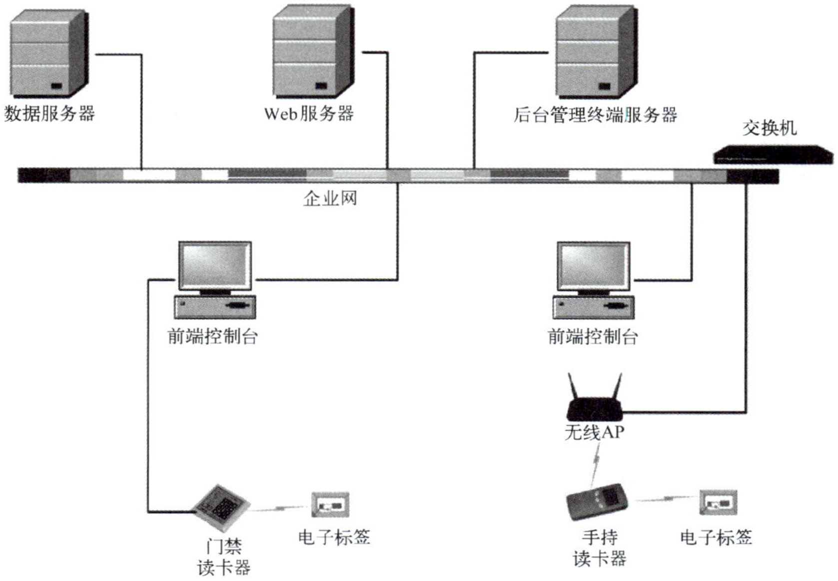


图 3-37　系统硬件结构图

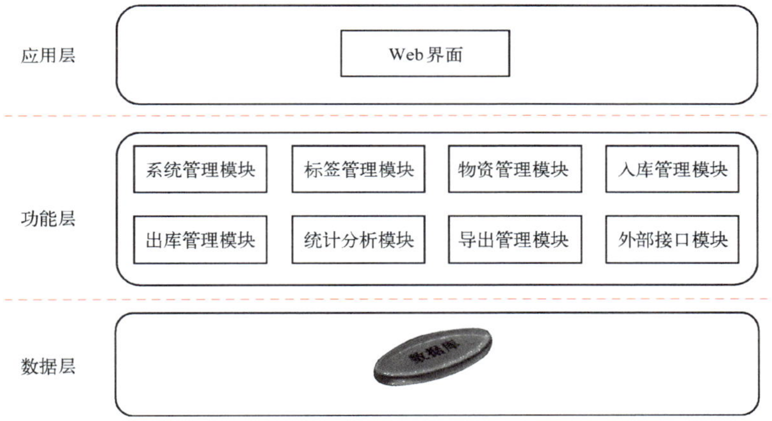


图 3-38　系统软件结构图

# 实训项目

## 实训 6　典型智能家居应用系统综合实训

### 1. 本章学习必备的技术和知识点

1）界面编程与视图组件。

2）布局管理器。

3）TextView 及其子类。

4）ImageView 及其子类。

5）AdapterView 及其子类。

6）ViewAnimator 及其子类。

7）对话框和菜单。

8）基于监听的事件处理。

9）基于回调的事件处理。

10）响应的系统设置的事件。

11）Handle 消息传递机制。

12）基于 TCP 的网络通信。

13）使用 URL 访问网络资源。

14）使用 Web Server 进行网络编程。

15）数据存储与访问。

16）嵌入式关系型 SQLite 数据库存储数据。

17）视频采集。

### 2. 智能家居系统需求分析

项目的总体需求分析见 3.3.1 节，这里不再赘述。

### 3. 智能家居系统概要设计

系统设计总图如图 3-39 所示。

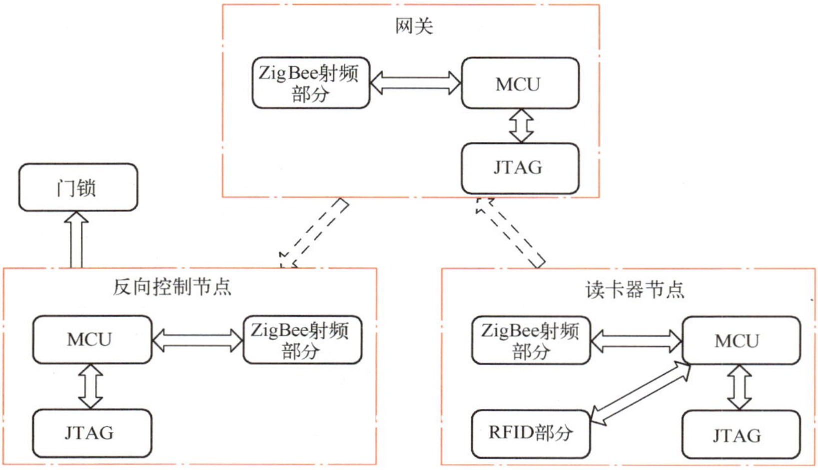


图 3-39　系统设计总图

该系统主要由 3 个部分组成，即网关、读卡器节点和反向控制节点。网关的主要功能是实现读卡器节点数据的收接和处理，把处理后的读卡器数据和系统中预设的数据进行比对，并发送指令到反向控制节点来实现对电动门锁的控制；同时，把读卡器的数据上传到 PC 的上位机中。

（1）详细设计

1）网关部分的设计。这部分的设计可以参照“实训 4：无线网络搭建与传输实训”的内容。

2）读卡器节点部分。

① RFID 部分的设计。这部分的设计可以参照“实训 1：智能门禁”的内容。

② ZigBee 射频部分的设计。这部分的设计可以参照“实训 4：无线网络搭建与传输实训”的内容。

3）反向控制节点部分

① 电源部分设计。输入的电源直接采用 220V 电压，由于需控制的电动门锁是 DC12V 供

电，所以必须有一部分电路来实现 AC220V 转为 DC12V，这部分采用集成的电源模块来实现。同时，由于 CC2530 主控的供电电压是 DC3.3V，因此，在电源部分再加入一个 DC/DC 转换电路，这部分采用集成的电源转换 IC 来实现。电源部分电路分别如图 3-40 和图 3-41 所示。

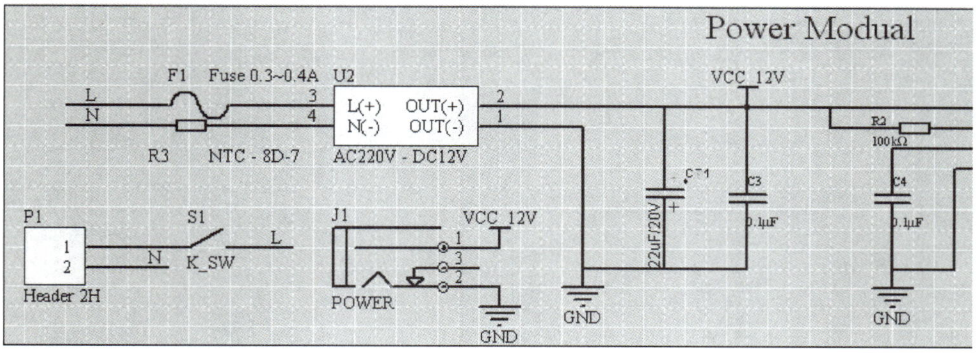


图 3-40　电源部分 电路 1

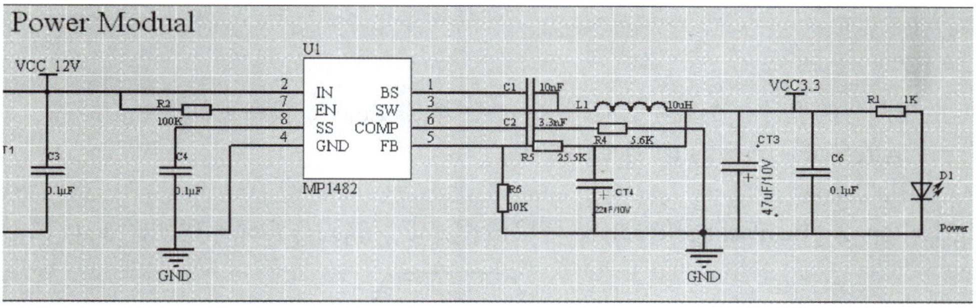


图 3-41　电源部分 电路 2

② 电源输出控制部分的设计。对于电动门锁的控制，主要是通过对电动门锁的电源实现的，该部分通过处理器的 GPIO 经一个晶体管来实现对继电器的控制，以实现对输出电源的控制，进而实现对电动门锁的控制。电源输出控制部分电路分别如图 3-42 和图 3-43 所示。

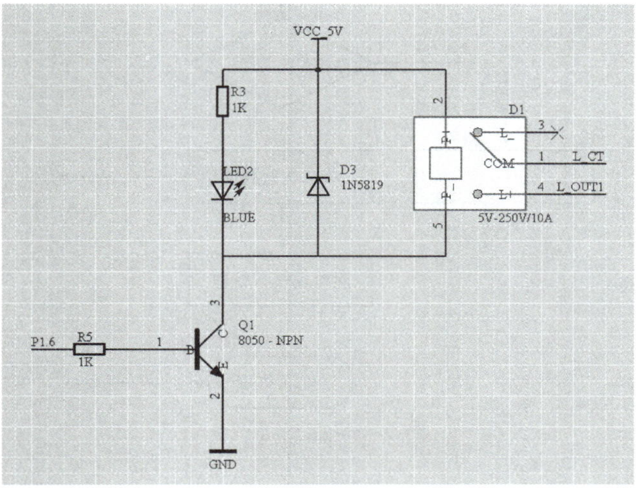


图 3-42　电源输出控制部分电路 1

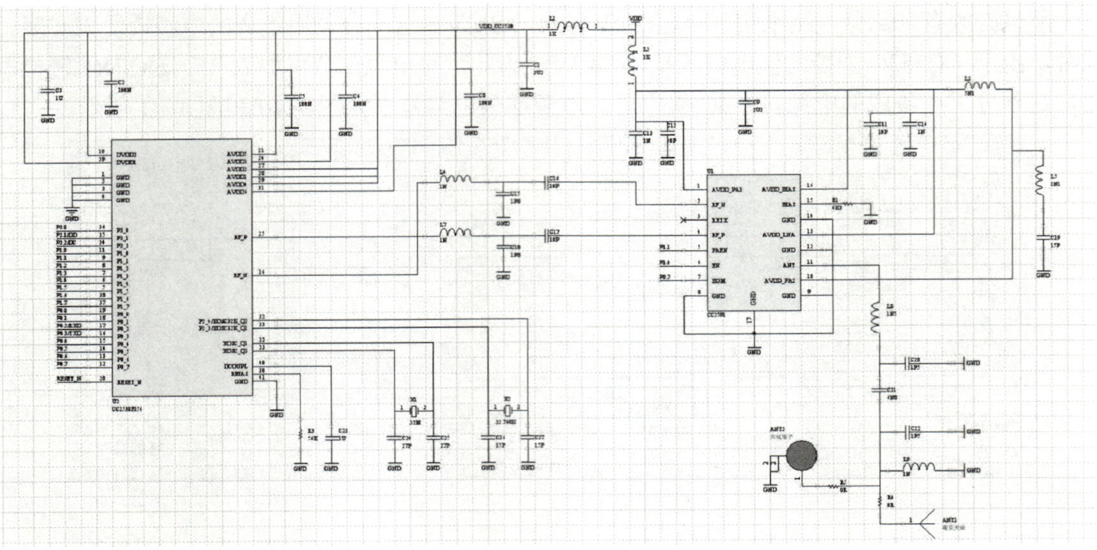

图 3-43　电源输出控制部分电路 2

③ 主控部分的设计。在实际的应用中，为了增加 ZigBee 设备之间的通信距离，该部分增加了一个运放部分，采用的 IC 是 CC2591。

（2）编码与实现

ZigBeePort_ZigBeePackageReceived 程序流程如下。编码与实现流程如图 3-44 所示。

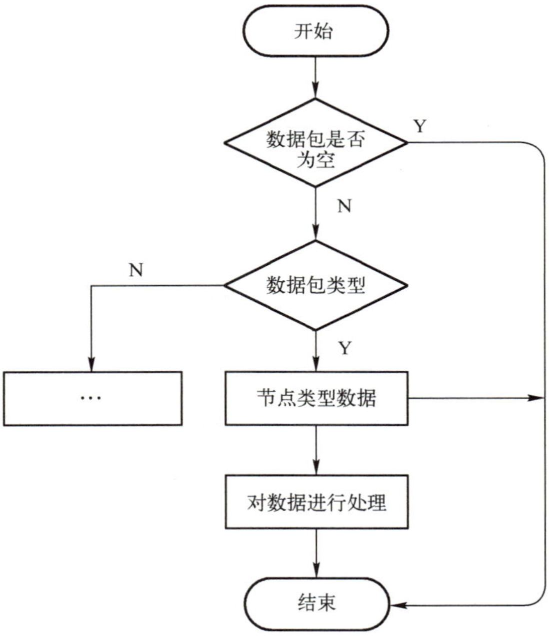


图 3-44　编码与实现流程图

```
private void ZigBeePort_ZigBeePackageReceived(object sender, View.ZigBee.Package.ZigBeePackage e)
        {
```

```
            if (e == null) return;
            switch (e.ZigBeePackageType)
            {
                case ACSystem.View.ZigBee.Package.ZigBeePackageType.UnKnown:
                    break;
                case ACSystem.View.ZigBee.Package.ZigBeePackageType.NodeData:
                    NodeData nodeData = (NodeData)e;
                    if (e != null)
                    {
                        switch (nodeData.NodeDataType)
                        {
                            case NodeDataType.RFID15693:
                                RFID15693 rfid15693 = (RFID15693)e;
                                if (rfid15693 != null)
                                {
                                    View.DB.Model.User userModel= userBLL.GetModel
(rfid15693.CardID);
                                    if (userModel != null)
                                    {
                                        string msg = string.Format("欢迎{0}[{1}]光临",
userModel.uUserName, userModel.uCardID);
                                        addLog(msg);
                                        View.DB.Model.Record recordModel = new View.
DB.Model.Record();
                                        recordModel.rCardID = userModel.uCardID;
                                        recordModel.rUserName = userModel.uUserName;
                                        recordModel.rOperateTime = DateTime.Now;
                                        recordBLL.Add(recordModel);
                                    }
                                }
                                break;
                            default:
                                break;
                        }
                    }
                    break;
                case ACSystem.View.ZigBee.Package.ZigBeePackageType.NodeACK:
                    break;
                case ACSystem.View.ZigBee.Package.ZigBeePackageType.GatewayACK:
                    break;
                default:
                    break;
            }
        }
```

#### 4. 智能家居系统实现

（1）登录页面

该页面实现将账号和密码输入文本框、登录以及账号和密码记录功能。智能家居系统用户登录页面如图 3-45 所示。

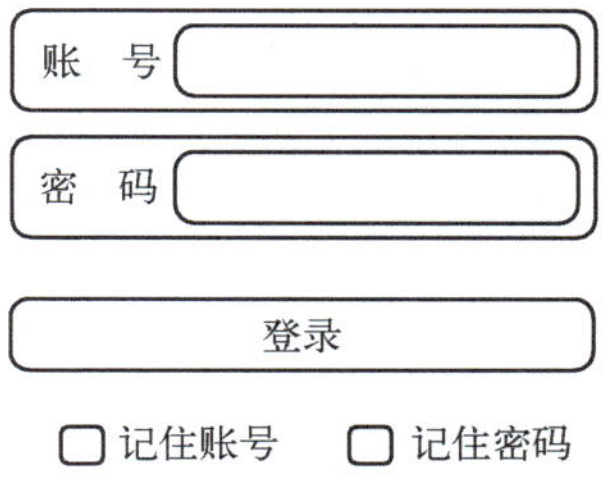


图 3-45 智能家居系统用户登录页面

当用户输入账号和密码、单击登录按键时，系统读取账号和密码文本框信息，并把账号和密码信息经网络传输给智能网关，与智能网关数据库账号和密码数据信息进行比对，如果账号和密码同时存在于智能网关数据库中，则允许用户登录系统；如果账号或密码不正确，则根据返回标记码不同，提示“账号不存在”或“密码不正确”。

当用户选中“记住账号”和“记住密码”时，系统会把“账号和密码”保存在系统相关的配置文件中，当下次再登录系统时，则不需要再次输入“账号和密码”。如果用户只选中“记住账号”或“记住密码”时，则系统只保存“记住账号”或“记住密码”。

部分代码如下。

```
private string userName;
    /// <summary>
    /// 用户名
    /// </summary>
    public string UserName
    {
      get { return userName; }
      set { userName = value; }
    }
    private string password;
    /// <summary>
    /// 密码
    /// </summary>
    public string Password
    {
      get { return password; }
      set { password = value; }
    }
  /// 进入系统主页面
        protected void onCreate(Bundle savedInstanceState) {
        // TODO Auto-generated method stub
              super.onCreate(savedInstanceState);
              this.requestWindowFeature(Window.FEATURE_NO_TITLE);
              this.setContentView(R.layout.activity_login);
this.getWindow().setFlags(WindowManager.LayoutParams.FLAG_FULLSCREEN,
WindowManager.LayoutParams.FLAG_FULLSCREEN);
              this.mainIntent=new Intent(this,MainActivity.class);
              this.findViewById(R.id.btn_login).setOnClickListener(this);
              this.findViewById(R.id.btn_logout).setOnClickListener(this);
     }
public void onClick(View v) {
        switch(v.getId()){
              case R.id.btn_login:
                    startActivity(mainIntent);
                    break;
              case R.id.btn_logout:
                    break;
        }
     }
```

具体代码实现请见系统源码。

（2）主页面

主页面实现“返回”“报警信息”和 6 个示图功能。智能家居系统简略主页面如图 3-46 所示。

图 3-46　智能家居系统简略主页面

“返回”功能的作用是返回上一级页面；“报警信息”功能的作用是提示报警信息；“情景模式”的作用是进入情景模式页面中。其他的 5 张示图功能类似。

部分代码如下。

```
/**
 * 初始化标题
 */
public void onCreate(Bundle savedInstanceState) {
    super.onCreate(savedInstanceState);
    setContentView(R.layout.main_page);
    MainApplication.getInstance().addActivity(this);

     titlebar_left = (TextView) findViewById(R.id.titlebar_left);
     titlebar_left.setOnClickListener(new View.OnClickListener() {

           @Override
           public void onClick(View v) {
                 onBackPressed();
           }
     });
     titlebar_title = (TextView) findViewById(R.id.titlebar_title);
     titlebar_title.setText(R.string.app_name);

    GridView gridView = (GridView) findViewById(R.id.gdv_main);
    ArrayList<HashMap<String, Object>> lstImageItem = new ArrayList<HashMap<String,
```

```
Object>>();
            HashMap<String, Object> map = new HashMap<String, Object>();
        map.put("ItemImage", R.drawable.icon_model);
              map.put("ItemText", "情景模式");
        lstImageItem.add(map);
        map = new HashMap<String, Object>();
        map.put("ItemImage", R.drawable.icon_room);
              map.put("ItemText", "我的房间");
        lstImageItem.add(map);
        map = new HashMap<String, Object>();
        map.put("ItemImage", R.drawable.icon_electric);
              map.put("ItemText", "家用电器");
        lstImageItem.add(map);
              map = new HashMap<String, Object>();
        map.put("ItemImage", R.drawable.icon_camera);
              map.put("ItemText", "视频监控");
        lstImageItem.add(map);
        map = new HashMap<String, Object>();
        map.put("ItemImage", R.drawable.icon_setting);
              map.put("ItemText", "预留");
        lstImageItem.add(map);
        map = new HashMap<String, Object>();
        map.put("ItemImage", R.drawable.icon_add);
              map.put("ItemText", "预留");
        lstImageItem.add(map);
        map = new HashMap<String, Object>();
        map.put("ItemImage", R.drawable.icon_add);
              map.put("ItemText", "预留");
        lstImageItem.add(map);
        map = new HashMap<String, Object>();
        map.put("ItemImage", R.drawable.icon_add);
              map.put("ItemText", "预留");
        lstImageItem.add(map);
            SimpleAdapter saImageItems = new SimpleAdapter(this,
                                          lstImageItem,
                                          R.layout.squared_item,
                                          new String[] {"ItemImage","ItemText"},
                                          new int[] {R.id.itemImage,R.id.itemText});
            gridView.setAdapter(saImageItems);
            gridView.setOnItemClickListener(new OnItemClickListener() {

                @Override
                public void onItemClick(AdapterView<?> arg0, View arg1, int arg2,
                        long arg3) {
                    // TODO Auto-generated method stub
                    switch(arg2){
```

```
                case 0:
                    startActivity(new Intent(MainActivity.this,ModelsActivity.class));
                    break;
                case 1:
                    startActivity(new Intent(MainActivity.this,RoomsActivity.class));
                    break;
            }
        }

    });
    gridView.setSelector(new ColorDrawable(Color.TRANSPARENT));
}
```

具体代码实现请见系统源码。

（3）情景模式页面

该页面实现“返回”“报警信息”、6 种“情景模式”和“+”功能。“返回”功能的作用是返回上一级页面；“报警信息”功能的作用是报警信息的提示；当单击“起床模式”时，系统把“起床模式”唯一的 ID 号经网络传输到智能网关上，智能网关接收到模式 ID 号，与智能网关数据库中的模式 ID 进行比对，读取与模式相关的控制信息来实现对相关设备的控制。“离家模式”“回家模式”“就餐模式”“影院模式”“睡眠模式”与“手动模式”的实现与“起床模式”类似，只是模式 ID 和相关的控制信息不同而已。“+”功能主要是考虑功能的扩展，用户可以根据个人的喜好添加新的模式，同时也可以对模式进行删除操作。

智能家居系统情景主页面如图 3-47 所示。

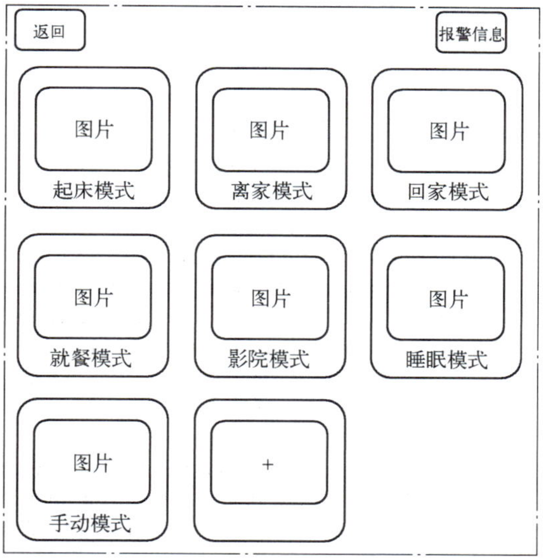


图 3-47　智能家居系统情景主页面

部分代码如下。

```
/**
* 初始化 activity
```

```
	*/
	private void initial(){
			this.requestWindowFeature(Window.FEATURE_CUSTOM_TITLE);
			this.setContentView(R.layout.activity_scene);
			super.onCreateTitleBar();
			this.txt_name=(TextView)findViewById(R.id.txt_name);
			this.ruleListAdapter=new  CustomerAdapter(this,  ruleHtList,R.layout.view_scene_rule_item,
new String[]{"rule_picSource","rule_name"}, new int[]{R.id.img_image,R.id.txt_name});
			this.ltv_ruleList=(ListView)findViewById(R.id.ltv_ruleList);
			if(this.ltv_ruleList!=null){
				this.ltv_ruleList.setAdapter(ruleListAdapter);
				this.ltv_ruleList.setOnItemClickListener(memberListener);
			}
			this.ruleDAO=new RuleDAO(this);
			this.sceneDAO=new SceneDAO(this);

		}
		/**
		* 加载适配器数据
		*/
		private void loadData(){
			//set scene name

	scene=getIntent().getStringExtra("scene_id")==null?null:sceneDAO.querry(Integer.parseInt(getIntent().g
etStringExtra("scene_id")));
			if(scene!=null){
				//set title bar
				handler.sendEmptyMessage(100);
				//load listView data
				ArrayList<Rule> ruleList=ruleDAO.querry(scene.getRuleList());
				Hashtable<String,Object> htItem;
				ruleHtList.clear();
				for(int i=0;i<ruleList.size();i++){
					int rule_id=ruleList.get(i).getID();
					int rule_picSource=ResourceManager.getRuleIcon(resources, this.getPackage
Name()) ;

					String rule_name=ruleList.get(i).getName();
					String rule_actionList=ruleList.get(i).getActionList();
					String rule_conditionList=ruleList.get(i).getConditionList();
					if(rule_picSource!=0&&rule_name!=null){
						htItem=new Hashtable<String,Object>();
						htItem.put("rule_id", rule_id);
						htItem.put("rule_name", rule_name);
						htItem.put("rule_picSource",rule_picSource);
						htItem.put("rule_conditionList", rule_conditionList);
						htItem.put("rule_actionList", rule_actionList);
						ruleHtList.add(htItem);
					}
				}
				handler.sendEmptyMessage(101);
			}
```

具体代码实现请见系统源码。

（4）我的房间页面

该页面实现“返回”“报警信息”和6个示图功能。智能家居系统房间主页面如图3-48所示。

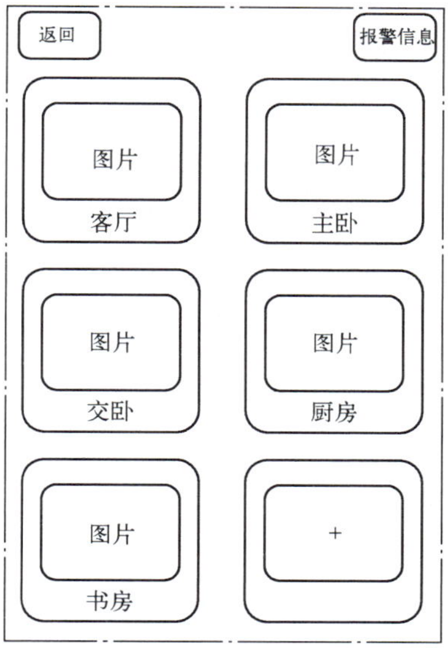


图3-48　智能家居系统房间主页面

“返回”功能的作用是返回上一级页面；“报警信息”功能的作用是报警信息的提示；“客厅”示图的作用是进入客厅页面。其他4张示图功能类似。“+”功能主要是考虑功能的扩展，用户可以根据个人家庭的情况添加新的房间，同时也可以对房间进行删除操作。

部分代码如下。

```
/// “我的房间”页面初始化
private void initial(){
        this.setContentView(R.layout.activity_arealist);
        this.arealistAdapter=new CustomerAdapter(this, areaHtList,R.layout.view_squared_item,
new String[]{"area_picSource","area_name"}, new int[]{R.id.img_item,R.id.txt_item});
        this.gdv_arealist=(GridView)findViewById(R.id.gdv_arealist);
        if(this.gdv_arealist!=null){
            this.gdv_arealist.setAdapter(arealistAdapter);
            this.gdv_arealist.setOnItemClickListener(onItemClickListener);
            this.gdv_arealist.setOnItemLongClickListener(onItemLongClickListener);
        }
        areaDAO=new AreaDAO(this);
        resources=getBaseContext().getResources();
    }
    ///获取“我的房间”相关信息
    private void loadData(){
        ArrayList<Area> areaList=areaDAO.querryAll();
        Hashtable<String,Object> htItem;
        areaHtList.clear();
        for(int i=0;i<areaList.size();i++){
            int area_id=areaList.get(i).getID();
            int area_picResourceType=areaList.get(i).getPicSourceType();
```

```
                int area_picSource=0;
                String area_equipmentList=areaList.get(i).getEquipmentList();
                String area_name=areaList.get(i).getName();
                if(area_picResourceType==0){
                        area_picSource=resources.getIdentifier(areaList.get(i).getPicSourceName(),
"drawable" , this.getPackageName());
                }
                if(area_picSource!=0&&area_name!=null){
                        htItem=new Hashtable<String,Object>();
                        htItem.put("area_id", area_id);
                        htItem.put("area_equipmentList",area_equipmentList);
                        htItem.put("area_picSource",area_picSource);
                        htItem.put("area_name", area_name);
                        areaHtList.add(htItem);
                }
        }
        handler.sendEmptyMessage(100);
}
```

具体代码实现请见系统源码。

（5）客厅页面

该页面实现“返回”“报警信息”和设备列表功能。智能家居系统客厅主页面布局如图 3-49 所示。

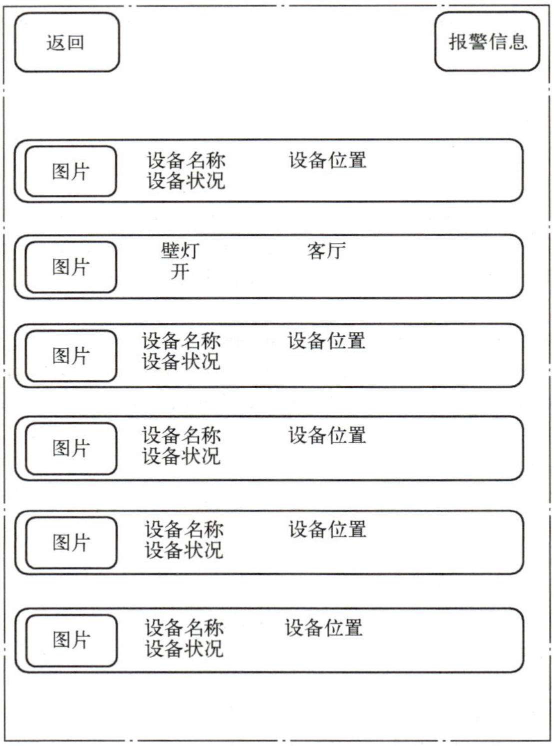


图 3-49　智能家居系统客厅主页面布局

“返回”功能的作用是返回上一级页面；“报警信息”功能的作用是报警信息的提示。在设备列表中需显示设备图片、设备名称、设备位置和设备状况。如“”“壁灯”“客厅”“开”；当单击具体的列表时，将进入具体设备页面。

“主卧”“次卧”“书房”“厨房”“卫生间”“阳台”“车库”等页面与“客厅”页面实现类似。

部分代码如下。

```
    ///获取“设备列表”相关信息
        private void loadData(){
            ArrayList<Equipment> equipmentList=equipmentDAO.querryAll();
            Hashtable<String,Object> htItem;
            String[] equipmentArray=getEquipmentArray();
            equipmentHtList=new ArrayList<Hashtable<String,Object>>();
            equipmentListAdapter=new CheckboxAdapter(this, equipmentHtList,R.layout.view_equipmentlist_
select_item, new String[]{"equipment_iconSource","equipment_name","equipment_value","equipment_select"},
new int[]{R.id.img_image,R.id.txt_name,R.id.txt_data,R.id.chk_select});
            ltv_equipmentList=(ListView)findViewById(R.id.ltv_equipmentList);
            if(ltv_equipmentList!=null){
                ltv_equipmentList.setAdapter(equipmentListAdapter);
            }
            for(int i=0;i<equipmentList.size();i++){
                int equipment_id=equipmentList.get(i).getID();
                int equipment_iconSource=ResourceManager.getEquipmentIcon(resources, this.get
PackageName(), equipmentList.get(i).getNodeTypeID()) ;
                int equipment_picSource=ResourceManager.getEquipmentPic(resources, this.get
PackageName(), equipmentList.get(i).getNodeTypeID()) ;
                String equipment_name=equipmentList.get(i).getName();
                String equipment_dataList=equipmentList.get(i).getDataList();
                String equipment_updateTimeString=equipmentList.get(i).getUpdateTimeString();
                String equipment_nodeTypeID=equipmentList.get(i).getNodeTypeID();
                String equipment_nodeID=equipmentList.get(i).getNodeID();
                boolean equipment_select=containEquipment(equipmentArray,String.valueOf
(equipment_id));
                if(equipment_picSource!=0&&equipment_name!=null){
                    htItem=new Hashtable<String,Object>();
                    htItem.put("equipment_id", equipment_id);
                    htItem.put("equipment_nodeTypeID", equipment_nodeTypeID);
                    htItem.put("equipment_nodeID", equipment_nodeID);
                    htItem.put("equipment_iconSource",equipment_iconSource);
                    htItem.put("equipment_picSource",equipment_picSource);
                    htItem.put("equipment_name", equipment_name);
                    htItem.put("equipment_dataList", equipment_dataList);
                    htItem.put("equipment_updateTimeString", equipment_updateTimeString);
                    htItem.put("equipment_select", equipment_select);
                    equipmentHtList.add(htItem);
                }
            }
        }
```

具体代码实现请见系统源码。

（6）具体设备页面

该页面实现“返回”“报警信息”、设备名称显示、设备图片呈现、“开启”“关闭”功能。智能家居系统设备主页面如图 3-50 所示。

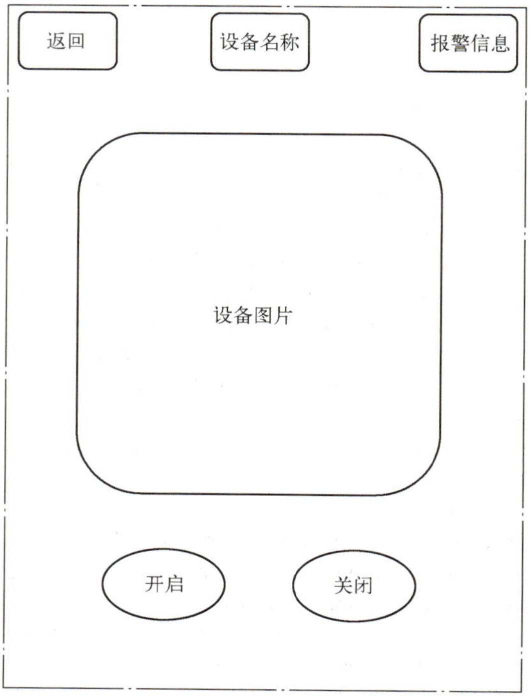


图 3-50　智能家居系统设备主页面

“返回”功能的作用是返回上一级页面；“报警信息”功能的作用是报警信息的提示。在“返回”和“报警信息”之间显示当前设备的名称。设备图片采用设备实物图；〈开启〉键和〈关闭〉键分别实现对设备的开关控制。

部分代码如下。

```
    private void initial(){
            LayoutInflater inflater=(LayoutInflater) getContext().getSystemService(Context.LAYOUT_
INFLATER_SERVICE);
            inflater.inflate(R.layout.widget_equipment_0000, this);
            txt_nodeID=(TextView)findViewById(R.id.txt_nodeID);
            txt_nodeType=(TextView)findViewById(R.id.txt_nodeType);
            txt_nodeData=(TextView)findViewById(R.id.txt_nodeData);
            txt_updateTime=(TextView)findViewById(R.id.txt_updateTime);
            img_nodeImage=(ImageView)findViewById(R.id.img_nodeImage);
            findViewById(R.id.btn_on).setOnClickListener(onClickListener);
            findViewById(R.id.btn_off).setOnClickListener(onClickListener);
        updateMethod();
```

```
        }
        @Override
        protected void updateMethod() {
            // TODO Auto-generated method stub
            super.updateMethod();
          if(super.equipment!=null){
                String nodeID=equipment.getNodeID();
                String nodeType=ResourceManager.getEquipmentName(getResources(),equipment.get
NodeTypeID());
                String nodeData=equipment.getDataList();
                String updateTimeString=equipment.getUpdateTimeString();
                int nodeImageResources=ResourceManager.getEquipmentPic(getResources(), this.get
Context().getPackageName(), equipment.getNodeTypeID());
                txt_nodeID.setText(nodeID);
                txt_nodeType.setText(nodeType);
                txt_nodeData.setText(nodeData);
                txt_updateTime.setText(updateTimeString);
                img_nodeImage.setImageResource(nodeImageResources);
            }

        }

        private OnClickListener onClickListener=new OnClickListener() {

            @Override
            public void onClick(View v) {
                // TODO Auto-generated method stub
                switch(v.getId()){
                    case R.id.btn_on:
                        sendCmdThread=new CommunicateThread(equipment.getNodeID(),"1", "1");
                        sendCmdThread.run();
                        break;
                    case R.id.btn_off:
                        sendCmdThread=new CommunicateThread(equipment.getNodeID(),"0", "1");
                        sendCmdThread.run();
                        break;
                }
            }
        };
```

具体代码实现请见系统源码。

（7）家用电器页面

该页面实现“返回”“报警信息”和 6 个示图功能。智能家居系统家用电器主页面如图 3-51 所示。

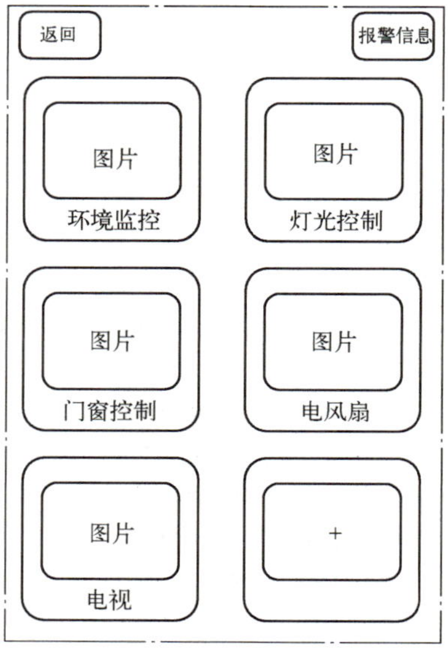


图 3-51　智能家居系统家用电器主页面

“返回”功能的作用是返回上一级页面；“报警信息”功能的作用是报警信息的提示。“环境监控”示图的作用进入“环境监控”页面。其他的 4 张示图功能类似。“+”功能主要是考虑功能的扩展，用户可以根据个人家庭的情况添加新的设备，同时也可以对设备进行删除操作。

部分代码如下。

```
    private void initial(){
            this.setContentView(R.layout.activity_functionlist);
            this.functionListAdapter=new CustomerAdapter(this, functionHtList,R.layout.view_squared_
item, new String[]{"function_picSource","function_name"}, new int[]{R.id.img_item,R.id.txt_item});
            this.gdv_functionList=(GridView)findViewById(R.id.gdv_functionList);
            if(this.gdv_functionList!=null){
                this.gdv_functionList.setAdapter(functionListAdapter);
                this.gdv_functionList.setOnItemClickListener(onItemClickListener);
                this.gdv_functionList.setOnItemLongClickListener(onItemLongClickListener);
            }
            functionDAO=new FunctionDAO(this);
            resources=getBaseContext().getResources();
        }
    ///获取“功能区域列表”相关信息
        private void loadData(){
            ArrayList<Function> functionList=functionDAO.querryAll();
            Hashtable<String,Object> htItem;
            functionHtList.clear();
            for(int i=0;i<functionList.size();i++){
                int function_id=functionList.get(i).getID();
                int function_picResourceType=functionList.get(i).getPicSourceType();
                int function_picSource=0;
                String function_name=functionList.get(i).getName();
```

```
                String function_equipmentList=functionList.get(i).getEquipmentList();
                if(function_picResourceType==0){
                    function_picSource=resources.getIdentifier(functionList.get(i).getPicSourceName(),
"drawable" , this.getPackageName());
                }
                if(function_picSource!=0&&function_name!=null){
                    htItem=new Hashtable<String,Object>();
                    htItem.put("function_id", function_id);
                    htItem.put("function_equipmentList", function_equipmentList);
                    htItem.put("function_picSource",function_picSource);
                    htItem.put("function_name", function_name);
                    functionHtList.add(htItem);
                }
            }
            Message msg=new Message();
            msg.what=100;
            handler.sendMessage(msg);
        }
```

具体代码实现请见系统源码。

（8）环境监控页面

该页面实现“返回”“报警信息”和传感器列表功能。智能家居系统环境监控页面如图 3-52 所示。

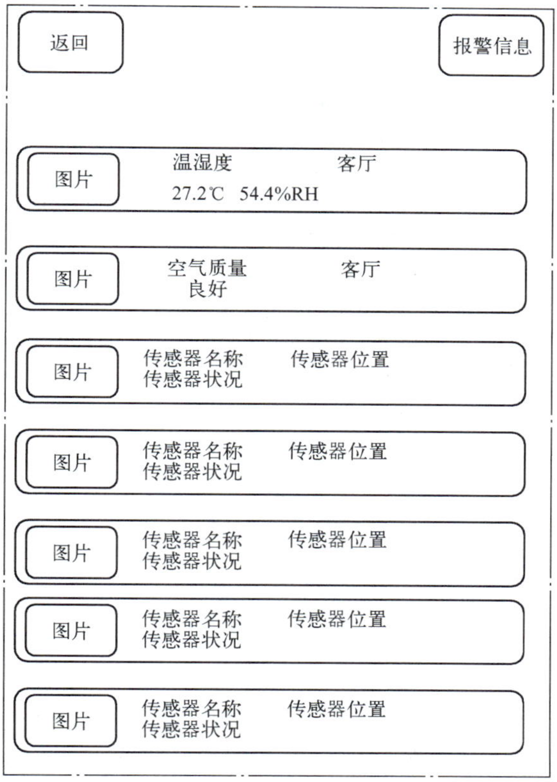


图 3-52　智能家居系统环境监控页面

“返回”功能的作用是返回上一级页面；“报警信息”功能的作用是报警信息的提示。在传感器列表中需显示传感器图片、传感器名称、传感器位置和传感器相关的数据。如“”“温湿度”“客厅”“27.2℃　54.4%RH”。

部分代码如下。

```
public void onClick(View v) {
        // TODO Auto-generated method stub
        switch(v.getId()){
                case R.id.llt_save:
                        int picResourceId;
                        String picResource="";
                        String areaName=edt_areaName.getText()==null?"":edt_areaName.getText().toString();
                        Hashtable<String,Object> htItem;
                        for(int i=0;i<areaImagelistAdapter.getCount();i++){
                                htItem=areaImageHtList.get(i);
                                HashMap<Integer, Item> state= areaImagelistAdapter.getSelectedItems();
                                if(state!=null && state.get(i)!=null &&state.get(i).getSelected()){
                                        picResourceId=(Integer) htItem.get("image_id");
                                        picResource=resources.getResourceEntryName(picResourceId);
                                        break;
                                }
                        }
                        if(areaName!="" && picResource!=""){
                                Function function = new Function();
                                function.setName(areaName);
                                function.setPicSourceName(picResource);
                                functionDAO.insert(function);
                                Intent data=new Intent();
                                data.putExtra("requiredRefresh", true);
                                setResult(Constant.FunctionAddResponse, data);
                                finish();
                        }
                        break;
        }
}
```

具体代码实现请见系统源码。

（9）灯光控制页面

该页面实现“返回”“报警信息”和设备列表功能。智能家居系统灯光控制页面如图 3-53 所示。

“返回”功能的作用是返回上一级页面；“报警信息”功能的作用是报警信息的提示。在设备列表中需显示设备图片、设备名称、设备位置和设备状况。如“”“壁灯”“客厅”“开”；当单击具体设备的列表时，将进入具体设备页面。

“门窗控制”等页面与“灯光控制”页面的实现类似。

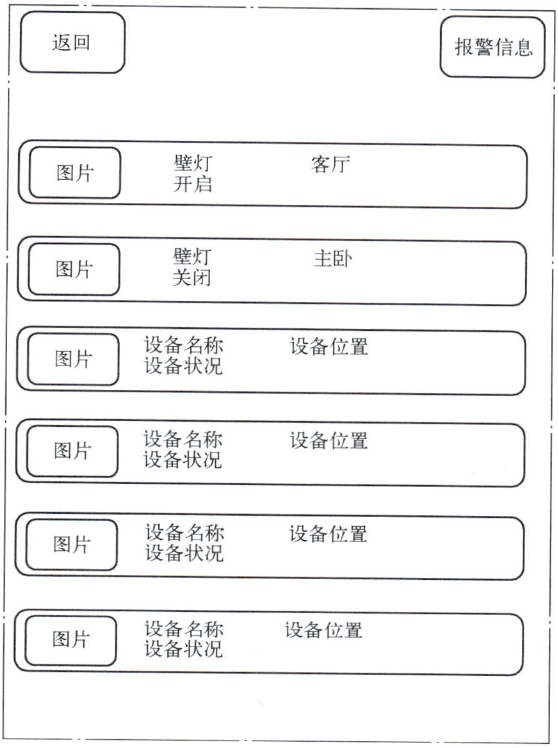


图 3-53　智能家居系统灯光控制页面

部分代码如下。

```
private OnItemLongClickListener onItemLongClickListener=new OnItemLongClickListener() {

        @SuppressWarnings("unchecked")
        @Override
        public boolean onItemLongClick(AdapterView<?> arg0, View arg1,
                int arg2, long arg3) {
            TextView txt_item=(TextView)arg1.findViewById(R.id.txt_item);
            String title=txt_item==null?"":txt_item.getText().toString();
            Hashtable<String,Object> htItem=(Hashtable<String,Object>)arg0.getAdapter().getItem(arg2);
            final int fID=(Integer) htItem.get("function_id");
            // TODO Auto-generated method stub
            AlertDialog.Builder builder=new AlertDialog.Builder(FunctionListActivity.this)
                .setTitle(title)
                .setIcon(R.drawable.ic_launcher)
                .setItems(new String[]{"编辑","删除"},new DialogInterface.OnClickListener() {
                    @Override
                    public void onClick(DialogInterface dialog, int which) {
                        // TODO Auto-generated method stub
                        switch(which){
```

```
                    case 0:
                        Intent intent=new Intent(FunctionListActivity.this,
FunctionEditActivity.class);
                        intent.putExtra("function_id",String.valueOf(fID));
                        getParent().startActivityForResult(intent, Constant.
FunctionEditRequest);
                        break;
                    case 1:
                        functionDAO.delete(fID);
                        loadData();
                        break;
                }
            }
        });
        builder.create().show();
        return false;
    }
};
```

具体代码实现请见系统源码。

（10）具体设备页面

该页面实现“返回”“报警信息”、设备名称显示、设备图片呈现、“开启”“关闭”功能。智能家居系统具体设备页面如图 3-54 所示。

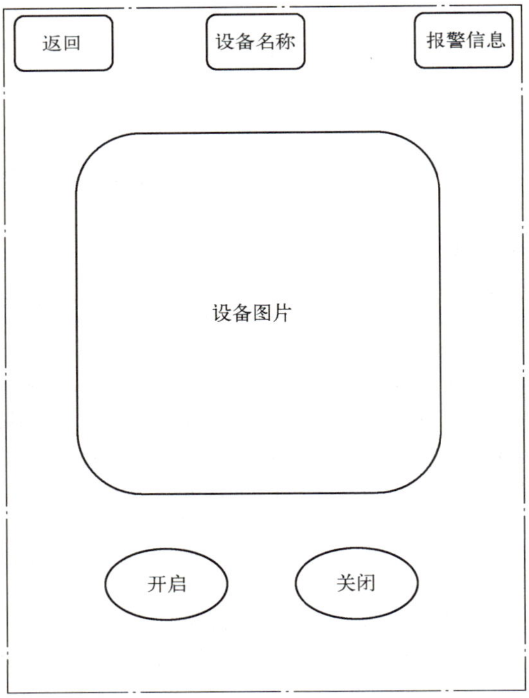


图 3-54　智能家居系统具体设备页面

“返回”功能的作用是返回上一级页面；“报警信息”功能的作用是报警信息的提示。在

“返回”和“报警信息”之间显示当前设备的名称。设备图片采用设备实物图；〈开启〉键和〈关闭〉键分别实现对设备的开关控制。

部分代码如下。

```
    private void initial(){
            LayoutInflater inflater=(LayoutInflater) getContext().getSystemService(Context.LAYOUT_
INFLATER_SERVICE);
            inflater.inflate(R.layout.widget_equipment_0000, this);
            txt_nodeID=(TextView)findViewById(R.id.txt_nodeID);
            txt_nodeType=(TextView)findViewById(R.id.txt_nodeType);
            txt_nodeData=(TextView)findViewById(R.id.txt_nodeData);
            txt_updateTime=(TextView)findViewById(R.id.txt_updateTime);
            img_nodeImage=(ImageView)findViewById(R.id.img_nodeImage);
            findViewById(R.id.btn_on).setOnClickListener(onClickListener);
            findViewById(R.id.btn_off).setOnClickListener(onClickListener);
        updateMethod();
    }
    @Override
    protected void updateMethod() {
            // TODO Auto-generated method stub
            super.updateMethod();
        if(super.equipment!=null){
                String nodeID=equipment.getNodeID();
                String nodeType=ResourceManager.getEquipmentName(getResources(),equipment.get
NodeTypeID());
                String nodeData=equipment.getDataList();
                String updateTimeString=equipment.getUpdateTimeString();
                int nodeImageResources=ResourceManager.getEquipmentPic(getResources(), this.get
Context().getPackageName(), equipment.getNodeTypeID());
                txt_nodeID.setText(nodeID);
                txt_nodeType.setText(nodeType);
                txt_nodeData.setText(nodeData);
                txt_updateTime.setText(updateTimeString);
                img_nodeImage.setImageResource(nodeImageResources);
            }

    }

    private OnClickListener onClickListener=new OnClickListener() {

            @Override
            public void onClick(View v) {
                // TODO Auto-generated method stub
                switch(v.getId()){
                    case R.id.btn_on:
                        sendCmdThread=new CommunicateThread(equipment.getNodeID(),"1", "1");
                        sendCmdThread.run();
                        break;
                    case R.id.btn_off:
                        sendCmdThread=new CommunicateThread(equipment.getNodeID(),"0", "1");
```

```
                    sendCmdThread.run();
                    break;
                }
            }
        };
```

具体代码实现请见系统源码。

（11）视频监控页面

该页面实现“返回”“报警信息”和 6 个示图功能。智能家居系统视频监控页面如图 3-55 所示。

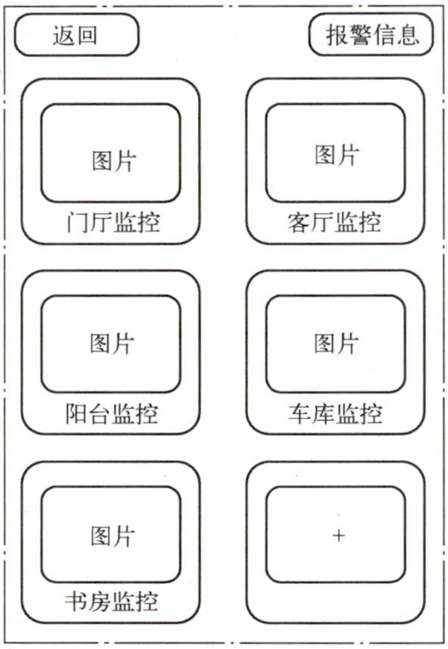


图 3-55　智能家居系统视频监控页面

“返回”功能的作用是返回上一级页面；“报警信息”功能的作用是报警信息的提示；“门厅监控”示图的作用是进入门厅监控页面。其他的 4 张示图功能类似。“+”功能主要是考虑功能的扩展，用户可以根据个人家庭的情况，添加新的视频监控位置，同时也可以对视频监控位置进行删除操作。

部分代码如下。

```
private OnItemLongClickListener onItemLongClickListener=new OnItemLongClickListener() {

        @SuppressWarnings("unchecked")
        @Override
        public boolean onItemLongClick(AdapterView<?> arg0, View arg1,
                int arg2, long arg3) {
            TextView txt_item=(TextView)arg1.findViewById(R.id.txt_item);
            String title=txt_item= =null?"":txt_item.getText().toString();
            Hashtable<String,Object>htItem=(Hashtable<String,Object>)arg0.getAdapter().getItem(arg2);
            final int aID=(Integer) htItem.get("area_id");
            // TODO Auto-generated method stub
            AlertDialog.Builder builder=new AlertDialog.Builder(AreaListActivity.this)
                .setTitle(title)
                .setIcon(R.drawable.ic_launcher)
```

```
.setItems(new String[]{"编辑","删除"},new DialogInterface.OnClickListener() {
        @Override
        public void onClick(DialogInterface dialog, int which) {
                // TODO Auto-generated method stub
                switch(which){
                        case 0:
                                Intent intent=new Intent(AreaListActivity.this,AreaEdit
Activity.class);
                                intent.putExtra("area_id",String.valueOf(aID));
                                getParent().startActivityForResult(intent, Constant.
AreaEditResponse);
                                break;
                        case 1:
                                areaDAO.delete(aID);
                                loadData();
                                break;
                }
        }
});
builder.create().show();
return false;
        }
};
```

具体代码实现请见系统源码。

（12）门厅监控页面

该页面实现“返回”“报警信息”和摄像头设备列表功能。智能家居系统门厅监控页面如图 3-56 所示。

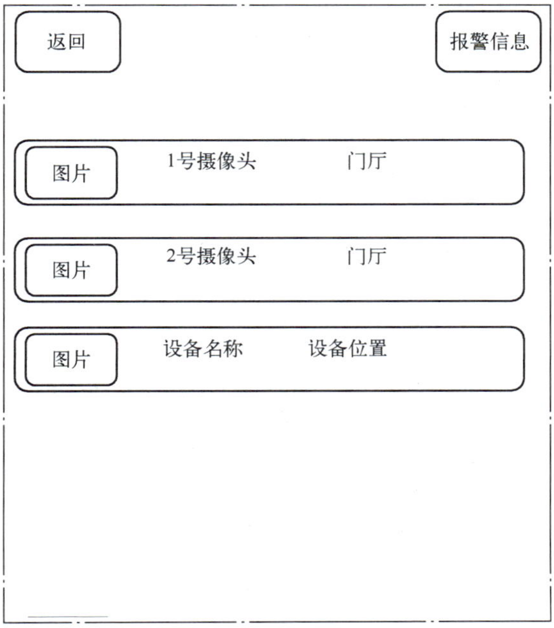


图 3-56　智能家居系统门厅监控页面

“返回”功能的作用是返回上一级页面；“报警信息”功能的作用是报警信息的提示。在设备列表中需显示设备图片、设备名称、设备位置。当单击具体摄像头的列表时，将进入具体视频监控页面。

部分代码如下。

```
private void loadData(){
        ArrayList<Equipment> equipmentList=equipmentDAO.querryAll();
        Hashtable<String,Object> htItem;
        String[] equipmentArray=getEquipmentArray();
        equipmentHtList=new ArrayList<Hashtable<String,Object>>();
        equipmentListAdapter=new CheckboxAdapter(this, equipmentHtList,R.layout.view_
equipmentlist_select_item, new String[]{"equipment_iconSource","equipment_name","equipment_value",
"equipment_select"}, new int[]{R.id.img_image,R.id.txt_name,R.id.txt_data,R.id.chk_select});
        ltv_equipmentList=(ListView)findViewById(R.id.ltv_equipmentList);
        if(ltv_equipmentList!=null){
            ltv_equipmentList.setAdapter(equipmentListAdapter);
        }
        for(int i=0;i<equipmentList.size();i++){
            int equipment_id=equipmentList.get(i).getID();
            int equipment_iconSource=ResourceManager.getEquipmentIcon(resources, this.get
PackageName(), equipmentList.get(i).getNodeTypeID()) ;
            int equipment_picSource=ResourceManager.getEquipmentPic(resources, this.get
PackageName(), equipmentList.get(i).getNodeTypeID()) ;
            String equipment_name=equipmentList.get(i).getName();
            String equipment_dataList=equipmentList.get(i).getDataList();
            String equipment_updateTimeString=equipmentList.get(i).getUpdateTimeString();
            String equipment_nodeTypeID=equipmentList.get(i).getNodeTypeID();
            String equipment_nodeID=equipmentList.get(i).getNodeID();
            boolean equipment_select=containEquipment(equipmentArray,String.valueOf(equipment_id));
            if(equipment_picSource!=0&&equipment_name!=null){
                htItem=new Hashtable<String,Object>();
                htItem.put("equipment_id", equipment_id);
                htItem.put("equipment_nodeTypeID", equipment_nodeTypeID);
                htItem.put("equipment_nodeID", equipment_nodeID);
                htItem.put("equipment_iconSource",equipment_iconSource);
                htItem.put("equipment_picSource",equipment_picSource);
                htItem.put("equipment_name", equipment_name);
                htItem.put("equipment_dataList", equipment_dataList);
                htItem.put("equipment_updateTimeString", equipment_updateTimeString);
                htItem.put("equipment_select", equipment_select);
                equipmentHtList.add(htItem);
            }
        }
```

具体代码实现请见光盘中的系统源码。

（13）具体视频监控页面

该页面实现“返回”“报警信息”、设备名称显示、设备图片呈现、“开启”“关闭”功能。智能家居系统具体视频监控页面如图 3-57 所示。

图 3-57　智能家居系统具体视频监控页面

“返回”功能的作用是返回上一级页面；“报警信息”功能的作用是报警信息的提示。在“返回”和“报警信息”之间显示当前设备的名称。视频信息为当前摄像头检测到时的视频信息。

部分代码如下。

```
/**
 * 在 UI 线程中刷新页面状态
 * **/
private Handler PPPPMsgHandler = new Handler() {
	public void handleMessage(Message msg) {
		switch (msg.what) {

		case 1004:
			Toast.makeText(PlayActivity.this, "相机断线", 0).show();
			PlayActivity.this.finish();
			break;
		default:
			break;
		}
```

```
        }
    };

    private Bitmap mBmp;
    private Handler mHandler = new Handler() {

        public void handleMessage(Message msg) {
            if (msg.what == 1 || msg.what == 2) {
                setViewVisible();
            }
            if (!isPTZPrompt) {
                isPTZPrompt = true;
                showToast(R.string.ptz_control);
            }

            switch (msg.what) {
            case 1: // h264
            {
                byte[] rgb = new byte[nVideoWidths * nVideoHeights * 2];
                NativeCaller.YUV4202RGB565(videodata, rgb, nVideoWidths,
                        nVideoHeights);
                ByteBuffer buffer = ByteBuffer.wrap(rgb);
                rgb = null;
                /* ByteBuffer buffer = ByteBuffer.wrap(videodata); */
                mBmp = Bitmap.createBitmap(nVideoWidths, nVideoHeights,
                        Bitmap.Config.RGB_565);
                mBmp.copyPixelsFromBuffer(buffer);
                int width = getWindowManager().getDefaultDisplay().getWidth();
                int height = getWindowManager().getDefaultDisplay().getHeight();


                vidoeView.setVisibility(View.GONE);
                Bitmap bitmap = null;
                if (getResources().getConfiguration().orientation == Configuration.
ORIENTATION_PORTRAIT) {
                    FrameLayout.LayoutParams lp = new FrameLayout.LayoutParams(
                            nVideoWidths, nVideoHeights * 3 / 4);
                    lp.gravity = Gravity.CENTER;
                    myGlSurfaceView.setLayoutParams(lp);
                    bitmap = Bitmap.createScaledBitmap(mBmp, 320,
                            240, true);
                    Log.i("info", "竖屏");

                } else if (getResources().getConfiguration().orientation == Configuration.
ORIENTATION_LANDSCAPE) {
```

```
                    FrameLayout.LayoutParams lp = new FrameLayout.LayoutParams(
                            width, height);
                    lp.gravity = Gravity.CENTER;
                    myGlSurfaceView.setLayoutParams(lp);
                    bitmap = Bitmap
                            .createScaledBitmap(mBmp, width, height, true);
                    Log.i("info", "横屏");
                }

//              myRender.writeSample(videodata, nVideoWidth, nVideoHeight);
//              videoViewStandard.setVisibility(View.GONE);
//              vidoeView.setImageBitmap(mBmp);

                videoViewStandard.setImageBitmap(bitmap);
                videoViewStandard.setVisibility(View.VISIBLE);
                playSurface.setBackgroundColor(0xff000000);
//              Drawable drawable = new BitmapDrawable(bitmap);
//              playSurface.setBackgroundDrawable(drawable);
            }
                break;
            case 2: // JPEG
            {
                // ptzTakeVideo.setVisibility(View.GONE);
                myGlSurfaceView.setVisibility(View.GONE);
                mBmp = BitmapFactory
                        .decodeByteArray(videodata, 0, videoDataLen);
                if (mBmp == null) {
                    Log.d(LOG_TAG, "bmp can't be decode...");
                    bDisplayFinished = true;
                    return;
                }

                nVideoWidth = mBmp.getWidth();
                nVideoHeight = mBmp.getHeight();

                if (getResources().getConfiguration().orientation == Configuration.
ORIENTATION_PORTRAIT) {
                    videoViewStandard.setVisibility(View.GONE);
                    vidoeView.setVisibility(View.VISIBLE);
                    vidoeView.setImageBitmap(mBmp);

                } else if (getResources().getConfiguration().orientation == Configuration.
ORIENTATION_LANDSCAPE) {
                    videoViewStandard.setImageBitmap(mBmp);
                    videoViewStandard.setVisibility(View.VISIBLE);
                    vidoeView.setVisibility(View.GONE);
```

```
                }
                if (isTakepic) {
                        isTakepic = false;
                        // takePicture(mBmp);
                }

        }
                break;
        case 3: //
        {
                displayResolution();
        }
                break;
        }

        if (msg.what == = 1 || msg.what == = 2) {

                // showTimeStamp();
                bDisplayFinished = true;

                nPlayCount++;
                if (nPlayCount >= 100) {
                        nPlayCount = 0;
                }
        }
    }

};
```

具体代码实现请见系统源码。

## *学习情境小结

本章通过智能家居项目，让学生了解企业项目的整个开发流程：项目立项、需求分析、总体设计、详细设计、编码实现、系统调试。同时通过这个项目，理解以前章节中学习到的知识，并灵活应用到现实的项目中。本情境通过对中间件和云计算技术的讲解，让学生掌握物联网应用系统分析、设计、实现、测试及其开发的过程。

## ▼思考题

### 1. 填空题

1）中间件的 6 大类是（　　）、（　　）、（　　）、（　　）、（　　）和（　　）。

2）RFID 中间件的 3 个发展阶段是（　　　　　　）、（　　）和（　　　　　）。

3）云计算的服务模式是（　　　　　　　）、（　　）和（　　　　　）。

4）系统云的分类为（　　　　　　　）、（　　）和（　　　　　　）。

5）应用系统由（　　　　　　　）、（　　　　）、（　　　　）和（　　　）组成。

6）Android 四大重要对象是（　　　）、（　　　　）、（　　　）、（　　　）。

7）Android 事件处理的两种方式是（　　）、（　　）。

8）在 SQLite 中，当执行查询时，返回的是（　　）集，利用它可以进行进一步操作。

9）（　　）主要接受子线程发送的数据，并用此数据配合主线程更新 UI。

## 2. 选择题

1）Android 是如何组织 Activity 的（　　）。

A．以栈的方式组式 Activity

B．以队列的方式组织 Activity

C．以树形方式组织 Activity

D．以链式方式组织 Activity

2）激活 Activity 的方法是（　　）。

A．runActivity()

B．goActivity()

C．startActivity()

D．startActivityForIn()

3）Android 中下列属于 Intent 的作用的是（　　）。

A．实现应用程序间的数据共享

B．一段长的生命周期，没有用户页面的程序，可以保持应用在后台运行，而不会因为切换页面而消失

C．可以实现页面间的切换，可以包含动作和动作数据，连接四大组件的纽带

D．处理一个应用程序整体性的工作

4）下面属于 View 的子类的是（　　）。

A．Activity

B．Service

C．ViewGroup

D．TextView

5）Android 数据存储与访问的方式（　　）。

A．文件

B．数据库

C．sharedpreference

D．内容提供者

E．网络

## 3. 简答题

1）中间件的定义？

2）简述 RFID 中间件的原理。

3）简述私有云的构建。

4）简述信息管理系统的设计。

### 4. 操作题与编程思考题

1）简述 Android 应用程序结构。

2）请介绍 Android 中常用的几种布局。

3）Android 工程下面有个 gen 目录，该目录下有个 R.java 文件，该文件的作用是什么？能不能修改？为什么？

### 5. 强化练习

1）当添加一个新设备时，系统如何自动识别该设备？并把它添加入系统中？

2）如何提供网络通信的实时性？

3）怎么提高视频监控的质量？